任路顺◉著

PyQt编程快速上手

Python GUI 开发从入门到实践

U0377230

人民邮电出版社
北京

图书在版编目（CIP）数据

PyQt编程快速上手 : Python GUI开发从入门到实践 / 任路顺著. -- 北京 : 人民邮电出版社, 2023.4
ISBN 978-7-115-60866-6

Ⅰ. ①P… Ⅱ. ①任… Ⅲ. ①软件工具—程序设计 Ⅳ. ①TP311.561

中国国家版本馆CIP数据核字(2023)第003440号

内 容 提 要

PyQt 是一个创建 GUI 应用程序的工具包，是 Python 编程语言和 Qt 库的成功融合。本书旨在通过深入浅出的讲解和简明的程序示例教读者掌握 PyQt 的开发技巧。

本书分为 10 章，从 PyQt 的安装和基础知识讲起，陆续介绍了基础控件（如标签控件、消息框、文本框、按钮及控件等）、高级控件（如组合框、滚动条、容器控件及各类视图等）、窗口（如属性、坐标、事件等）、Qt Designer（如安装与配置、编辑模式等）、PyQt 高级应用（如数据库、多线程、动画、音视频、网页交互等）、图形视图框架（如图元、场景、视图、事件传递等）、打包（如 PyInstaller、Nuitka 等）等内容。此外，本书还通过两个开发实例（可视化爬虫软件和《经典贪吃蛇》游戏）带领读者巩固了书中介绍的相关知识点。

本书内容简洁实用、实操性强，适合对 Python 编程及 GUI 开发感兴趣的读者阅读。本书有配套的读者交流群（QQ 群：747114397），为大家答疑解惑。

◆ 著　　　　任路顺
责任编辑　胡俊英
责任印制　王　郁　焦志炜

◆ 人民邮电出版社出版发行　　北京市丰台区成寿寺路 11 号
邮编　100164　　电子邮件　315@ptpress.com.cn
网址　https://www.ptpress.com.cn
北京七彩京通数码快印有限公司印刷

◆ 开本：800×1000　1/16
印张：19　　　　　2023 年 4 月第 1 版
字数：434 千字　　　2025 年 1 月北京第 6 次印刷

定价：89.80 元

读者服务热线：(010)81055410　印装质量热线：(010)81055316
反盗版热线：(010)81055315
广告经营许可证：京东市监广登字 20170147 号

前言

为什么写这本书

如果说要快速开发一个桌面程序，我首先想到的开发工具就是 Python + PyQt，理由很明确：开发速度快、功能强大而且界面美观。PyQt 提供了丰富的类和函数，能够让我们快速实现各种各样的功能。它是一个跨平台的工具包，几乎可以运行在所有主流的操作系统上，包括 Windows、Linux 和 macOS。PyQt 不仅拥有 Qt 的强大功能，而且在开发速度上至少比用 Qt 开发快一倍。PyQt 绝对是 GUI 桌面程序开发的一件“神器”！

我是在 2017 年首次接触 PyQt 的，当时觉得开发桌面程序非常有意思，而且能够给自己做一些小工具，成就感满满。之后我开始系统地查阅并学习有关 PyQt 的知识，当时的资料还是非常少的，所以学习之路异常艰辛。2019 年，我决定开始在博客上写一些关于 PyQt 的文章，分享我对 PyQt 的理解。在写这些文章的同时，我对 PyQt 的理解更加深入，使用它也更加顺手。之后博客的浏览量逐渐增加，文章得到了很多读者的反馈与肯定，这让我对 PyQt 的感情更深了，我开始更加坚定地使用和推广 PyQt。

我会在本书中分享自己所知道的有关 PyQt 的知识和经验，让读者能够快速入门 PyQt 并且掌握其开发技巧，也希望在看本书的你能够和我一样领略 PyQt 的魅力！学完并掌握本书知识点后，你就能上手开发各式各样的桌面程序了。

本书内容

本书共 10 章，章节内容和顺序经过精心设计，力求能让读者循序渐进地掌握 PyQt 开发的基础知识和技巧。各章内容概要如下。

第 1 章介绍 PyQt 的安装方法，解释 PyQt 的程序入口代码，并对布局管理器、信号和槽机制进行详细的讲解。另外还会教大家如何使用在线文档。

第 2 章介绍在编写 PyQt 程序时经常会用到的基础控件，针对每一个控件，结合实例进行讲解。

第 3 章介绍 PyQt 中的高级控件，让大家进一步了解 PyQt，从而编写出功能强大的桌面程序。

第 4 章深入介绍窗口的各种属性和事件函数的用法，还会介绍主窗口类 QMainWindow 的用法。

第 5 章介绍使用 Qt Designer 快速设计界面。

第 6 章涉及许多高级功能，例如在 PyQt 中使用数据库，编写多线程代码来处理复杂耗时的程序逻辑，以及使用 QSS 来美化自己设计的程序界面等。

第 7 章介绍图形视图框架的基础知识及其用法。

第 8 章介绍 PyInstaller 和 Nuitka 的实战打包技巧，带领读者一起解决常见的打包问题。

第 9 章介绍用 PyQt 开发一款可视化爬虫软件，详细介绍如何将界面和爬虫代码结合起来。

第 10 章介绍用 PyQt 开发一款《经典贪吃蛇》游戏，帮助读者巩固学到的图形视图框架知识。

代码阅读约定

读者在阅读书中代码时，会看到一些带有编号的注释，笔者会在代码解释部分讲解这些注释所指向的代码行或代码片段。下面举一个例子。

```
class Window(QWidget):
    def __init__(self):
        super(Window, self).__init__()
        self.label = QLabel('你好世界！')
        self.btn = QPushButton('改变文本')
        self.btn.clicked.connect(self.change_text)      # 1

        v_layout = QVBoxLayout()                        #注释 2 开始
        v_layout.addWidget(self.label)
        v_layout.addWidget(self.btn)
        self.setLayout(v_layout)                        #注释 2 结束

    def change_text(self):                              # 3
        print('槽函数启动')
        self.label.setText('你好 PyQt！')
```

代码解释：

#1 笔者会在这里解释注释#1 所指向的代码行。

#2 笔者会在这里解释注释#2 所指向的代码片段。

#3 笔者会在这里解释注释#3 所指向的函数，就是解释函数中的代码。

除了上面这一约定外，本书第 2 章开始会默认省略导入代码和程序启动代码，除非特意写出。这样做是为了防止代码冗余。了解这两点代码阅读约定会更有助于读者理解本书内容。

代码资源包下载

书中所有的示例代码都已放入资源包中，在开始阅读前读者可以先从异步社区网站把代码下载下来。

读者反馈与疑问

由于笔者水平有限，书中难免存在一些不妥之处，恳请广大读者批评指正，读者可以直接发邮件与笔者联系，邮箱是 louasure@126.com。

另外，关于本书还设有专门的读者交流 QQ 群（群号：747114397），欢迎各位读者加入！笔者在 CSDN 博客（昵称“la_vie_est_belle”）上也会更新与 PyQt 相关的文章，欢迎读者访问交流。

致谢

首先感谢我的爸爸妈妈，没有你们的栽培，我是不会前进到这一步的。接着，要感谢美丽可爱的方玲，谢谢你的陪伴和支持。最后，感谢自己，想对自己说：“谢谢你的坚持，未来一定会更好。”

开启 PyQt 之旅

欢迎同笔者一起来体验这场有意思的 PyQt 之旅。希望读完本书的你在编程能力上能够更上一层楼，更有把握地将自己脑海中的想法变成现实。PyQt，你值得拥有！

任路顺
2023 年 1 月

读者反馈与疑问

[illegible]

[illegible]

致谢

[illegible]

开启 PyQt 之旅

[illegible]

[illegible]

[illegible]

服务与支持

本书由异步社区出品，社区（https://www.epubit.com）为您提供后续服务。

配套资源

本书为读者提供源代码。读者可在异步社区本书页面中单击 配套资源 ，跳转到下载界面，按提示进行操作即可。注意：为保证购书读者的权益，该操作会给出相关提示，要求输入提取码进行验证。

提交勘误信息

作者、译者和编辑尽最大努力来确保书中内容的准确性，但难免会存在疏漏。欢迎您将发现的问题反馈给我们，帮助我们提升图书的质量。

当您发现错误时，请登录异步社区，按书名搜索，进入本书页面，单击“发表勘误”，输入错误信息，单击“提交勘误”按钮即可，如下图所示。本书的作者和编辑会对您提交的错误信息进行审核，确认并接受后，您将获赠异步社区的 100 积分。积分可用于在异步社区兑换优惠券、样书或奖品。

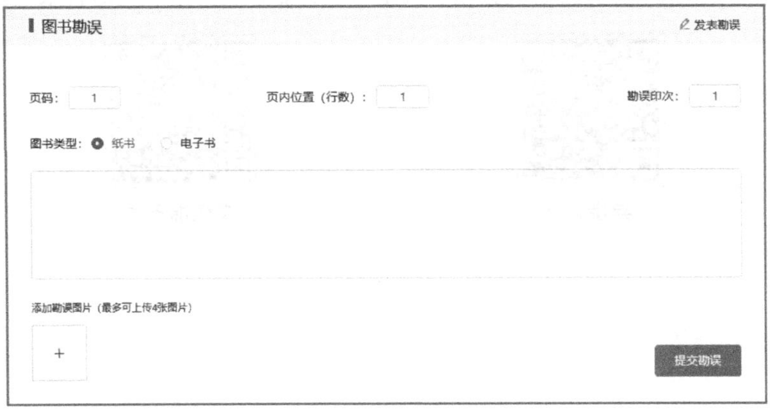

与我们联系

我们的联系邮箱是 contact@epubit.com.cn。

如果您对本书有任何疑问或建议，请您发邮件给我们，并请在邮件标题中注明本书书名，以便我们更高效地做出反馈。

如果您有兴趣出版图书、录制教学视频，或者参与图书翻译、技术审校等工作，可以发邮件给我们；有意出版图书的作者也可以到异步社区投稿（直接访问 www.epubit.com/contribute 即可）。

如果您所在的学校、培训机构或企业想批量购买本书或异步社区出版的其他图书，也可以发邮件给我们。

如果您在网上发现有针对异步社区出品图书的各种形式的盗版行为，包括对图书全部或部分内容的非授权传播，请您将怀疑有侵权行为的链接通过邮件发送给我们。您的这一举动是对作者权益的保护，也是我们持续为您提供有价值的内容的动力之源。

关于异步社区和异步图书

“异步社区”是人民邮电出版社旗下 IT 专业图书社区，致力于出版精品 IT 图书和相关学习产品，为作译者提供优质出版服务。异步社区创办于 2015 年 8 月，提供大量精品 IT 图书和电子书，以及高品质技术文章和视频课程。更多详情请访问异步社区官网 https://www.epubit.com。

“异步图书”是由异步社区编辑团队策划出版的精品 IT 专业图书的品牌，依托于人民邮电出版社的计算机图书出版积累和专业编辑团队，相关图书在封面上印有异步图书的 LOGO。异步图书的出版领域包括软件开发、大数据、人工智能、测试、前端、网络技术等。

异步社区

微信服务号

目录

第1章 PyQt 基础知识

在本章，我们首先会学习如何在相应系统上安装 PyQt，接着会深入学习编写每一个 PyQt 窗口所必需的程序入口代码，还会学习频繁用到的布局管理器以及信号和槽的知识点。布局、信号和槽是编写每个 PyQt 窗口所需要用到的基础知识，也是 PyQt 的核心内容。只有理解了它们才能够编写出功能更好、更丰富的程序。

之后，我们还会了解如何使用文档，以便快速找到相应方法的解释。读者在明白如何使用文档之后，说不定就可以快捷上手 PyQt 编程了。现在就让我们一起进入 PyQt 的世界吧！

1.1 安装 PyQt

PyQt 的安装步骤非常简单。在本节中，笔者会介绍如何在 Windows、macOS 以及 Ubuntu 这 3 个系统上安装 PyQt。

本书所使用的 Python 的版本为 3.9.11，PyQt 的版本为 5.15.4，并且会使用 PyCharm 编辑器编写 PyQt 程序。另外，本书不会介绍 Python 的基础语法知识，读者如果对 Python 基础语法还不够熟悉的话，可以先去知乎（昵称“la vie”）或者 B 站（昵称“快乐的代码蛋”）上观看笔者录制的 Python 教学视频，其中包括如何下载 PyCharm 编辑器的教程。

1.1.1 在不同系统上安装

1. Windows 系统

在 Windows 系统上，我们可以直接使用“pip install pyqt5= =5.15.4”命令安装 PyQt，如图 1-1 所示。

```
命令提示符
C:\Users\user>pip install pyqt5==5.15.4

Collecting pyqt5==5.15.4
  Downloading https://pypi.tuna.tsinghua.edu.cn/packages/9e/53/9476464c2a8db5252de96f
d90/PyQt5-5.15.4-cp36.cp37.cp38.cp39-none-win_amd64.whl (6.8 MB)
                                                                       eta 0:00:00
Collecting PyQt5-Qt5>=5.15
  Downloading https://pypi.tuna.tsinghua.edu.cn/packages/37/97/5d3b222b924fa2ed4c2488
f66/PyQt5_Qt5-5.15.2-py3-none-win_amd64.whl (50.1 MB)
                                                                       eta 0:00:00
Collecting PyQt5-sip<13,>=12.8
  Downloading https://pypi.tuna.tsinghua.edu.cn/packages/d1/85/e30b11daf7b8d4e00ed51c
543/PyQt5_sip-12.11.0-cp39-cp39-win_amd64.whl (78 kB)
                                                                       eta 0:00:00
Installing collected packages: PyQt5-Qt5, PyQt5-sip, pyqt5
Successfully installed PyQt5-Qt5-5.15.2 PyQt5-sip-12.11.0 pyqt5-5.15.4
```

图1-1　在Windows系统上安装PyQt

如果安装速度太慢或出现ReadTimeoutError错误，可以转为从国内源安装，将上述命令修改如下。

```
pip install pyqt5==5.15.4 -i https://pypi.tuna.tsinghua.edu.cn/simple
```

2. macOS系统

在macOS系统上，我们同样可以使用pip命令安装PyQt，在终端中执行“pip3 install pyqt5= =5.15.4”命令即可，如图1-2所示。

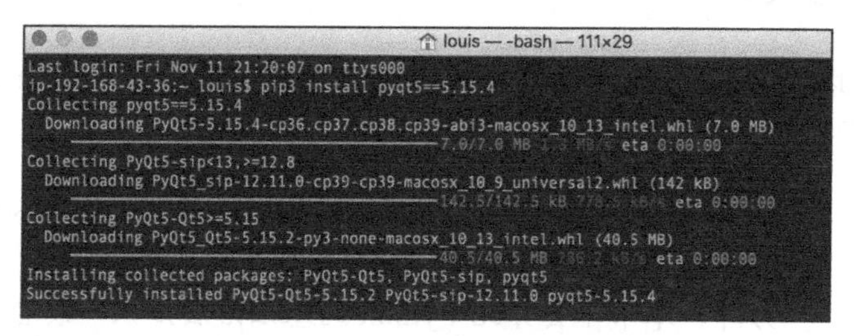

图1-2　在macOS系统上安装PyQt

3. Ubuntu系统

在Ubuntu系统上，我们可以使用“sudo apt-get install python3-pyqt5”命令安装PyQt，如图1-3所示。

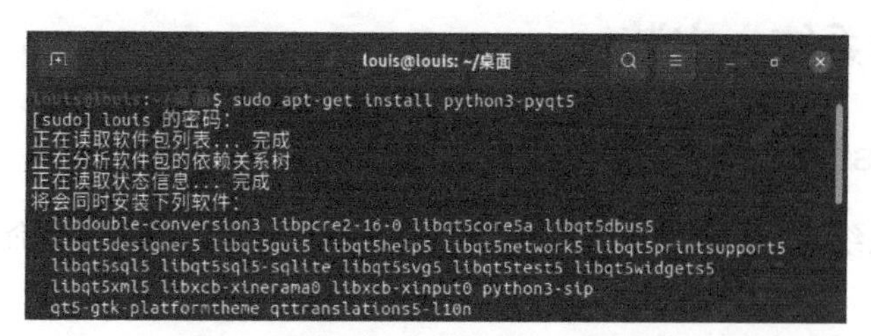

图1-3　在Ubuntu系统上安装PyQt

1.1.2 验证安装是否成功

PyQt 安装完毕后，我们在 Python 命令提示符窗口中执行“import PyQt5”命令（注意大小写）来导入 PyQt 5 库，如果没有出现任何错误提示，则表明安装成功，如图 1-4 所示。

```
命令提示符 - python
Microsoft Windows [版本 10.0.19043.1466]
(c) Microsoft Corporation。保留所有权利。

C:\Users\user>python
Python 3.9.11 (tags/v3.9.11:2de452f, Mar 16 2022, 14:33:45) [MSC v.1929 64 bit (AMD64)] on win32
Type "help", "copyright", "credits" or "license" for more information.
>>> import PyQt5
>>>
```

图 1-4 验证安装

1.2 设计一个简单的 PyQt 窗口

麻雀虽小，五脏俱全。本节介绍的窗口程序虽然简单，但能够让我们了解很多知识点，给后续的 PyQt 程序编写打下良好的基础。

1.2.1 程序入口

通过示例代码 1-1 我们能创建出一个非常简单的 PyQt 窗口，而这段代码就是常见的 PyQt 程序入口。

示例代码 1-1

```
import sys
from PyQt5.QtWidgets import *

if __name__ == '__main__':
    app = QApplication([])           # 1
    label = QLabel('Hello, PyQt!') # 2
    label.show()                     # 3
    sys.exit(app.exec())             # 4
```

运行结果如图 1-5 所示。

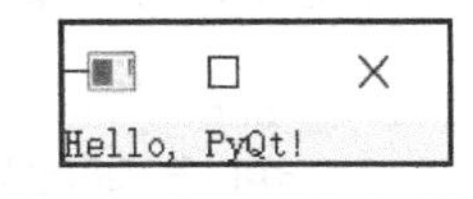

图 1-5 简单的 PyQt 窗口

代码解释：

#1 通过 app = QApplication([])语句实例化一个 QApplication 对象，该对象的作用是接收一个列表类型的值，其实就是用来接收命令行参数的。由于该程序不会与命令行“打交道”，所以直接传入空列表[]即可。如果程序需要接收命令行参数，则可以传入 sys.argv。

#2 通过 label = QLabel('Hello, PyQt!')语句实例化一个 QLabel 控件，我们通常用它来显示文本或图片。在这行代码中，我们用它来显示文本。在实例化 QLabel 控件时，可以直接传

入文本，也可以先实例化，再调用 setText()方法来设置，代码如下所示。

```
label= QLabel()
label.setText('Hello, PyQt!')
```

#3 因为控件默认都是隐藏的，所以要调用 show()方法将其显示出来。

#4 通过 app.exec()可以让 PyQt 程序运行起来，而当用户正常关闭窗口时，app.exec()会返回数值 0，将其传给 sys.exit()，从而让 Python 解释器正常退出。

在本小节中，如果碰到不理解的地方完全没有关系，先记住可以理解的部分，往下慢慢看，懂的就会越来越多了。比如先记住 QLabel 控件的用法，知道这个控件是干什么的，以及如何使用它的 setText()方法等。

在 PyQt 中，一个控件可以看作一个窗口。

读者可能发现 app 对象还有 exec_()方法，那是因为在 Python 2 中 exec 是关键字，所以为了不引起冲突，PyQt 官方起初就编写了带下画线的 exec_()。不过 exec 在 Python 3 中已不再是关键字，所以直接调用 exec()不会有任何问题。

1.2.2　在 PyQt 程序中嵌入 HTML 代码

我们可以直接在字符串中加上 HTML 代码来修改文本样式，示例代码 1-2 通过 HTML 的 <h1>标签修改文本大小。

示例代码 1-2

```
import sys
from PyQt5.QtWidgets import *

if __name__ == '__main__':
    app = QApplication([])
    label = QLabel()
    label.setText('<h1>Hello, PyQt!</h1>')
    label.show()
    sys.exit(app.exec())
```

运行结果如图 1-6 所示。

Hello, PyQt!

图 1-6　加入 HTML 代码 1

也可以在读取 HTML 文件后，调用 setText()方法将其内容显示到窗口上。新建一个名为 test.html 的文件，并在其中输入以下内容。

```
<!DOCTYPE html>
<html lang="en">
```

```
<head>
    <meta charset="UTF-8">
    <title>Hello, PyQt!</title>
</head>
<body>
    <h1>I love PyQt.</h1>
</body>
</html>
```

现在我们在示例代码 1-2 的基础上进行修改，将文件中的 HTML 代码内容显示到窗口上，详见示例代码 1-3。

示例代码 1-3

```
import sys
from PyQt5.QtWidgets import *

if __name__ == '__main__':
    app = QApplication([])
    label = QLabel()
    with open('test.html', 'r', encoding='utf-8') as f:
        label.setText(f.read())
    label.show()
    sys.exit(app.exec())
```

运行结果如图 1-7 所示。

除了可以使用 HTML 代码来修改文本样式，我们也可以通过 PyQt 自身提供的类（比如 QFont）来实现相同的效果。当然，还可以使用 QSS（Qt Style Sheets，Qt 样式表）来实现。这两种方法在后续章节都会讲解到。

图 1-7 加入 HTML 代码 2

1.2.3 在类中创建窗口

PyQt 程序的代码不应该全部挤在程序入口处，因为我们要用到的控件可能不止一个。如果在程序入口处实例化多个控件对象，就会出现多个窗口，详见示例代码 1-4。

示例代码 1-4

```
import sys
from PyQt5.QtWidgets import *

if __name__ == '__main__':
    app = QApplication([])
    label_1 = QLabel('Label 1')
    label_2 = QLabel('Label 2')
    label_1.show()
    label_2.show()
    sys.exit(app.exec())
```

运行结果如图 1-8 所示。

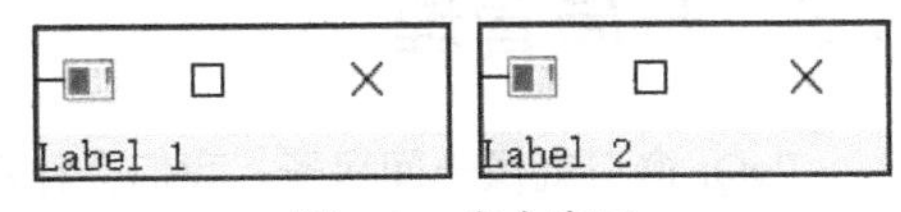

图 1-8 多个窗口

很明显，这不是我们想要的。我们希望能够在一个窗口上同时显示两个QLabel控件。为了实现这种需求，也为了让代码更好管理，我们通常会在一个类中编写窗口，详见示例代码1-5。

示例代码 1-5

```
import sys
from PyQt5.QtWidgets import *

class Window(QWidget):                                  # 1
    def __init__(self):
        super(Window, self).__init__()
        label_1 = QLabel('Label 1', self)               #注释2开始
        label_2 = QLabel('Label 2', self)               #注释2结束

if __name__ == '__main__':
    app = QApplication([])
    window = Window()                                   #注释3开始
    window.show()                                       #注释3结束
    sys.exit(app.exec())
```

代码解释：

 # 1 让编写的Window类继承QWidget。大家可以把QWidget看成一个空白的窗口，而我们要做的就是往里面添加控件。

 # 2 在Window类中，我们实例化两个QLabel控件对象。在该程序中，QLabel除了接收一个字符串，还指明了一个父类实例对象self，这样QLabel控件就能够显示在窗口上。

 # 3 在程序入口处，我们实例化Window对象，并调用show()方法将窗口显示出来。

当对一个窗口调用 show()方法之后，窗口中的控件会一同显示出来，不必再调用自身的show()方法。

运行结果如图1-9所示。

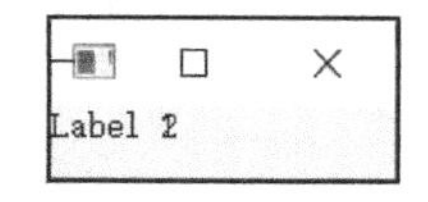

图1-9 在类中编写窗口

图1-9所示的窗口中同时出现了“Label 1”和“Label 2”两个文本，但它们是重合的，原因在于我们没有对两个QLabel控件进行布局。在1.3节，我们将会学习使用布局管理器来让窗口更加整洁有序。

1.3 布局管理

PyQt窗口就像一间房子，我们会往房子里面放各种家具，而在窗口中，我们会放很多的控件。在布局时，我们不会把家具乱放，不过要怎么放才更加好看、有序呢？接下来就让我们一

起来看一下如何布局窗口上的各个控件。

1.3.1 使用 move()方法布局

最简单的布局方式就是使用 move()方法来规定各个控件在窗口中的位置。在使用这个方法前，我们先来简单了解一下 PyQt 的坐标体系，如图 1-10 所示。

不管是窗口还是控件，它们的坐标原点（以及锚点）都在左上角，而且向右为 x 轴正方向，向下为 y 轴正方向。也就是说，如果我们要调用 move()方法把一个 QLabel 控件放在坐标为(50, 100)的窗口位置上，其实就是规定 QLabel 控件左上角在窗口上的位置，如图 1-11 所示。

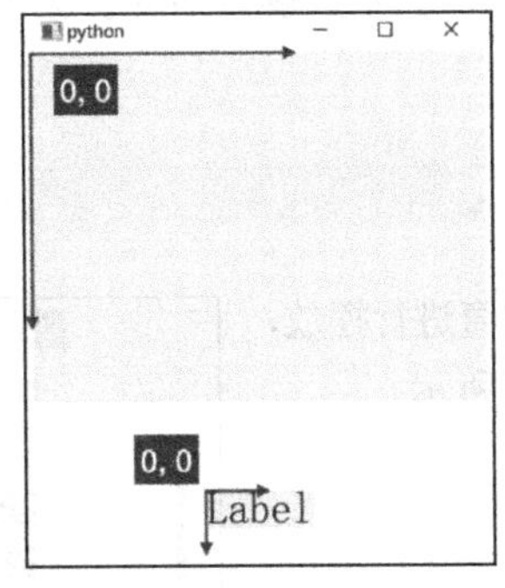

图 1-10　PyQt 的坐标体系

图 1-11　QLabel 控件在(50, 100)坐标处

我们现在可以实际操作一下，示例代码 1-6 通过 move()方法把 QLabel 放在了窗口上的其他位置。

示例代码 1-6

```
import sys
from PyQt5.QtWidgets import *

class Window(QWidget):
    def __init__(self):
        super(Window, self).__init__()
        self.resize(200, 200)        # 1

        label_1 = QLabel('Label 1', self)
        label_2 = QLabel('Label 2', self)
        label_1.move(-20, 0)         #注释 2 开始
        label_2.move(50, 100)        #注释 2 结束

if __name__ == '__main__':
    app = QApplication([])
    window = Window()
    window.show()
    sys.exit(app.exec())
```

运行结果如图 1-12 所示。

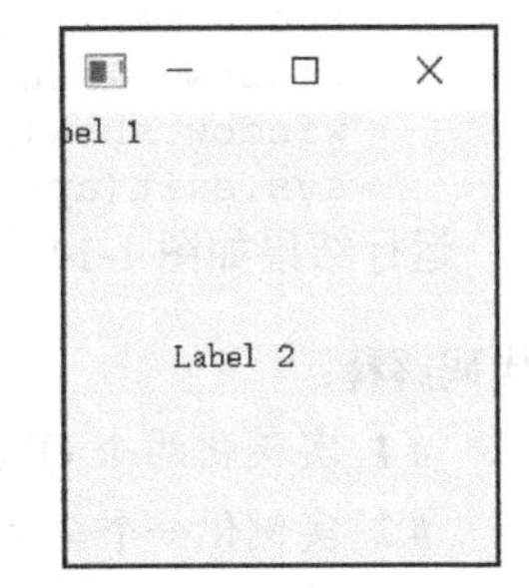

图 1-12　QLabel 控件的位置

代码解释：

#1 调用 resize()方法将窗口大小设置为宽 200 像素，长 200 像素。

#2 调用 move()方法分别设置两个 QLabel 控件的位置。这里将 label_1 控件对象设置在了坐标为(−20, 0)的位置上。之前说过，窗口的左上角为坐标原点(0, 0)，QLabel 控件的坐标为(−20, 0)也就意味着控件还往原点左侧移动了一些，这样的话一部分文本就会被遮住。

使用 move()方法可以快速进行布局，但是当控件数量很多时，该方法就不再方便了。因为我们要计算很多个坐标，而且万一其中一个控件的位置要改变，就可能会影响其他所有控件的位置，牵一发而动全身的方法是不推荐的。另外，使用 move()方法还有一个弊端——坐标都是固定的。也就是说，当我们拉伸窗口时，控件的位置固定不变，并不能够自适应。为了解决这些问题，我们就需要用到 PyQt 中的布局管理器。

1.3.2　垂直布局管理器 QVBoxLayout

所谓垂直布局（Vertical Layout），就是指将控件从上到下垂直进行摆放，我们可以用 QVBoxLayout 这个布局管理器来实现，如图 1-13 所示。

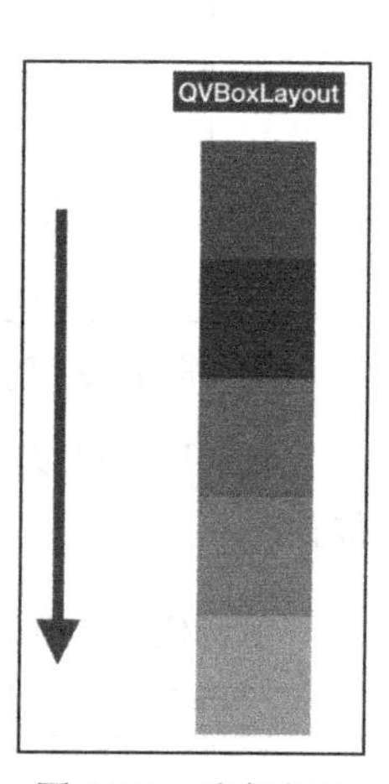

图 1-13　垂直布局

现在我们在程序中垂直布局两个 QLabel 控件，详见示例代码 1-7。

示例代码 1-7

```
import sys
from PyQt5.QtWidgets import *

class Window(QWidget):
    def __init__(self):
        super(Window, self).__init__()
        username = QLabel('Username:')    #注释 1 开始
        password = QLabel('Password:')    #注释 1 结束

        v_layout = QVBoxLayout()          #注释 2 开始
        v_layout.addWidget(username)
        v_layout.addWidget(password)
        self.setLayout(v_layout)          #注释 2 结束

if __name__ == '__main__':
    app = QApplication([])
    window = Window()
    window.show()
    sys.exit(app.exec())
```

运行结果如图 1-14 所示。

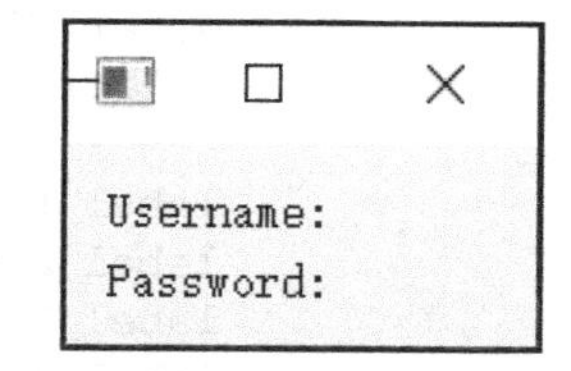

图 1-14　控件垂直布局

代码解释：

#1 实例化两个 QLabel 控件，将其文本设置为“Username:”和“Password:”。

#2 实例化一个垂直布局管理器，并通过 addWidget()方法将两个控件依次添加到布局中。接着调用窗口的 setLayout()方法将垂直布局方式设置为窗口的整体布局。

在垂直布局中，先添加的控件位于后添加的控件上方。

布局管理器被设置到窗口上，被添加到布局管理器中的各个控件也会自然而然地显示到窗口上，也就是我们可以不必再在实例化的时候给这些控件指定父类实例对象 self。

1.3.3 水平布局管理器 QHBoxLayout

水平布局（Horizontal Layout）就是指将控件从左到右依次摆放，控件都是水平对齐的，我们可以用 QHBoxLayout 这个布局管理器来实现，如图 1-15 所示。

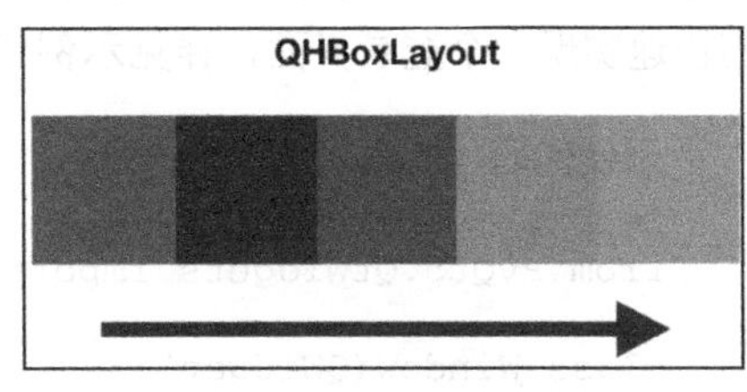

图 1-15 水平布局

现在我们在程序中水平布局一个 QLabel 控件和一个 QLineEdit 控件，详见示例代码 1-8。

示例代码 1-8

```
import sys
from PyQt5.QtWidgets import *

class Window(QWidget):
    def __init__(self):
        super(Window, self).__init__()
        username_label = QLabel('Username:')      #注释 1 开始
        username_line = QLineEdit()               #注释 1 结束

        h_layout = QHBoxLayout()                  #注释 2 开始
        h_layout.addWidget(username_label)
        h_layout.addWidget(username_line)
        self.setLayout(h_layout)                  #注释 2 结束

if __name__ == '__main__':
    app = QApplication([])
    window = Window()
    window.show()
    sys.exit(app.exec())
```

运行结果如图 1-16 所示。

图 1-16 控件水平布局

代码解释：

#1 除了 QLabel 控件，我们还添加了 QLineEdit 控件，它是一个单行文本输入框，在这里用于输入账号。

#2 实例化一个水平布局管理器并调用addWidget()方法将QLabel控件和QLineEdit控件添加到布局中。接着通过窗口的setLayout()方法将水平布局方式设置为窗口的整体布局。

在水平布局中，先添加的控件位于后添加的控件左侧。

1.3.4 表单布局管理器QFormLayout

表单布局管理器就是指将控件按照表单的样式进行布局，比如可以将控件以一行两列的形式进行布局。表单布局管理器通常用来设置文本型控件和输入型控件（比如QLabel和QLineEdit）的布局，通常左列控件为文本型控件，右列控件为输入型控件。使用该布局管理器可以帮助我们快速实现一个登录界面，详见示例代码1-9。

示例代码 1-9

```
import sys
from PyQt5.QtWidgets import *

class Window(QWidget):
    def __init__(self):
        super(Window, self).__init__()
        username_label = QLabel('Username:')    # 注释 1 开始
        password_label = QLabel('Password:')
        username_line = QLineEdit()
        password_line = QLineEdit()             # 注释 1 结束

        f_layout = QFormLayout()                # 注释 2 开始
        f_layout.addRow(username_label, username_line)
        f_layout.addRow(password_label, password_line)
        self.setLayout(f_layout)                # 注释 2 结束

if __name__ == '__main__':
    app = QApplication([])
    window = Window()
    window.show()
    sys.exit(app.exec())
```

运行结果如图1-17所示。

图1-17 表单布局

代码解释：

#1 实例化两个QLabel控件和两个QLineEdit控件，这两个QLineEdit控件分别用来输入账号和密码。

#2 实例化一个表单布局管理器，然后调用addRow()方法添加QLabel控件和QLineEdit控件。这样username_label和username_line就处在第一行，password_label和password_line就处在第二行。左列控件为QLabel，右列控件为QLineEdit。

1.3.5 网格布局管理器 QGridLayout

使用网格布局（Grid Layout）管理器时，我们可以把窗口想象成是带有网格的，如图 1-18 所示，而这些网格都有相应的坐标。

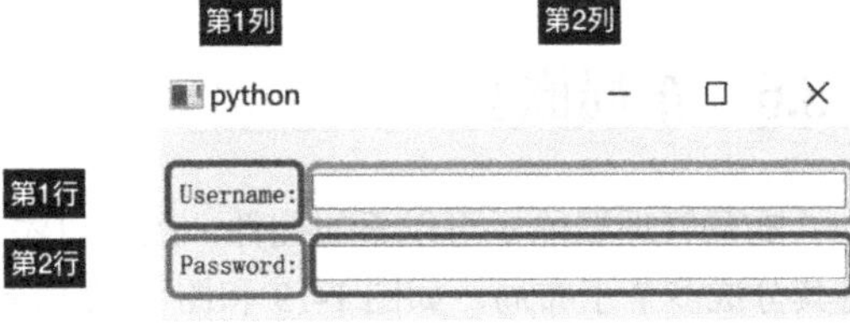

图 1-18 窗口网格

从图 1-18 中我们可以得到以下信息。

（1）username_label 文本控件被放到了第 1 行、第 1 列，网格坐标为(0, 0)。

（2）username_line 输入框控件被放到了第 1 行、第 2 列，网格坐标为(0, 1)。

（3）password_label 文本控件被放到了第 2 行、第 1 列，网格坐标为(1, 0)。

（4）password_line 输入框控件被放到了第 2 行、第 2 列，网格坐标为(1, 1)。

网格坐标只在网格布局管理器中使用，与之前讲的窗口坐标无关。另外，网格坐标是用 0 表示第 1 行或者第 1 列的。

示例代码 1-10 实现了图 1-18 中的网格布局。

示例代码 1-10

```
import sys
from PyQt5.QtWidgets import *

class Window(QWidget):
    def __init__(self):
        super(Window, self).__init__()
        username_label = QLabel('Username:')
        password_label = QLabel('Password:')
        username_line = QLineEdit()
        password_line = QLineEdit()

        g_layout = QGridLayout()                    # 注释 1 开始
        g_layout.addWidget(username_label, 0, 0)
        g_layout.addWidget(username_line, 0, 1)
        g_layout.addWidget(password_label, 1, 0)
        g_layout.addWidget(password_line, 1, 1)
        self.setLayout(g_layout)                    # 注释 1 结束

if __name__ == '__main__':
    app = QApplication([])
    window = Window()
    window.show()
    sys.exit(app.exec())
```

代码解释：

#1 网格布局管理器同样有 addWidget()方法，我们在调用该方法时还需要传入控件的网格坐标。运行结果跟图 1-18 所示的结果一样。

1.3.6 布局嵌套

布局管理器除了可以添加控件，还可以添加子布局。我们现在拆分图 1-18 中的登录界面，将其分成多个子布局，如图 1-19 和图 1-20 所示。

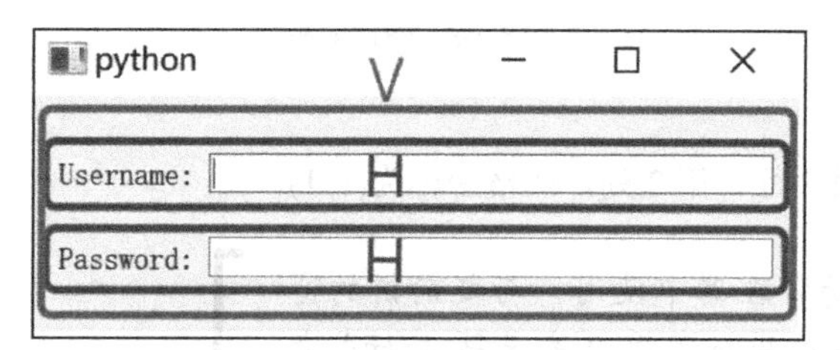

图 1-19 一个垂直布局（V）中包含两个水平布局（H）

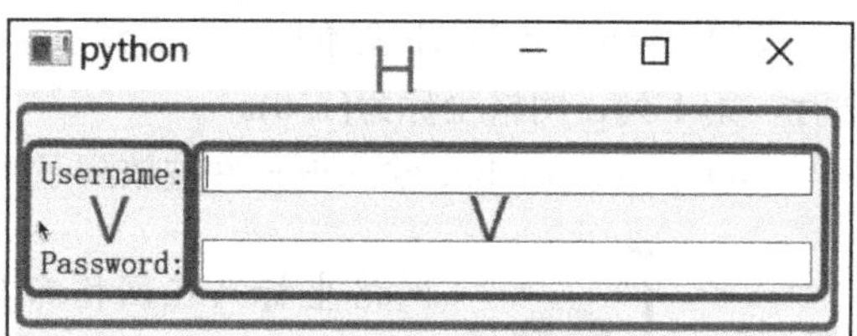

图 1-20 一个水平布局（H）中包含两个垂直布局（V）

通过图 1-19 我们可以看出，username_label 和 username_line 使用水平布局，password_label 和 password_line 也使用水平布局，这两个水平布局被包含在一个垂直布局中，即在 QVBoxLayout 中添加了两个 QHBoxLayout。

通过图 1-20 我们可以看出，username_label 和 password_label 使用垂直布局，username_line 和 password_line 也使用垂直布局，这两个垂直布局被包含在一个水平布局中，即在 QHBoxLayout 中添加了两个 QVBoxLayout。

示例代码 1-11 实现了图 1-19 中的布局嵌套方式。

示例代码 1-11

```
import sys
from PyQt5.QtWidgets import *

class Window(QWidget):
    def __init__(self):
        super(Window, self).__init__()
        username_label = QLabel('Username:')
        password_label = QLabel('Password:')
        username_line = QLineEdit()
        password_line = QLineEdit()

        v_layout = QVBoxLayout()          # 注释 1 开始
        h1_layout = QHBoxLayout()
        h2_layout = QHBoxLayout()
```

```
        h1_layout.addWidget(username_label)
        h1_layout.addWidget(username_line)
        h2_layout.addWidget(password_label)
        h2_layout.addWidget(password_line)
        v_layout.addLayout(h1_layout)
        v_layout.addLayout(h2_layout)
        self.setLayout(v_layout)        # 注释 1 结束

if __name__ == '__main__':
    app = QApplication([])
    window = Window()
    window.show()
    sys.exit(app.exec())
```

代码解释：

#1 实例化一个垂直布局管理器和两个水平布局管理器。h1_layout 水平布局管理器中添加了 username_label 和 username_line 控件，h2_layout 水平布局管理器中则添加了 password_label 和 password_line 控件。最后 v_layout 垂直布局管理器调用 addLayout()方法依次添加两个水平布局管理器，使它们从上到下垂直排列。

大家可以自行实现图 1-20 中的布局方式，源码参见资源包中的**示例代码 1-12**。到这里，我们一共已经认识了 4 种布局管理器并明白了如何进行布局嵌套，这几种布局管理器各有特点，不过常使用的还是 QVBoxLayout 和 QHBoxLayout 这两种。

PyQt 的一个核心知识点我们已经了解了，那现在跟随笔者再去看一下另一个核心知识点——信号和槽机制。

1.4 信号和槽

信号和槽机制作为 PyQt 中各个对象之间的通信基础，其重要程度不言而喻。只有了解了这个机制的用法，我们才能写出一个功能完善的 PyQt 程序。

1.4.1 理解信号和槽机制

其实这个机制非常好理解，我们拿红绿灯来做个类比。

当红灯信号发射后，行人就会停下；当绿灯信号发射后，行人就会前进。我们用 red 和 green 来表示信号，用 stop()和 go()函数来表示行人的动作，这两个函数也被称为槽函数。也就是说，当 red 信号发射后，stop()槽函数就会被调用；当 green 信号发射后，go()槽函数会被调用。不过信号和槽只有在连接之后才可以起作用，连接方式如图 1-21 所示。

在图 1-21 中，widget 就是 PyQt 中的控件对象，signal 就是控件对象拥有的信号，connect()方法用于连接信号和槽，而 slot 是槽函数名称。我们参考上面的红绿灯例子，了解代码中的连接方式：

```
traffic_light.red.connect(stop)
traffic_light.green.connect(go)
```

控件　信号　连接　槽函数

widget.signal.connect(slot)

图 1-21　信号和槽的连接方式

red 信号和 stop()槽函数进行连接，green 信号和 go()槽函数进行连接，只有这样连接后，发射的信号才可以调用相应的槽函数。总结起来就一句话：连接后，信号发射，槽函数“启动”。

在 connect()方法中传入的是函数名。

1.4.2 一个信号连接一个槽

我们可以在很多窗口上看到“Start”按钮，单击之后文本从“Start”变成了“Stop”，示例代码 1-13 通过信号和槽机制实现了这种功能。

示例代码 1-13

```
import sys
from PyQt5.QtWidgets import *

class Window(QWidget):
    def __init__(self):
        super(Window, self).__init__()
        self.btn = QPushButton('Start', self)       #注释 1 开始
        self.btn.clicked.connect(self.change_text) #注释 1 结束

    def change_text(self):                          # 2
        if self.btn.text() == 'Start':
            self.btn.setText('Stop')
        else:
            self.btn.setText('Start')

if __name__ == '__main__':
    app = QApplication([])
    window = Window()
    window.show()
    sys.exit(app.exec())
```

运行结果如图 1-22 所示。

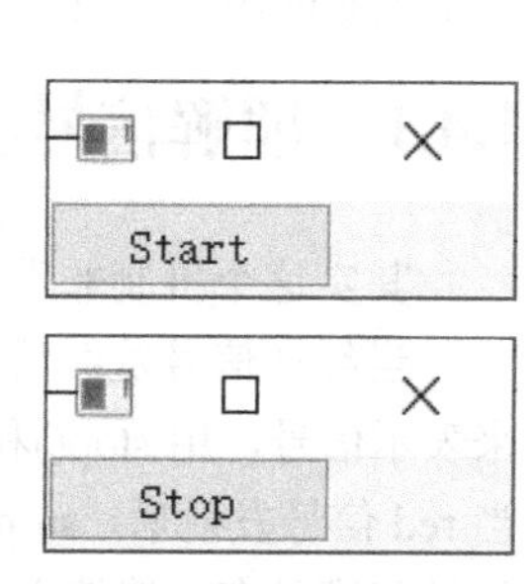

图 1-22　改变按钮文本

代码解释：

#1 实例化一个 QPushButton 按钮控件之后，我们将按钮的 clicked 信号与自定义的 change_text()槽函数连接起来。

#2 在槽函数中，我们首先通过 text()方法获取到当前单击按钮的文本，如果是“Start”，就调用 setText()方法将按钮的文本修改为“Stop”。而如果文本是“Stop”，就将其修改为“Start”。

TIP

因为要在槽函数中使用 btn 对象，所以应该在类的初始化函数__init__()中将 btn 设置为成员变量，也就是 self.btn。当然我们也可以直接通过 sender()方法获取到当前发射信号的控件对象，代码如下所示。

```
import sys
from PyQt5.QtWidgets import *

class Window(QWidget):
    def __init__(self):
        super(Window, self).__init__()
        btn = QPushButton('Start', self)
        btn.clicked.connect(self.change_text)

    def change_text(self):
        btn = self.sender()
        if btn.text() == 'Start':
            btn.setText('Stop')
        else:
            btn.setText('Start')

... # 程序入口代码不变
```

每个控件都有相应的内置信号，比如 QPushButton 控件有 clicked、pressed、released 等内置信号。当然我们也可以给控件或窗口自定义一个信号，笔者会在 1.4.6 小节中讲解。

信号是可以传值的，比如 QLineEdit 控件有一个 textChanged 信号，它会在输入框中的文本发生改变时被发射，并且会携带当前的文本。图 1-23 所示为官方文档中对该信号的解释，示例代码 1-14 演示了该信号的使用方法。

void QLineEdit::textChanged(const QString &*text*) [signal]

This signal is emitted whenever the text changes. The *text* argument is the new text.

图 1-23 textChanged 信号

示例代码 1-14

```
import sys
from PyQt5.QtWidgets import *

class Window(QWidget):
    def __init__(self):
        super(Window, self).__init__()
        self.resize(180, 30)
        line = QLineEdit(self)
        line.textChanged.connect(self.show_text)


    def show_text(self, text):    # 1
        print(text)

if __name__ == '__main__':
    app = QApplication([])
    window = Window()
    window.show()
    sys.exit(app.exec())
```

运行结果如图 1-24 所示。

```
123
```

```
main
E:\python\python.exe C:/Use
1
12
123
```

图 1-24 控制台输出

代码解释：

#1 show_text()槽函数有一个 text 参数，textChanged 信号携带的值会传给这个参数。运行程序，每当修改输入框中的文本时，控制台都会将修改后的文本输出。

如果信号（比如 clicked 信号）无法传值，而我们想要让它连接一个带参数的槽函数，这时候要怎么做呢？答案是使用 lambda 匿名函数。示例代码 1-15 演示了如何通过 lambda 匿名函数让 clicked 信号连接 setText()这个带参数的槽函数。

示例代码 1-15

```
import sys
from PyQt5.QtWidgets import *

class Window(QWidget):
    def __init__(self):
        super(Window, self).__init__()
        btn = QPushButton('Start', self)
        btn.clicked.connect(lambda: btn.setText('Stop'))    # 1

if __name__ == '__main__':
    app = QApplication([])
    window = Window()
    window.show()
    sys.exit(app.exec())
```

代码解释：

#1 如果我们把此处的信号和槽连接代码更改成“btn.clicked.connect(btn.setText('Stop'))”，那么程序就会报错，如图 1-25 所示。

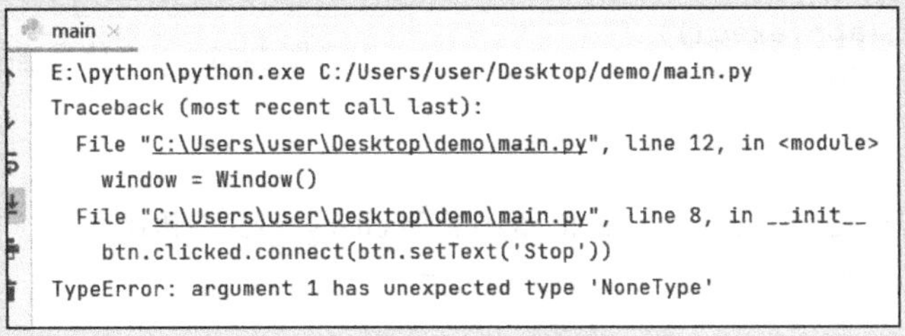

```
main ×
E:\python\python.exe C:/Users/user/Desktop/demo/main.py
Traceback (most recent call last):
  File "C:\Users\user\Desktop\demo\main.py", line 12, in <module>
    window = Window()
  File "C:\Users\user\Desktop\demo\main.py", line 8, in __init__
    btn.clicked.connect(btn.setText('Stop'))
TypeError: argument 1 has unexpected type 'NoneType'
```

图 1-25 报错截图

在信号和槽连接时，我们必须往 connect()方法中传入一个可调用对象，也就是传入函数名，不带括号。如果带了括号，就表示我们传入了函数的执行结果。setText('Stop')方法执行后返回 None，信号跟 None 连接明显不合理。如果要将 setText()用作和 clicked 信号连接的槽函数，就必须使用 lambda 匿名函数把 setText()方法“包装”一下，以返回一个可调用对象。

1.4.3 一个信号连接多个槽

一个信号可以连接多个槽函数，也就是信号只用发射一次，就可以调用多个槽函数。示例代码 1-16 是在示例代码 1-13 的基础上修改得到的，该示例代码将按钮的 clicked 信号与两个槽函数进行了连接。

示例代码 1-16

```
import sys
from PyQt5.QtWidgets import *

class Window(QWidget):
    def __init__(self):
        super(Window, self).__init__()
        self.btn = QPushButton('Start', self)
        self.btn.clicked.connect(self.change_text)   #注释 1 开始
        self.btn.clicked.connect(self.change_size)   #注释 1 结束

    def change_text(self):
        if self.btn.text() == 'Start':
            self.btn.setText('Stop')
        else:
            self.btn.setText('Start')

    def change_size(self):     # 2
        self.btn.resize(150, 30)
```

```
if __name__ == '__main__':
    app = QApplication([])
    window = Window()
    window.show()
    sys.exit(app.exec())
```

运行结果如图 1-26 所示。

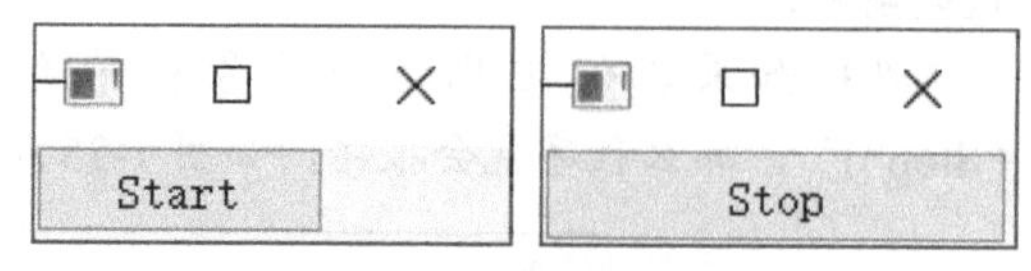

图 1-26 一个信号连接两个槽函数

代码解释：

 # 1 clicked 信号连接了 change_text()槽函数和 change_size()槽函数。

 # 2 change_size()槽函数用于改变按钮的尺寸。

1.4.4 多个信号连接一个槽

QPushButton 除了有 clicked 信号，还有 pressed 信号和 released 信号。pressed 信号是在按钮被“按下”那一刻发射，而 released 信号则是在按钮被“松开”后发射。“按下”和“松开”其实就构成了一次单击，也就会发射 clicked 信号。现在我们将 pressed 信号和 released 信号用在示例代码 1-17 中。

示例代码 1-17

```
import sys
from PyQt5.QtWidgets import *

class Window(QWidget):
    def __init__(self):
        super(Window, self).__init__()
        self.btn = QPushButton('Start', self)
        self.btn.pressed.connect(self.change_text)      #注释 1 开始
        self.btn.released.connect(self.change_text)     #注释 1 结束

    def change_text(self):
        if self.btn.text() == 'Start':
            self.btn.setText('Stop')
        else:
            self.btn.setText('Start')

if __name__ == '__main__':
    app = QApplication([])
    window = Window()
    window.show()
    sys.exit(app.exec())
```

运行结果如图 1-27 所示。

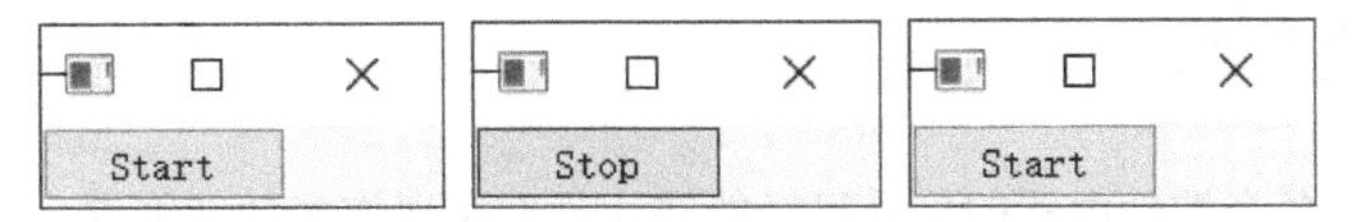

图 1-27 “按下”和“松开”后的按钮文本

代码解释：

#1 将 pressed 信号和 released 信号都跟 change_text()槽函数连接起来。那么当按钮被“按下”（不“松开”）时，槽函数就会被调用，按钮文本从“Start”变成了“Stop”。当“松开”按钮后，槽函数再次被调用，按钮文本从“Stop”变回了“Start”。

1.4.5 信号与信号连接

信号不仅可以跟槽函数连接，还可以跟信号连接，详见示例代码 1-18。

示例代码 1-18

```
import sys
from PyQt5.QtWidgets import *

class Window(QWidget):
    def __init__(self):
        super(Window, self).__init__()
        self.btn = QPushButton('Start', self)
        self.btn.pressed.connect(self.btn.released)     #注释 1 开始
        self.btn.released.connect(self.change_text)     #注释 1 结束

    def change_text(self):
        if self.btn.text() == 'Start':
            self.btn.setText('Stop')
        else:
            self.btn.setText('Start')


if __name__ == '__main__':
    app = QApplication([])
    window = Window()
    window.show()
    sys.exit(app.exec())
```

代码解释：

#1 我们将 pressed 信号同 released 信号进行连接，而 released 信号则跟槽函数进行连接。当按钮被“按下”（不“松开”）后，pressed 信号发射，released 信号也会马上跟着发射，槽函数就会被执行，改变按钮的文本。当按钮被“松开”后，released 信号再次发射，槽函数再次被调用。运行结果跟图 1-27 所示的一样。

1.4.6 自定义信号

在 PyQt 中，各个控件内置的信号已经能够让我们实现许多功能需求，但是如果想要更加个性化的功能，我们还得借助自定义信号来实现。本小节会详细介绍如何自定义信号，并通过自定义信号进行传值。

本小节的知识点相对于之前的部分要稍微难一些，如果对前面的信号和槽知识点还不是很熟悉，可以先跳过这一部分，等可以熟练地连接信号和槽后再来看。

1. 创建自定义信号

自定义信号是通过 pyqtSignal 来创建的，接下来通过示例代码 1-19 来演示自定义信号的创建过程。

示例代码 1-19

```
import sys
from PyQt5.QtCore import *
from PyQt5.QtWidgets import*

class Window(QWidget):
    my_signal = pyqtSignal()                            # 1

    def __init__(self):
        super(Window, self).__init__()
        self.my_signal.connect(self.my_slot)            # 2

    def my_slot(self):
        print(self.width())
        print(self.height())

    def mousePressEvent(self, event):                   # 3
        self.my_signal.emit()

if __name__ == '__main__':
    app = QApplication([])
    window = Window()
    window.show()
    sys.exit(app.exec())
```

运行结果如图 1-28 所示。

```
E:\python\python.exe
640
480
```

图 1-28 控制台输出结果

代码解释：

#1 实例化一个 pyqtSignal 对象。

#2 将自定义信号与 my_slot()槽函数连接。

 # 3 mousePressEvent()是鼠标按下事件函数，每当鼠标被按下时，该事件函数就会被执行（4.3 节会详细讲解窗口事件）。my_siganl 信号调用 emit()方法将自己发射出去，这样 my_slot() 槽函数就会被执行，输出窗口的宽和高。

2. 让自定义信号携带值

如果想要获取鼠标指针在窗口上的 *x* 坐标和 *y* 坐标，可以通过信号将坐标值发送过来，详见示例代码 1-20。

示例代码 1-20

```
import sys
from PyQt5.QtCore import *
from PyQt5.QtWidgets import *

class Window(QWidget):
    my_signal = pyqtSignal(int, int)        # 1

    def __init__(self):
        super(Window, self).__init__()
        self.my_signal.connect(self.my_slot)

    def my_slot(self, x, y):                # 2
        print(x)
        print(y)

    def mousePressEvent(self, event):       # 3
        x = event.pos().x()
        y = event.pos().y()
        self.my_signal.emit(x, y)

if __name__ == '__main__':
    app = QApplication([])
    window = Window()
    window.show()
    sys.exit(app.exec())
```

```
E:\python\python.exe
106
157
```

图 1-29 控制台输出结果

运行结果如图 1-29 所示。

代码解释：

 # 1 要通过自定义信号传值，我们必须在实例化 pyqtSignal 对象时明确要传递的值的类型。由于 *x* 坐标和 *y* 坐标都是整型值，因此要给 pyqtSignal 传入两个 int。

 # 2 槽函数也要稍做修改，需要增加两个参数，分别用于接收 *x* 坐标和 *y* 坐标。

 # 3 现在我们需要在鼠标按下事件中获取鼠标指针的 *x* 和 *y* 坐标，并通过 emit()方法将其随信号一同发射出去。

除了整型值，我们还可以让自定义信号携带其他类型（包括 Python 语言所支持的值类型和 PyQt 自定义的数据类型）的值，详见表 1-1。

表 1-1 自定义信号可携带的值类型

值 类 型	实例化方式
整型	pyqtSignal(int)
浮点型	pyqtSignal(float)
复数	pyqtSignal(complex)
字符型	pyqtSignal(str)
布尔型	pyqtSignal(bool)
列表	pyqtSignal(list)
元组	pyqtSignal(tuple)
字典	pyqtSignal(dict)
集合	pyqtSignal(set)
QSize	pyqtSignal(QSize)
QPoint	pyqtSignal(QPoint)

信号和槽机制就暂时讲到这里，希望大家能够花时间理解相关内容，这会让你在后续的 PyQt 程序编写中事半功倍。现在让我们进入本章的最后一个部分，即学会使用文档。

1.5 学会使用文档

PyQt 的官方文档的内容不是很详细，比如我们在其中就找不到各个控件的用法解释。由于 PyQt 是 Python 版本的 Qt，所以我们完全可以去看 C++版本 Qt 的官方文档。

编程语言的设计思想是相通的，只是语法会有一些区别。所以不要担心，只要你会使用 Python，那 C++版本的文档就是可以看懂的。不管是 Python 还是 C++，我们在编写 PyQt 或 Qt 代码时所使用的类名和方法名都是一样的，只不过两种语言对方法的调用方式和解释有所不同。

PyQt 提供了 Qt Assistant 文档助手工具，它是一个桌面版的文档查询软件，提供了一些快速查找的功能。由于文档是会经常更新的，所以笔者认为还是直接查阅在线文档比较好。

1.5.1 理解文档上的 C++代码

在本小节，笔者会拿 C++版本和 Python 版本的代码片段做对比，好让大家能看懂文档上的

C++代码。如果读者已经学过 C++，可以直接跳过本小节。

C++版本

```
QLabel *label = new QLabel(this);
label->setText("Hello World");
```

Python 版本

```
label = QLabel(self)
label.setText("Hello World")
```

从这两段代码中我们可以发现，不管是 C++还是 Python，代码中所使用的类名和方法名都是一样的，所以将 C++代码转换成 Python 代码是一件非常简单的事情，反之亦然。

当文档在解释一个方法时，比如 QWidget 类的 resize()方法，我们会看到这样的 C++代码片段：void QWidget::resize(int w, int h)。

这段 C++代码告诉我们 resize()方法是属于 QWidget 这个类的，类名前面的 void 表示该方法不会返回任何值。如果把 void 改成 QString，就表示该方法会返回一个字符串。int w 和 int h 表示我们需要往该方法中传入 2 个整型值。将上述代码转换成 Python 代码的话就是：QWidget.resize(w, h)。

接下来，我们来看官方文档中对 QLabel 控件的实例化方法 QLabel()的解释，如图 1-30 所示。

```
QLabel::QLabel(const QString &text, QWidget *parent = nullptr,
Qt::WindowFlags f = Qt::WindowFlags())
```

图 1-30 文档解释

根据文档提示，我们可以往该方法中传入 3 个参数：第一个是文本字符串（const 表示常量）；第二个是 QWidget 类型的父类对象，nullptr 相当于 Python 中的 None，表示该参数默认为空；第三个是 Qt.WindowFlags 类型的值。QLabel()实例化方法的 Python 版本如下所示。

```
QLabel.QLabel(text, parent=None, f=Qt.WindowFlags())
```

1.5.2 如何使用文档

1. 第一步

打开在线文档后，我们可以看到页面上罗列出了所有的类。可以按“Ctrl+F”快捷键进行搜索，比方说我们要查阅 QLineEdit 控件的用法，在搜索框中输入“QLineEdit”后，就会在页面直接定位到它，如图 1-31 所示。

2. 第二步

单击“QLineEdit”进入 QLineEdit 控件介绍页面，往下滑动页面找到“Detailed Description”，查看官方对该控件的介绍，在这部分我们能够学习到该控件的常见用法，如图 1-32 所示。

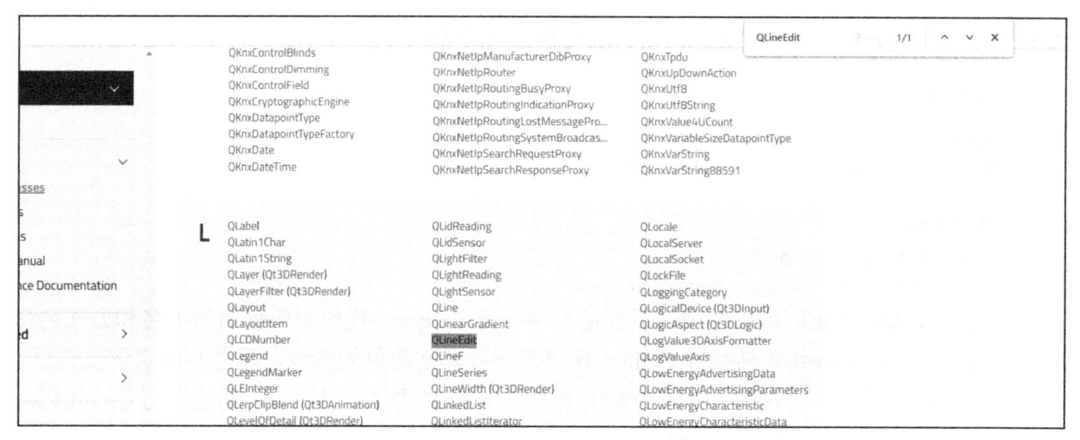

图 1-31 搜索 QLineEdit

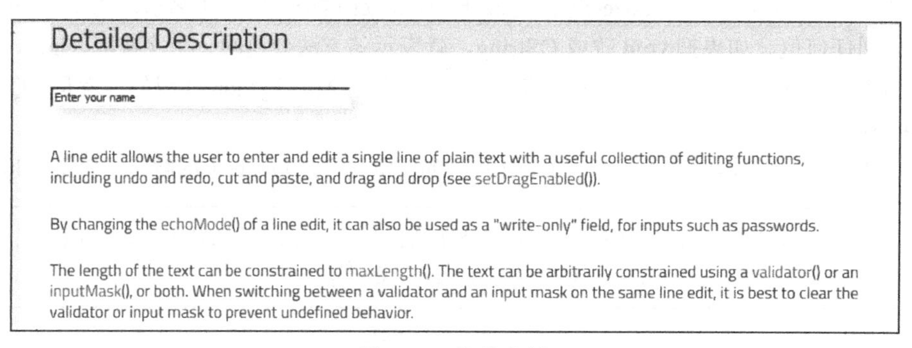

图 1-32 控件介绍

3. 第三步

“Properties”部分罗列了 QLineEdit 控件拥有的各个属性。在“Public Functions”部分，我们可以看到该控件常用的一些方法，而在“Signals”部分则可以看到该控件拥有的信号。各个属性、方法和信号文本都设置了超链接，如果对其有疑问，直接单击对应超链接就可以跳转到解释部分。

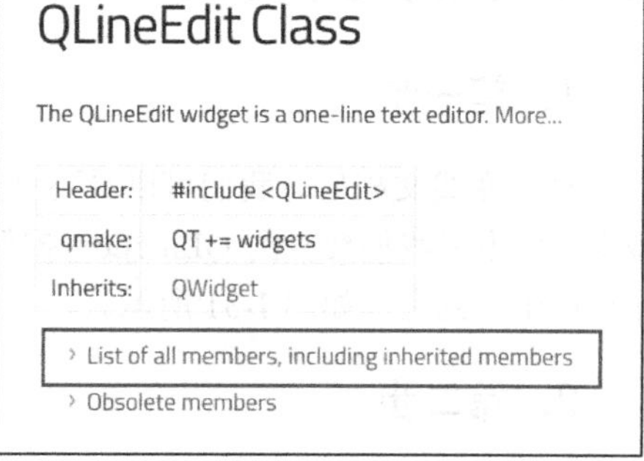

图 1-33 显示所有的属性、方法和信号

4. 第四步

如果没有在上面几个部分中找到想要的内容，我们可以单击“List of all members, including inherited members”超链接，如图 1-33 所示。跳转后的页面上会罗列出 QLineEdit 控件所有的属性、方法和信号。有些时候，如果我们忘了某个方法的用处，可以直接前往这个页面，然后按“Ctrl+F”快捷键查找相关方法。

5. 第五步

单击某个方法（比如 setTextMargins()方法）的超链接后，就可以看到这个方法的使用介绍，如图 1-34 所示。从介绍中我们得知 setTextMargins()方法可以用来设置输入框中的文本边距，文档中还提供了与其相关的 textMargins()方法，它用来获取输入框中的文本边距。

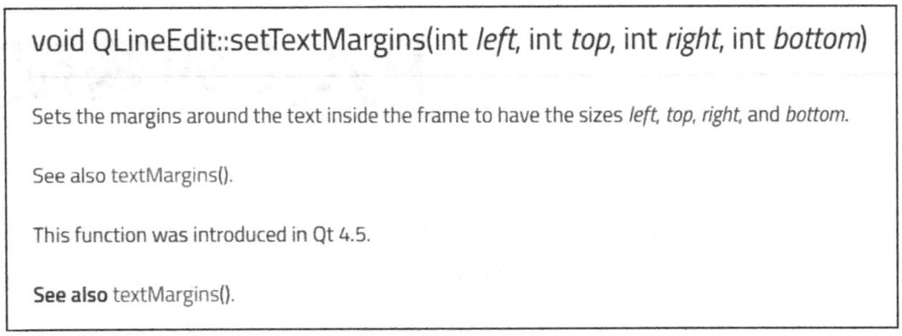

void QLineEdit::setTextMargins(int *left*, int *top*, int *right*, int *bottom*)

Sets the margins around the text inside the frame to have the sizes *left*, *top*, *right*, and *bottom*.

See also textMargins().

This function was introduced in Qt 4.5.

See also textMargins().

图 1-34 setTextMargins()方法的使用介绍

1.6 本章小结

本章介绍了 PyQt 程序入口的写法、各个布局管理器以及信号和槽机制，也介绍了如何看懂和使用 C++版本的 Qt 官方文档。

我们可以直接调用 move()方法设置控件在窗口上的位置，但如果要让控件在窗口上自适应，建议使用布局管理器。布局管理器包括垂直布局管理器、水平布局管理器、表单布局管理器和网格布局管理器。布局管理器对象可以通过 addWidget()方法添加控件。如果要在布局中嵌入另外的布局则可以调用 addLayout()。

信号和槽机制是本章的重点，信号可以和一个或多个槽函数进行连接，也可以和一个或多个信号进行连接。每个控件都有各自的信号，会在条件满足时发射，比如按钮有一个 clicked 信号，它会在按钮被单击时发射。当 PyQt 内置的信号无法满足需求时，我们可以使用 pyqtSignal 自定义信号，并通过它传递各种类型的值。

我们在编写代码时如果遇到一些疑问，比如对某个控件或者某个方法不熟悉，应该去查阅官方文档。官方文档是我们坚实的后盾，不写代码时也可以多去看看。

本章的内容非常重要，掌握好本章的内容能让我们在接下来的学习中事半功倍。

第 2 章 PyQt 的基础控件

PyQt 中有各种各样的控件，如果我们把窗口想象成一间房子，那控件就相当于房子里的家具。在本章中，我们会快速了解一些基础控件的常用功能和使用方法。相信学过本章的内容后，你就能够开发一些简单的桌面程序了。

为减少重复代码，本章以及之后章节中所有的程序默认都会使用以下模板。笔者会去掉导入代码和程序入口代码（需要的时候会写出来），并会在省略号处新增相关的控件代码。

```
import sys
from PyQt5.QtGui import *
from PyQt5.QtCore import *
from PyQt5.QtWidgets import *

class Window(QWidget):
    def __init__(self):
        super(Window, self).__init__()
        ...

if __name__ == '__main__':
    app = QApplication([])
    window = Window()
    window.show()
    sys.exit(app.exec())
```

2.1 标签控件 QLabel

标签控件 QLabel 主要有两个用处，一是显示文本（包括富文本），二是显示图片。这个控件可以说是十分常用的了，因为窗口上一般都会显示文本或图片。

2.1.1 显示文本

从第 1 章可知，我们可以在实例化 QLabel 控件时直接传入文本，如下所示。

```
label= QLabel('Hello, PyQt!')
```

也可以先实例化，再调用 setText()方法来设置文本，如下所示。

```
label= QLabel()
label.setText('Hello, PyQt!')
```

如果文本内容比较多，超过了窗口的长度，则可以调用 setWordWrap(True)方法来实现自动换行效果，详见示例代码 2-1。

示例代码 2-1

```
class Window(QWidget):
    def __init__(self):
        super(Window, self).__init__()
        label = QLabel('I like PyQt very much! What about you?')
        label.setWordWrap(True)

        h_layout = QHBoxLayout()
        h_layout.addWidget(label)
        self.setLayout(h_layout)
```

运行结果如图 2-1 所示。

I like PyQt very much! What about you?

图 2-1　文本自动换行

默认情况下，文本是横向显示的，如果要将其改成纵向显示，可以用一点小技巧，详见示例代码 2-2。

示例代码 2-2

```
class Window(QWidget):
    def __init__(self):
        super(Window, self).__init__()
        label = QLabel()                      #注释 1 开始
        text = 'I like PyQt.'
        words = text.split(' ')
        label.setText('\n'.join(words))       #注释 1 结束

        h_layout = QHBoxLayout()
        h_layout.addWidget(label)
        self.setLayout(h_layout)
```

运行结果如图 2-2 所示。

I
like
PyQt.

图 2-2　文本纵向显示

代码解释：

 # 1 先调用 split(' ')将 text 字符串分割成一个单词列表，然后调用 join()方法，通过换行符'\n'将列表中的各个单词元素连接起来。此时，文本就变成了：'I\nlike\nPyQt.'，最后通过 setText()方法设置该文本即可。

2.1.2　显示图片

QLabel 标签控件可以通过 setPixmap()方法设置图片，该方法接收一个 QPixmap 图片对象。接下来我们会编写代码让图 2-3 显示在窗口上，详见示例代码 2-3。

示例代码 2-3

```
class Window(QWidget):
    def __init__(self):
        super(Window, self).__init__()
        label = QLabel()
        pixmap = QPixmap('qt.png')  #注释 1 开始
        label.setPixmap(pixmap)     #注释 1 结束

        h_layout = QHBoxLayout()
        h_layout.addWidget(label)
        self.setLayout(h_layout)
```

运行结果如图 2-4 所示。

代码解释：

#1 实例化一个 QPixmap 对象，传入的参数是图片的路径。之后调用 setPixmap()方法将图片显示在标签控件上。

程序运行后，读者可以对窗口进行拉伸，此时会发现图片大小并不会随着窗口大小的改变而改变，也就是没有做到自适应。我们可以使用 QLabel 控件的 setScaledContents(True)方法实现图片自适应。修改后的代码如下所示。

```
...
label = QLabel(self)
pixmap = QPixmap('qt.png')
label.setPixmap(pixmap)
label.setScaledContents(True)
...
```

运行结果如图 2-5 所示。

图 2-3　Qt 的 logo

图 2-4　将图片显示在窗口上

图 2-5　图片自适应

2.1.3　显示动图

要使用 setMovie()方法在 QLabel 控件上显示.gif 或.mng 格式的动态图片（简称动图），需要往该方法中传入一个 QMovie 对象。QMovie 类提供了一些用来控制动图的方法，详见示例代码 2-4。

示例代码 2-4

```
class Window(QWidget):
    def __init__(self):
```

```
        super(Window, self).__init__()
        self.movie = QMovie()               #注释 1 开始
        self.movie.setFileName('./test.gif')
        self.movie.jumpToFrame(0)           #注释 1 结束

        self.label = QLabel()               #注释 2 开始
        self.label.setMovie(self.movie)
        self.label.setAlignment(Qt.AlignCenter)#注释 2 结束

        self.start_btn = QPushButton('开始')
        self.pause_resume_btn = QPushButton('暂停')
        self.stop_btn = QPushButton('停止')
        self.speed_up_btn = QPushButton('加速')
        self.speed_down_btn = QPushButton('减速')
        self.start_btn.clicked.connect(self.control)
        self.pause_resume_btn.clicked.connect(self.control)
        self.stop_btn.clicked.connect(self.control)
        self.speed_up_btn.clicked.connect(self.control)
        self.speed_down_btn.clicked.connect(self.control)

        h_layout = QHBoxLayout()
        v_layout = QVBoxLayout()
        h_layout.addWidget(self.start_btn)
        h_layout.addWidget(self.pause_resume_btn)
        h_layout.addWidget(self.stop_btn)
        h_layout.addWidget(self.speed_up_btn)
        h_layout.addWidget(self.speed_down_btn)
        v_layout.addWidget(self.label)
        v_layout.addLayout(h_layout)
        self.setLayout(v_layout)

    def control(self):                      # 3
        if self.sender() == self.start_btn:
            self.movie.start()
        elif self.sender() == self.pause_resume_btn:
            if self.pause_resume_btn.text() == '暂停':
                self.movie.setPaused(True)
                self.pause_resume_btn.setText('继续')
            else:
                self.movie.setPaused(False)
                self.pause_resume_btn.setText('暂停')
        elif self.sender() == self.stop_btn:
            self.movie.stop()
            self.movie.jumpToFrame(0)
        elif self.sender() == self.speed_up_btn:
            speed = self.movie.speed()
            self.movie.setSpeed(speed*2)
        elif self.sender() == self.speed_down_btn:
            speed = self.movie.speed()
            self.movie.setSpeed(speed/2)
```

运行结果如图 2-6 所示。

图 2-6 图片自适应

代码解释：

#1 实例化一个 QMovie 对象，并调用 setFileName()方法设置要显示的动图。可以使用 jumpTo Frame()设置当前要显示的帧，传入 0 表示显示第一帧。

#2 实例化一个 QLabel 控件对象，并通过 setMovie()方法设置 QMovie 对象。可以使用 setAlignment (Qt.AlignCenter)让 QLabel 在布局管理器中居中显示。

#3 在 control()槽函数中，我们调用 QMovie 对象的 start()、setPaused()、stop()和 setSpeed()方法来控制动图。这 4 个方法的解释罗列如下。

- start()：开始播放动图。
- stop()：停止播放动图。
- setPaused()：暂停或继续。传入 True 表示暂停，传入 False 表示继续。
- setSpeed()：设置动图播放速度，可以用 speed()方法获取当前播放速度。

2.2 消息框控件 QMessageBox

消息框在各种应用中都很常见，它用来提示用户相关信息或者让用户根据提示信息做出相应选择。

2.2.1 各种类型的消息框

PyQt 中的消息框一共有 5 种，请看表 2-1。

表 2-1 消息框类型

图　标	类　型	方　法
	询问框	QMessageBox.question()
	信息框	QMessageBox.information()
	警告框	QMessageBox.warning()

续表

图　　标	类　　型	方　　法
	错误框	QMessageBox.critical()
无	关于框	QMessageBox.about()

我们以信息框为例来演示一下如何使用消息框控件，详见示例代码 2-5。

示例代码 2-5

```
class Window(QWidget):
    def __init__(self):
        super(Window, self).__init__()
        button = QPushButton('信息框')                        #注释 1 开始
        button.clicked.connect(self.show_information)   #注释 1 结束

        h_layout = QHBoxLayout()
        h_layout.addWidget(button)
        self.setLayout(h_layout)

    def show_information(self):
        QMessageBox.information(self, '标题', '内容', QMessageBox.Yes)  # 2
```

运行结果如图 2-7 所示。

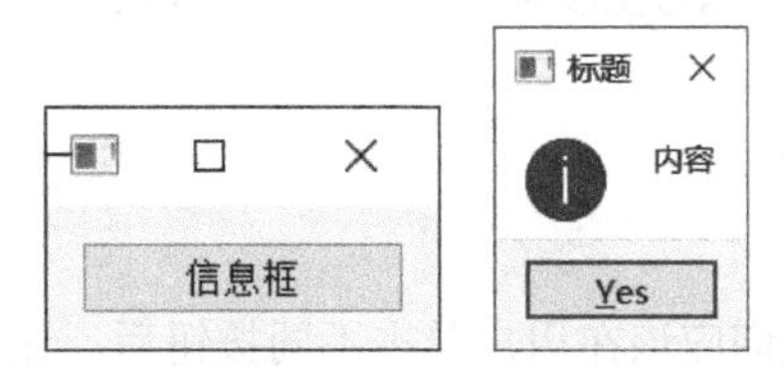

图 2-7　信息框

代码解释：

#1 实例化了一个 QPushButton 按钮控件对象，并将按钮的 clicked 信号连接到了 show_information()槽函数上。所以当我们单击“信息框”按钮后，槽函数就会被执行，信息框也就会显示出来。

#2 往 QMessageBox.information()方法中传入了 4 个参数，分别是信息框的父类、信息框的标题文本、信息框的内容文本、消息框按钮。QMessageBox 消息框控件提供了以下常用的按钮。

- QMessageBox.Ok。
- QMessageBox.Yes。
- QMessageBox.No。
- QMessageBox.Close。
- QMessageBox.Cancel。
- QMessageBox.Open。

- QMessageBox.Save。

如果要在信息框上显示显示多个按钮，则需要在 QMessageBox.information()方法中用“|”符号来连接多个按钮参数，如下方代码所示。

```
QMessageBox.information(self, '标题', '内容', QMessageBox.Yes|QMessageBox.No)
```

如果该方法中的最后一个参数值未指定，那么信息框默认会显示一个带 OK 文本的按钮。也就是说，下面两行代码实现的效果是一样的。

```
QMessageBox.information(self, '标题', '内容')
QMessageBox.information(self, '标题', '内容', QMessageBox.Ok)
```

其他消息框的用法是类似的，笔者不再演示，其他消息框如图 2-8 所示。

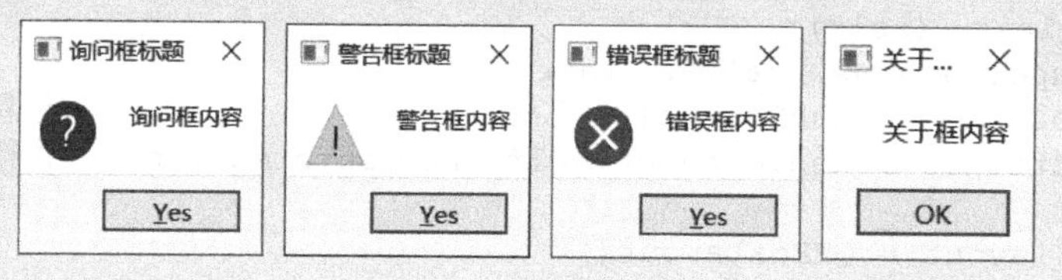

图 2-8 其他消息框

关于框的方法只接收 3 个参数，即关于框的父类、关于框的标题文本和关于框的内容文本。其按钮参数默认是 QMessageBox.Ok，不需要传入。

2.2.2 与消息框交互

当程序显示询问框时，我们应该在用户单击不同按钮后，让程序执行不同的逻辑，详见示例代码 2-6。

示例代码 2-6

```
class Window(QWidget):
    def __init__(self):
        super(Window, self).__init__()
        self.button = QPushButton('点我')
        self.button.clicked.connect(self.change_text)

        h_layout = QHBoxLayout()
        h_layout.addWidget(self.button)
        self.setLayout(h_layout)

    def change_text(self):    # 1
        choice = QMessageBox.question(self, '询问框', '要改变文本吗？',
                    QMessageBox.Yes | QMessageBox.No)

        if choice == QMessageBox.Yes:
            self.button.setText('文本改变')
```

运行结果如图 2-9 所示。

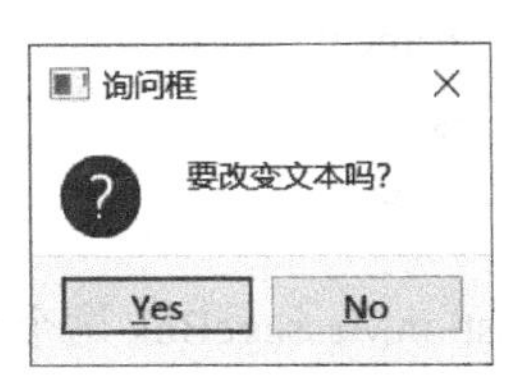

图 2-9 与消息框交互

代码解释：

#1 当消息框上的某个按钮被单击后，choice 变量会保存该按钮的值。接着我们通过 if 判断来执行不同的逻辑。如果单击了“Yes”按钮，则调用 button 按钮控件的 setText()方法改变按钮文本；如果单击了“No”按钮，则什么都不做。

2.2.3 编写带中文按钮的消息框

QMessageBox 提供了很多按钮，但是按钮文本默认都是英文的。如果要让消息框带上中文按钮，我们可以继承 QMessageBox 类，自定义一个消息框。请看以下代码片段。

```
class QuestionMessageBox(QMessageBox):
    def __init__(self, parent, title, content):      #注释 1 开始
        super(QuestionMessageBox, self).__init__(parent)
        self.setWindowTitle(title)
        self.setText(content)
        self.setIcon(QMessageBox.Question)            #注释 1 结束

        self.addButton('是', QMessageBox.YesRole)   #注释 2 开始
        self.addButton('否', QMessageBox.NoRole)    #注释 2 结束
```

代码解释：

#1 类的初始化函数中有 4 个参数，其中 parent、title 和 content 分别用来接收消息框的父类、标题文本和内容文本。setWindowTitle()方法用来设置消息框的标题，setText()方法用来设置消息框的内容，setIcon()则用来设置消息框的图标，该方法一共可以接收以下几种值。

- QMessageBox.NoIcon：无图标。
- QMessageBox.Question：问号图标。
- QMessageBox.Information：信息图标。
- QMessageBox.Warning：警告图标。
- QMessageBox.Critical：错误图标。

#2 调用 addButton()方法给消息框加上了两个带中文的按钮。该方法的第二个参数指定了当前被添加的按钮所充当的角色。QMessageBox.YesRole 表示当前按钮的功能跟“Yes”按钮的功能一样，QMessageBox.NoRole 则表示添加按钮的功能跟“No”按钮的功能一样。常见的按钮角色参数解释如下。

- QMessageBox.AcceptRole:　“OK”按钮。
- QMessageBox.RejectRole:　“Cancel”按钮。
- QMessageBox.YesRole:　“Yes”按钮。
- QMessageBox.NoRole:　“No”按钮。

现在我们开始在程序中使用 QuestionMessageBox 这个自定义的消息框，详见示例代码 2-7。

示例代码 2-7

```
class Window(QWidget):
    def __init__(self):
        super(Window, self).__init__()
        self.button = QPushButton('点我')
        self.button.clicked.connect(self.change_text)

        h_layout = QHBoxLayout()
        h_layout.addWidget(self.button)
        self.setLayout(h_layout)

    def change_text(self):            # 1
        msb_box = QuestionMessageBox(self, '标题',
'是否改变文本？')
        msb_box.exec()

        if msb_box.clickedButton().text() == '是':
            self.button.setText('文本改变')
```

运行结果如图 2-10 所示。

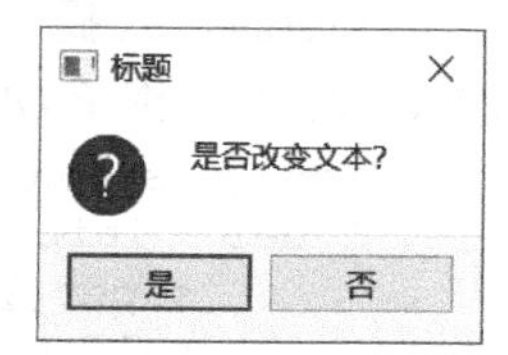

图 2-10　消息框中的中文按钮

代码解释：

#1 在实例化 QuestionMessageBox 对象后，我们需要调用 exec()方法让消息框显示出来。先用 clickedButton()方法获取用户在消息框上单击的按钮，再用 text()获取该按钮的文本。如果文本为“是”，则改变按钮的文本。

2.3　文本框控件

PyQt 中常用的文本框控件有 3 种：单行文本框控件 QLineEdit、文本编辑框控件 QTextEdit 和文本浏览框控件 QTextBrowser。前两个控件用来作为用户在应用程序上的输入渠道，最后一个控件则用来显示多行文本（包括富文本）。

2.3.1　单行文本框控件 QLineEdit

单行文本框，顾名思义只能用来输入一行文本，我们常常把该控件作为账号和密码输入框。示例代码 2-8 展示了单行文本框控件的使用技巧。

示例代码 2-8

```
class Window(QWidget):
    def __init__(self):
        super(Window, self).__init__()
        self.username_line = QLineEdit()                 #注释 1 开始
        self.password_line = QLineEdit()

        h_layout1 = QHBoxLayout()
        h_layout2 = QHBoxLayout()
        v_layout = QVBoxLayout()                         #注释 1 结束
        h_layout1.addWidget(QLabel('Username:'))         # 2
        h_layout1.addWidget(self.username_line)
        h_layout2.addWidget(QLabel('Password:'))
        h_layout2.addWidget(self.password_line)
        v_layout.addLayout(h_layout1)
        v_layout.addLayout(h_layout2)
        self.setLayout(v_layout)
```

运行结果如图 2-11 所示。

图 2-11 QLineEdit

代码解释：

#1 实例化两个 QLineEdit 控件对象，之后通过两个水平布局管理器和一个垂直布局管理器对各个控件进行布局。

#2 需要注意的一点是，该程序并没有将 QLabel 控件对象保存到任何一个变量中，因为 QLabel 标签控件只是用来显示“Username:”和“Password:”这两个文本的，且其在程序运行过程中不会被修改，所以可以直接在 addWidget()方法中将该对象实例化，从而省略不必要的代码。

输入账号、密码后我们会发现一个问题，密码是明文显示的。这时候我们就需要用 setEchoMode()方法改变 QLineEdit 控件的内容显示模式，一共有 4 种显示模式可供选择，请看表 2-2。

表 2-2 QLineEdit 的内容显示模式

显示模式	描述
QLineEdit.Normal	默认模式，输入什么内容就显示什么内容
QLineEdit.NoEcho	不显示任何输入内容
QLineEdit.Password	密文显示输入内容
QLineEdit.PasswordEchoOnEdit	输入字符时用明文显示，输入完毕后转为密文显示

我们采用第三种显示模式，代码修改如下。

```
...
self.password_line = QLineEdit()
self.password_line.setEchoMode(QLineEdit.Password)
...
```

现在运行程序，会发现密码都是以密文显示的，请看图2-12。

文本框在没有任何输入内容的时候，通常会显示一些占位符。我们可以调用setPlaceholderText()方法实现。代码修改如下。

```
...
self.username_line = QLineEdit()
self.password_line = QLineEdit()

self.username_line.setPlaceholderText('Enter username')
self.password_line.setPlaceholderText('Enter password')
self.password_line.setEchoMode(QLineEdit.Password)
...
```

运行结果如图2-13所示。

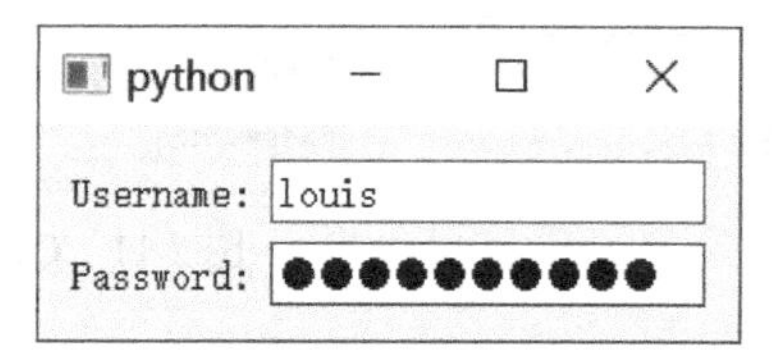

图2-12 密文显示模式

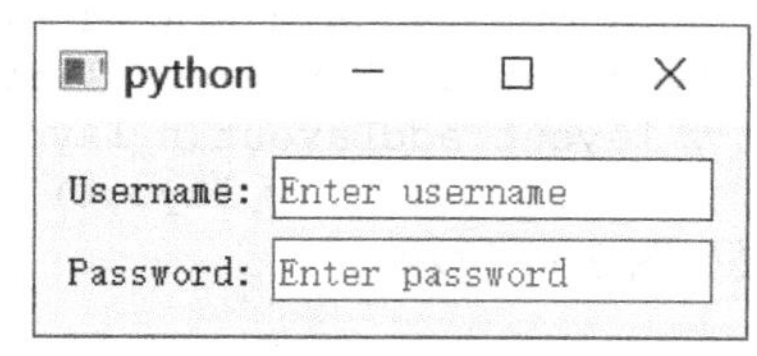

图2-13 占位符

最后笔者罗列QLineEdit控件的常用方法，请看表2-3。

表2-3 QLineEdit的常用方法

方法	描述
text()	获取文本内容
setMaxLength()	传入一个整型值，用来设置允许输入的最大字符数
setReadOnly()	设置为只读模式
setText()	传入一个字符串，用来设置QLineEdit的文本内容
setTextMargins()	传入4个整型值，分别用来设置文本在左、上、右、下4个方向上的边距

2.3.2 文本编辑框控件QTextEdit

文本编辑框控件QTextEdit是一个功能非常强大的控件，当应用程序中有文本编辑相关的功能时，通常会用到它。我们通过示例代码2-9来演示一下QTextEdit控件的用法。

示例代码2-9

```
class Window(QWidget):
    def __init__(self):
        super(Window, self).__init__()
        self.edit = QTextEdit()

        h_layout = QHBoxLayout()
```

```
        h_layout.addWidget(self.edit)
        self.setLayout(h_layout)
```

运行结果如图 2-14 所示。

跟 QLineEdit 控件不同的是，我们可以在 QTextEdit 控件中通过“Enter”键来另起一行。当行数多起来后，QTextEdit 控件会自动增加一个垂直滚动条，如图 2-15 所示。

图 2-14 QTextEdit

图 2-15 显示垂直滚动条

当其中一行文本的宽度超出 QTextEdit 控件的宽度时，会自动换行。如果不想换行，可以调用 setLineWrapMode(QTextEdit.NoWrap)方法让控件生成一个水平滚动条来显示超出控件的文本部分，详见示例代码 2-10。

示例代码 2-10

```
class Window(QWidget):
    def __init__(self):
        super(Window, self).__init__()
        self.edit = QTextEdit()
        self.edit.setLineWrapMode(QTextEdit.
NoWrap)

        h_layout = QHBoxLayout()
        h_layout.addWidget(self.edit)
        self.setLayout(h_layout)
```

运行结果如图 2-16 所示。

图 2-16 显示水平滚动条

表 2-4 罗列了 QTextEdit 控件的常用方法。

表 2-4 QTextEdit 的常用方法

方 法	描 述
toHtml()	以 HTML 格式返回 QTextEdit 中的文本内容
toMarkdown()	以 Markdown 格式返回 QTextEdit 中的文本内容
toPlainText()	以纯文本格式返回 QTextEdit 中的文本内容
setReadOnly()	设置为只读模式

续表

方 法	描 述
setHtml()	传入 HTML 格式的字符串，将其显示在 QTextEdit 上
setMarkdown()	传入 Markdown 格式的字符串，将其显示在 QTextEdit 上
setPlainText()	传入纯文本格式字符串，将其显示在 QTextEdit 上

2.3.3 文本浏览框控件 QTextBrowser

QTextBrowser 文本浏览框控件用来显示各种格式的文本，它其实就是只读模式下的 QTextEdit 控件，即 QTextEdit 控件调用了 setReadOnly(True)之后的样子，所以这两个控件的很多方法都是一样的。我们通常会把该控件用作日志显示框。示例代码 2-11 演示了 QTextBrower 控件的简单用法。

示例代码 2-11

```
class Window(QWidget):
    def __init__(self):
        super(Window, self).__init__()
        self.browser = QTextBrowser()
        self.button = QPushButton('新增一行')
        self.button.clicked.connect(self.append_
text)

        v_layout = QVBoxLayout()
        v_layout.addWidget(self.browser)
        v_layout.addWidget(self.button)
        self.setLayout(v_layout)

    def append_text(self):
        self.browser.append('+1')
```

图 2-17 QTextBrowser

运行结果如图 2-17 所示。

代码解释：

当我们单击“新增一行”按钮后，槽函数中的 QTextBrowser 控件就会调用 append()方法新增一行文本。当文本长度超出控件长度时，会显示一个垂直滚动条，如图 2-18 所示。

此时，我们会发现一个问题，如果手动操作了滚动条，之后每当单击按钮新增一行文本时，滚动条都会停在原处，并不会自动下滑到底，这导致新增的文本无法被看见。这个问题可以通过移动 QTextBrowser 中的文本指针来解决，修改槽函数如下。

```
def append_text(self):
    self.browser.append('+1')
    self.browser.moveCursor(QTextCursor.End)
```

图 2-18 显示垂直滚动条

2.4 各种按钮控件

按钮控件通常用来执行其他程序逻辑，这类控件在窗口上很重要。笔者在本节一共会介绍 5 种按钮控件——QPushButton、QToolButton、QRadioButton、QCheckBox 和 QComboBox。

2.4.1 普通按钮控件 QPushButton

普通按钮控件 QPushButton 在之前已多次出现，想必读者已经比较熟悉了，我们再来看一下它的其他常见用法，详见示例代码 2-12。

示例代码 2-12

```
class Window(QWidget):
    def __init__(self):
        super(Window, self).__init__()
        self.button = QPushButton('demo')
        self.button.setIcon(QIcon('button.png'))    # 1
        self.button.setFlat(True)                   # 2
        self.button.clicked.connect(lambda: self.button.setEnabled(False)) #3

        h_layout = QHBoxLayout()
        h_layout.addWidget(self.button)
        self.setLayout(h_layout)
```

运行结果如图 2-19 所示。

图 2-19 普通按钮

代码解释：

#1 setIcon()方法用来设置按钮的图标，需要传入一个 QIcon 对象。

#2 如果要去掉按钮的背景凸出效果，可以使用 setFlat(True)方法。如果要去掉按钮边框，则

可以使用 setStyleSheet("QPushButton {border: none;}")，有关 QSS 的内容，笔者会在后续章节介绍。

#3 如果要禁用按钮，可以用 setEnabled(False)来实现。在该程序中，我们将 clicked 信号同一个匿名槽函数连接，当按钮被单击一次之后，就无法再使用了。

2.4.2 工具按钮控件 QToolButton

QToolButton 是一种特殊的按钮控件，它和普通按钮控件的区别在于一般只是用来显示图标，不显示文本。它通常和窗口工具栏控件 QToolBar 配合使用。尽管 QToolButton 和 QPushButton 的使用场景不同，但它们的很多方法都是类似的。笔者接下来介绍几种 QToolButton 控件的常用方法，详见示例代码 2-13。

示例代码 2-13

```
class Window(QWidget):
    def __init__(self):
        super(Window, self).__init__()
        self.button = QToolButton()
        self.button.setToolTip('这是提示')                  #注释 1 开始
        self.button.setToolTipDuration(1000)               #注释 1 结束

        self.button.setIcon(QIcon('button.png'))           #注释 2 开始
        self.button.setIconSize(QSize(50, 50))             #注释 2 结束

        self.button.setText('工具按钮')             #注释 3 开始
        self.button.setToolButtonStyle(Qt.ToolButtonText
UnderIcon)#注释 3 结束

        h_layout = QHBoxLayout()
        h_layout.addWidget(self.button)
        self.setLayout(h_layout)
```

图 2-20 工具按钮

运行结果如图 2-20 所示。

代码解释：

#1 调用 setToolTip()方法设置按钮的提示文本，并通过 setToolTipDuration()设置提示文本的显示时间，参数值 1000 表示提示文本的显示时间为 1s。当我们把鼠标指针放在按钮上并保持不动时，提示文本就会显示出来。

#2 调用 setIcon()方法设置按钮图标后，我们还通过 setIconSize()方法设置图标大小，该方法需要传入一个 QSize 对象。

#3 如果要在工具按钮上显示文本，同样可以调用 setText()方法进行设置。QToolButton 还有个特别的方法，即 setToolButtonStyle()，我们可以用它来设置图标和文本的相对位置，可以向它传入表 2-5 所示的值。

表 2-5　　图标和文本的相对位置的设置

常　量	描　述
Qt.ToolButtonIconOnly	只显示图标
Qt.ToolButtonTextOnly	只显示文本
Qt. ToolButtonTextBesideIcon	将文本显示在图标右侧
Qt. ToolButtonTextUnderIcon	将文本显示在图标下方
Qt. ToolButtonFollowStyle	遵循 QStyle 样式

2.4.3 单选框按钮控件 QRadioButton

单选框按钮可以切换为选中（checked）或未选中（unchecked）两种状态。在一组单选框按钮中，用户只能选中一个，因此单选框按钮控件通常用在二选一或多选一的情景中，详见示例代码 2-14。

示例代码 2-14

```
class Window(QWidget):
    def __init__(self):
        super(Window, self).__init__()
        self.bulb_pic = QLabel()                                  #注释 1 开始
        self.bulb_pic.setPixmap(QPixmap('bulb-off.png'))         #注释 1 结束

        self.radio_btn1 = QRadioButton('关')                      #注释 2 开始
        self.radio_btn2 = QRadioButton('开')
        self.radio_btn1.setChecked(True)                          #注释 2 结束
        self.radio_btn1.toggled.connect(self.turn_off)            #注释 3 开始
        self.radio_btn2.toggled.connect(self.turn_on)
      #注释 3 结束

        h_layout = QHBoxLayout()
        h_layout.addWidget(self.bulb_pic)
        h_layout.addWidget(self.radio_btn1)
        h_layout.addWidget(self.radio_btn2)
        self.setLayout(h_layout)

    def turn_off(self):
        self.bulb_pic.setPixmap(QPixmap('bulb-off.png'))

    def turn_on(self):
        self.bulb_pic.setPixmap(QPixmap('bulb-on.png'))
```

关　开

关　开

图 2-21　灯泡开关

运行结果如图 2-21 所示。

代码解释：

#1 实例化一个 QLabel 控件对象用于显示 bulb-off.png 这张图片。

#2 实例化两个 QRadioButton 单选框按钮控件对象，它们分别带有“关”和“开”文本。

单选框按钮初始化后默认处于未选中状态，由于灯泡一开始时是不亮的，所以我们应该调用 setChecked(True)让“关”按钮先处于选中状态。

#3 单选框按钮的 toggled 信号会在按钮状态发生变化时发射，两个单选框按钮绑定的槽函数会切换灯泡图片，从而实现开关灯效果。

属于同一父类的单选框按钮之间是互斥的（只能选中一个）。

2.4.4 复选框按钮控件 QCheckBox

与单选框按钮不同，复选框按钮允许用户进行多选操作。它有 3 种状态：全选中、半选中和未选中。若父项下的子项全部被勾选，则父项处于全选中状态；若子项只有部分被勾选，则父项处于半选中状态；若子项无一被勾选，则父项处于未选中状态，详见示例代码 2-15。

示例代码 2-15

```
class Window(QWidget):
    def __init__(self):
        super(Window, self).__init__()
        self.check_box1 = QCheckBox('Check 1')
        self.check_box2 = QCheckBox('Check 2')
        self.check_box3 = QCheckBox('Check 3')

        self.check_box1.setChecked(True)                           #注释 1 开始
        self.check_box2.setChecked(False)
        self.check_box3.setTristate(True)
        self.check_box3.setCheckState(Qt.PartiallyChecked)         #注释 1 结束


        self.check_box1.stateChanged.connect(self.show_state)     #注释 2 开始
        self.check_box2.stateChanged.connect(self.show_state)
        self.check_box3.stateChanged.connect(self.show_state)     #注释 2 结束

        v_layout = QVBoxLayout()
        v_layout.addWidget(self.check_box1)
        v_layout.addWidget(self.check_box2)
        v_layout.addWidget(self.check_box3)
        self.setLayout(v_layout)

    def show_state(self):
        print(self.sender().checkState())
```

运行结果如图 2-22 所示。

图 2-22 QCheckBox

代码解释：

#1 实例化 3 个复选框按钮控件，并调用 setChecked()方法设置按钮的选中状态。复选框按钮初始化时的默认状态是未选中，所以 self.check_box2.setChecked(False)这行代码其实没有起到任何作用。另外，复选框默认只有选中和未选中两种状态，如果需要增加半选中状态，要调用 setTristate(True)。此时我们运行程序单击“Check 3”按钮，会发现它在选中、未选中、半选中状态之间切换，而单击“Check 1”按钮和“Check 2”按钮时，它们只会在选中和未选中状态之间切换。

设置半选中状态时需要用 setCheckState(Qt.PartiallyChecked)方法，当然我们也可以用该方法来设置按钮的选中和未选中状态，传入不同的参数值即可，请看表 2-6。

表 2-6 复选框的 3 种状态

常　量	描　述
Qt.Unchecked	未选中状态
Qt.PartiallyChecked	半选中状态
Qt.Checked	选中状态

#2 每个复选框按钮的 stateChanged 信号都绑定了一个 show_state()槽函数。每当按钮的状态发生改变时，该信号就会发射，而槽函数则会调用 checkState()方法获取复选框按钮的状态并将其输出。

2.4.5 下拉框按钮控件 QComboBox

QComboBox 控件会显示一个下拉列表供用户选择，详见示例代码 2-16。

示例代码 2-16

```
class Window(QWidget):
    def __init__(self):
        super(Window, self).__init__()
        self.combo_box = QComboBox()
        self.combo_box.addItem('Louis')                      #注释 1 开始
        self.combo_box.addItems(['Mike', 'Mary', 'John'])    #注释 1 结束
        self.combo_box.currentIndexChanged.connect(self.show_choice)  # 2

        h_layout = QHBoxLayout()
        h_layout.addWidget(self.combo_box)
        self.setLayout(h_layout)

    def show_choice(self):
        print(self.combo_box.currentIndex())
        print(self.combo_box.currentText())
```

运行结果如图 2-23 所示。

Louis
Louis
Mike
Mary
John

图 2-23 QComboBox

代码解释：

#1 我们可以通过addItem()方法添加单个选项，其参数类型是字符串。如果需要添加一个字符串列表，则可以使用addItems()方法。

#2 每当用户选择了一个不同的选项时，currentIndexChanged信号就会发射，槽函数就会调用currentIndex()方法和currentText()方法输出当前选项的索引值和文本内容。

如果想让QComboBox处于可编辑状态，则可以调用setEditable(True)方法来实现，详见示例代码2-17。

示例代码 2-17

```
class Window(QWidget):
    def __init__(self):
        super(Window, self).__init__()
        self.combo_box = QComboBox()
        self.combo_box.addItem('Louis')
        self.combo_box.addItems(['Mike', 'Mary', 'John'])
        self.combo_box.currentIndexChanged.connect(self.show_choice)

        self.combo_box.setEditable(True)            #注释 1 开始
        self.line_edit = self.combo_box.lineEdit() #注释 1 结束
        self.line_edit.textChanged.connect(self.show_edited_text)  # 2

        h_layout = QHBoxLayout()
        h_layout.addWidget(self.combo_box)
        self.setLayout(h_layout)

    def show_choice(self):
        print(self.combo_box.currentIndex())
        print(self.combo_box.currentText())

    def show_edited_text(self):
        print(self.line_edit.text())
```

运行结果如图2-24所示。

图2-24 可编辑的QComboBox

代码解释：

#1 我们发现在调用setEditable(True)方法之后，QComboBox控件上显示了一个单行文本框，可以通过lineEdit()方法获取这个输入框对象。

#2 将textChanged信号跟show_edited_text()槽函数进行绑定，这样就可以实时获取用户修改后的文本内容了。

2.5 与数字相关的控件

本节笔者会介绍以下几个与数字相关的控件——QLCDNumber、QSpinBox、QDoubleSpinBox、QSlider 和 QDial。

2.5.1 液晶数字控件 QLCDNumber

液晶数字控件用液晶字体显示几乎任意大小的数字，且数字格式可以是十进制、十六进制、八进制或二进制，详见示例代码 2-18。

示例代码 2-18

```
class Window(QWidget):
    def __init__(self):
        super(Window, self).__init__()
        self.lcd1 = QLCDNumber()
        self.lcd1.setDigitCount(5)                          # 1
        self.lcd1.display(12345)                            # 2
        self.lcd1.setMode(QLCDNumber.Hex)                   # 3

        self.lcd2 = QLCDNumber()
        self.lcd2.setDigitCount(5)
        self.lcd2.display(0.1234)
        self.lcd2.setSegmentStyle(QLCDNumber.Flat)          # 4

        self.lcd3 = QLCDNumber()
        self.lcd3.setDigitCount(5)
        self.lcd3.display(123456789)    # 5

        self.lcd4 = QLCDNumber()
        self.lcd4.display('HELLO')      # 6

        v_layout = QVBoxLayout()
        v_layout.addWidget(self.lcd1)
        v_layout.addWidget(self.lcd2)
        v_layout.addWidget(self.lcd3)
        v_layout.addWidget(self.lcd4)
        self.setLayout(v_layout)
```

运行结果如图 2-25 所示。

图 2-25 QLCDNumber

代码解释：

#1 通过 setDigitCount()方法可以设置 QLCDNumber 控件的最大显示长度，可以向该方法传入 0～99 的数字。

#2 通过 display()方法设置要显示的数字。

#3 setMode()方法用来设置数字的进制，在程序中我们传入 QLCDNumber.Hex 表示让数

字 12345 以十六进制显示，还可以传入表 2-7 中的参数值。

表 2-7　　不同进制

常　　量	描　　述
QLCDNumber.Hex	十六进制
QLCDNumber.Dec	十进制
QLCDNumber.Oct	八进制
QLCDNumber.Bin	二进制

#4 lcd2 对象显示了一个浮点数，并调用 setSegmentStyle()设置显示样式，可以向它传入表 2-8 中的参数值。

表 2-8　　不同显示样式

常　　量	描　　述
QLCDNumber.Outline	片段凸起，并用背景颜色填充
QLCDNumber.Filled	（默认）片段凸起，并用前景颜色填充
QLCDNumber.Flat	片段扁平，并用背景颜色填充

#5 lcd3 对象显示的数字长度大于 setDigitCount()所设置的最大显示长度，所以此时只会显示一个 0。

#6 lcd4 对象显示了一个字符串，QLCNumber 控件只能显示这些字符：A、B、C、D、E、F、h、H、L、o、P、r、u、U、Y、O/0、S/5、g/9。

2.5.2　数字调节框控件 QSpinBox 和 QDoubleSpinBox

控件 QSpinBox 用来调节整数，控件 QDoubleSpinBox 用来调节浮点数。除此之外，这两个控件没有多大区别，拥有的方法是类似的，详见示例代码 2-19。

示例代码 2-19

```
class Window(QWidget):
    def __init__(self):
        super(Window, self).__init__()
        self.spinbox = QSpinBox()                    # 1
        self.spinbox.setRange(-99, 99)
        self.spinbox.setSingleStep(2)
        self.spinbox.setValue(66)
        self.spinbox.valueChanged.connect(self.show_spinbox_value)

        self.db_spinbox = QDoubleSpinBox()        # 2
        self.db_spinbox.setRange(-99.99, 99.99)
```

```
        self.db_spinbox.setSingleStep(1.5)
        self.db_spinbox.setValue(66.66)
        self.db_spinbox.valueChanged.connect(self.show_db_spinbox_value)

        v_layout = QVBoxLayout()
        v_layout.addWidget(self.spinbox)
        v_layout.addWidget(self.db_spinbox)
        self.setLayout(v_layout)

    def show_spinbox_value(self):
        print(self.spinbox.value())

    def show_db_spinbox_value(self):
        print(self.db_spinbox.value())
```

运行结果如图 2-26 所示。

图 2-26 QSpinBox 和 QDoubleSpinBox

代码解释：

#1 实例化一个 QSpinBox 控件对象，并调用 setRange()方法设置可调节的整数范围。setSingleStep()方法用来设置步长，即每次单击调节按钮后数值递增或递减多少。setValue()用来设置数字调节框的当前显示值。每当调节框中的数值发生改变后，valueChanged 信号就会发射，槽函数就会通过 value()方法获取调节框的当前显示值。

#2 在使用 QDoubleSpinBox 控件的方法时，我们要传入一个浮点数。其他方面跟 QSpinBox 没有什么区别。

2.5.3 滑动条控件 QSlider

我们通常将滑动条用于音量或者视频进度控制。滑动条控件有两个滑动方向：垂直和水平，用户可以通过它上面的滑块来设置数值大小，详见示例代码 2-20。

示例代码 2-20

```
class Window(QWidget):
    def __init__(self):
        super(Window, self).__init__()
        self.slider1 = QSlider()                                    #注释 1 开始
        self.slider1.setRange(0, 99)
        self.slider1.setValue(66)
        self.slider1.setSingleStep(2)
        self.slider1.valueChanged.connect(self.show_value)  #注释 1 结束

        self.slider2 = QSlider()                                    #注释 2 开始
        self.slider2.setOrientation(Qt.Horizontal)
        self.slider2.setMinimum(0)
        self.slider2.setMaximum(99)                                 #注释 2 结束
```

```
        self.slider3 = QSlider(Qt.Horizontal)
        self.slider3.setRange(0, 99)
        self.slider3.setTickPosition(QSlider.TicksBelow) #注释 3 开始
        self.slider3.setTickInterval(10) #注释 3 结束

        v_layout = QVBoxLayout()
        v_layout.addWidget(self.slider1)
        v_layout.addWidget(self.slider2)
        v_layout.addWidget(self.slider3)
        self.setLayout(v_layout)

    def show_value(self):
        print(self.slider1.value())
```

运行结果如图2-27所示。

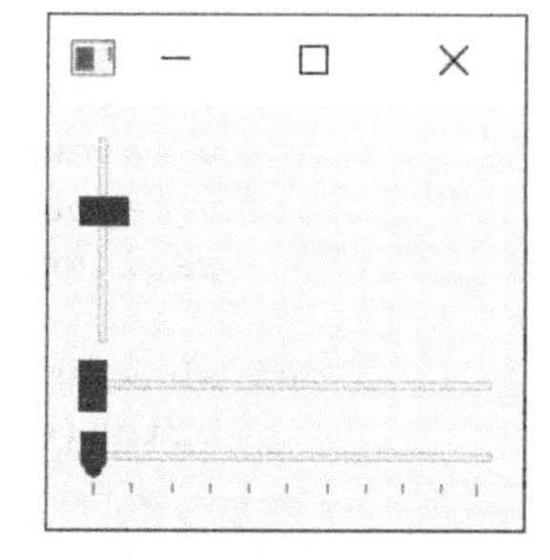

图2-27　QSlider

代码解释：

#1 针对滑动条控件对象slider1，我们用setRange()、setValue()和setSingleStep()方法分别设置了数值范围、当前值和调节步长，并将它的valueChanged信号与槽函数进行了连接。当slider1数值发生改变时，槽函数就会通过value()方法获取当前值。

#2 滑动条的滑动方向默认是垂直的，但我们可以用setOrientation(Qt.Horizontal)方法将其改为水平方向（Qt.Vertical表示垂直方向），也可以像slider3那样在实例化的时候直接传入Qt.Horizontal。setMinimum()和setMaximum()方法用来设置滑动条的最小值和最大值，两者结合在一起使用的效果就跟setRange()方法的效果一样。

#3 可以通过setTickPosition()方法给滑动条添加刻度线，并通过setTickInterval()方法改变刻度间隔。可以往setTickPosition()方法中传入表2-9所示的值。

表2-9　刻度线设置

常　量	描　述
QSlider.NoTicks	不添加刻度线
QSlider.TicksBothSides	在滑动条两侧都添加刻度线
QSlider.TicksAbove	在（水平）滑动条上方添加刻度线
QSlider.TicksBelow	在（水平）滑动条下方添加刻度线
QSlider.TicksLeft	在（垂直）滑动条左侧添加刻度线
QSlider.TicksRight	在（垂直）滑动条右侧添加刻度线

2.5.4 仪表盘控件QDial

仪表盘的外观就像一个旋钮，我们可以把它看成特殊形状的滑动条。仪表盘控件QDial的一些方法和信号跟滑动条控件的方法和信号QSlider是一样的，详见示例代码2-21。

示例代码 2-21

```
class Window(QWidget):
    def __init__(self):
        super(Window, self).__init__()
        self.dial = QDial()
        self.dial.setRange(0, 365)                          #注释 1 开始
        self.dial.valueChanged.connect(self.show_value)#注释 1 结束
        self.dial.setNotchesVisible(True)
                                                    #注释 2 开始
        self.dial.setNotchTarget(10.5)              #注释 2 结束

        h_layout = QHBoxLayout()
        h_layout.addWidget(self.dial)
        self.setLayout(h_layout)

    def show_value(self):
        print(self.dial.value())
```

运行结果如图 2-28 所示。

图 2-28 QDial

代码解释：

#1 调用 setRange()方法设置数值范围，用 valueChanged 信号监听仪表盘的当前值。

#2 与 QSlider 控件不同的是，QDial 控件用 setNotchesVisible(True)来显示刻度线，用 setNotchTarget()方法来设置刻度之间的像素间隔（默认是 3.7 像素）。我们从上面的图片可以发现，仪表盘底部没有被刻度线包裹住。可以加上这行代码让刻度线对仪表盘进行 360°包裹：self.dial.setWrapping(True)。

2.6 与日期相关的控件

本节笔者会介绍两个控件：QCalendarWidget 和 QDateTimeEdit。这两个控件提供了许多跟日期有关的方法，用起来非常方便。

2.6.1 日历控件 QCalendarWidget

在选择日期的时候，软件一般会弹出一个日历框让用户进行选择，这种选择方式非常简单、直观。QCalendarWidget 控件能够很容易地实现这一功能，详见示例代码 2-22。

示例代码 2-22

```
class Window(QWidget):
    def __init__(self):
        super(Window, self).__init__()
        self.calendar = QCalendarWidget()
        self.calendar.setMinimumDate(QDate(1949, 10, 1))    #注释 1 开始
        self.calendar.setMaximumDate(QDate(6666, 6, 6))     #注释 1 结束
```

```
        # self.calendar.setDateRange(QDate(1949, 10, 1), QDate(6666, 6, 6))
        self.calendar.setFirstDayOfWeek(Qt.Monday)      # 2
        self.calendar.setGridVisible(True)              # 3
        self.calendar.clicked.connect(self.show_date)   # 4

        h_layout = QHBoxLayout()
        h_layout.addWidget(self.calendar)
        self.setLayout(h_layout)

    def show_date(self):
        date = self.calendar.selectedDate().toString('yyyy-MM-dd')
        print(date)
```

运行结果如图2-29所示。

图 2-29 QCalendarWidget

代码解释：

#1 日历上肯定有最小日期和最大日期，我们可以通过setMinimumDate()和setMaximumDate()方法进行设置，注意我们需要往这两个方法中传入QDate对象，而不是字符串。当然，以上两个方法也可以直接用setDateRange()方法代替。

#2 设置完日期间隔后，再调用setFirstDayOfWeek()设置一星期中的第一天，默认是周日，不过我们习惯把周一当作第一天。可以传入的参数一共有7个，请看表2-10。

表 2-10 星期

常量	描述
Qt.Monday	周一
Qt.Tuesday	周二
Qt.Wednesday	周三
Qt.Thursday	周四
Qt.Friday	周五
Qt.Saturday	周六
Qt.Sunday	周日

#3 可以使用 setGridVisible(True)方法将日历控件上的网格显示出来。

#4 clicked 信号会在用户单击一个日期后发射出来，槽函数会通过 selectedDate()方法获取到用户当前所单击的日期。由于其属于 QDate 类型，还需要用 toString()方法将其转换成某一日期格式的字符串。表 2-11 罗列了不同的日期格式，表 2-12 罗列了使用示例。

表 2-11 日期格式

格　式	描　述
d	一个月中的第几天（1～31）
dd	一个月中的第几天（01～31）
ddd	星期简称（'Mon'～'Sun'）
dddd	星期全称（'Monday'～'Sunday'）
M	一年中的第几个月（1～12）
MM	一年中的第几个月（01～12）
MMM	月份简称（'Jan'～'Dec'）
MMMM	月份全称（'January'～'December'）
yy	年份后两位数（00～99）
yyyy	年份（4 位数）

表 2-12 使用示例

格　式	输　出
dd.MM.yyyy	20.07.1969
ddd MMMM d yy	Sun July 20 69
'The day is' dddd	The day is Sunday

2.6.2 日期时间控件 QDateTimeEdit

除了 QDateTimeEdit，其实还有 QDateEdit 和 QTimeEdit，光从名字就可以知道 QDateTimeEdit 可以用来编辑日期和时间，QDateEdit 只能用来编辑日期（年、月、日），而 QTimeEdit 只能用来编辑时间。QDateTimeEdit 是其他两个控件的父类，3 个控件用法类似，详见示例代码 2-23。

示例代码 2-23

```
class Window(QWidget):
    def __init__(self):
        super(Window, self).__init__()
        self.datetime_edit = QDateTimeEdit(QDateTime.currentDateTime())
        self.datetime_edit.setDisplayFormat('yyyy-MM-dd HH:mm:ss') # 1
        self.datetime_edit.setDateRange(QDate(1949, 10, 1), QDate(6666, 6, 6))
        self.datetime_edit.setCalendarPopup(True)       # 2
```

```
        self.datetime_edit.dateTimeChanged.connect(self.show_text)   # 3

        self.date_edit = QDateEdit(QDate.currentDate())
        self.date_edit.setDisplayFormat('yyyy-MM-dd')
        self.date_edit.setDateRange(QDate(1949, 10, 1), QDate(6666, 6, 6))
        self.date_edit.dateChanged.connect(self.show_text)

        self.time_edit = QTimeEdit(QTime.currentTime())
        self.time_edit.setDisplayFormat('HH:mm:ss')
        self.time_edit.setTimeRange(QTime(6, 6, 6), QTime(8, 8, 8))
        self.date_edit.timeChanged.connect(self.show_text)

        v_layout = QVBoxLayout()
        v_layout.addWidget(self.datetime_edit)
        v_layout.addWidget(self.date_edit)
        v_layout.addWidget(self.time_edit)
        self.setLayout(v_layout)

    def show_text(self):
        print(self.sender().text())
```

运行结果如图 2-30 所示。

图 2-30　QDateTimeEdit、QDateEdit 和 QTimeEdit

代码解释：

#1 从代码中不难看出，每个控件对象都设置了日期格式和时间格式，日期格式在 2.6.1 小节中已经罗列过，时间格式如表 2-13 所示，使用示例如表 2-14 所示。

表 2-13　时间格式

格　式	描　述
h	小时显示为 0～23（如果有 AM/PM，则显示为 1～12）
hh	小时显示为 00～23（如果有 AM/PM，则显示为 01～12）
H	小时显示为 0～23（有 AM/PM 时也一样）
HH	小时显示为 00～23（有 AM/PM 时也一样）
m	分钟显示为 0～59
mm	分钟显示为 00～59
s	秒显示为 0～59
ss	秒显示为 00～59
z	毫秒显示为 0～999
zzz	毫秒显示为 000～999
AP 或 A	显示 AM 或 PM
ap 或 a	显示 am 或 pm
t	显示时区

表 2-14 使用示例

格式	输出
hh:mm:ss.zzz	14:13:09.042
h:m:s ap	2:13:9 pm
H:m:s a	14:13:9 pm

\# 2 如果要改变控件上显示的时间，我们可以单击控件右边的上下调节按钮来调整，也可以用键盘上的上、下方向键来调整。我们用 setCalendarPopup(True)方法给 QDateTimeEdit 控件加上了日历，QDateEdit 控件也可以使用该方法加上日历。

\# 3 将信号与槽函数相连接，槽函数中输出日期和时间文本。除了 dateTimeChanged 信号，QDateTimeEdit 还拥有 dateChanged 和 timeChanged 信号。

2.7 定时器控件和进度条控件

在一个拥有钟表功能的程序中，界面上的时钟数字（或秒针）肯定是要每秒更新一次的。定时器控件 QTimer 可以用来实现这个功能，它可以被设置用来按照一定时间间隔重复地发射信号，我们只用在信号所连接的槽函数中更新界面即可。进度条控件 QProgressBar 控件可以被用来显示任务进度，使用进度条控件可以让界面更加友好。

2.7.1 定时器控件 QTimer

在示例代码 2-24 中，笔者用 QLCDNumber 来显示时间，并用 QTimer 来更新时间。

示例代码 2-24

```
class Window(QWidget):
    def __init__(self):
        super(Window, self).__init__()
        self.lcd = QLCDNumber()                                    #注释 1 开始
        self.lcd.setSegmentStyle(QLCDNumber.Flat)
        self.lcd.setDigitCount(20)
        self.update_date_time()                                    #注释 1 结束
        self.timer = QTimer()                                      #注释 2 开始
        self.timer.start(1000)
        self.timer.timeout.connect(self.update_date_time)   #注释 2 结束

        h_layout = QHBoxLayout()
        h_layout.addWidget(self.lcd)
        self.setLayout(h_layout)

    def update_date_time(self):
        date_time = QDateTime.currentDateTime().toString('yyyy-M-d hh:mm:ss')
        self.lcd.display(date_time)
```

运行结果如图 2-31 所示。

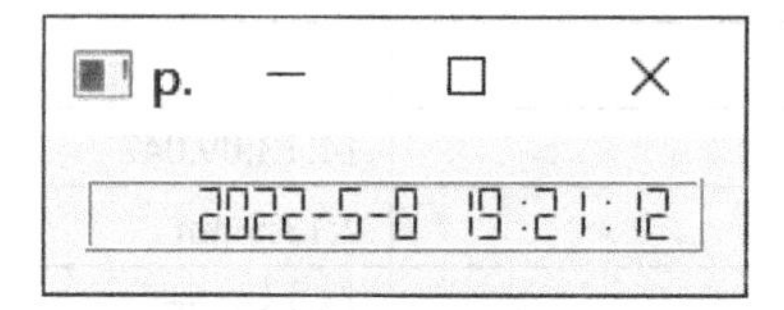

图 2-31 用 QTimer 更新时间

代码解释：

#1 实例化一个 QLCDNumber 控件对象，并设置其最多可显示的字符数（不少于显示时间所需要的字符数）。之后直接调用 update_date_time()函数将当前时间显示出来。

#2 实例化一个 QTimer 控件对象，并调用 start(1000)方法开启定时器，数字 1000 表示定时器会每隔 1000ms 发射一次 timeout 信号，连接的槽函数会将新时间显示到 QLCDNumber 控件上。有时候我们会想要定时器只触发一次，可以调用 setSingleShot(True)方法来实现。如果要停止定时器，则可调用 stop()方法来实现。

2.7.2 进度条控件 QProgressBar

在示例代码 2-25 中，我们会用 QTimer 更新进度条的进度。

示例代码 2-25

```
class Window(QWidget):
    def __init__(self):
        super(Window, self).__init__()
        self.value = 0                                       # 1

        self.timer = QTimer()
        self.timer.start(100)
        self.timer.timeout.connect(self.update_progress)

        self.progress_bar1 = QProgressBar()
        self.progress_bar1.setRange(0, 100)
        self.progress_bar2 = QProgressBar()
        self.progress_bar2.setTextVisible(False)        #注释 2 开始
        self.progress_bar2.setMinimum(0)
        self.progress_bar2.setMaximum(100)
        self.progress_bar2.setInvertedAppearance(True) #注释 2 结束

        v_layout = QVBoxLayout()
        v_layout.addWidget(self.progress_bar1)
        v_layout.addWidget(self.progress_bar2)
        self.setLayout(v_layout)
```

```
    def update_progress(self):
        self.value += 1
        self.progress_bar1.setValue(self.value)
        self.progress_bar2.setValue(self.value)

        if self.value == 100:
            self.timer.stop()
```

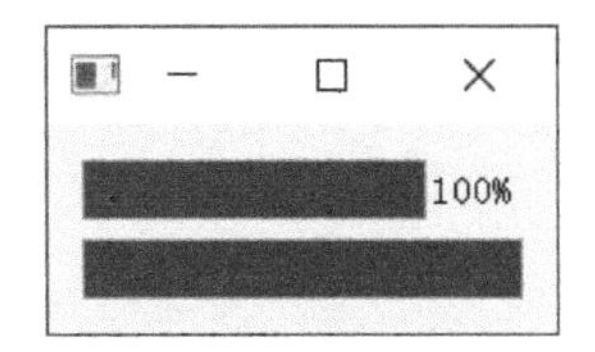

图 2-32 用 QTimer 更新进度条

运行结果如图 2-32 所示。

代码解释：

#1 value 变量用来保存当前的进度值，定时器每隔 100ms 将 value 的值加上 1，然后对两个进度条调用 setValue()方法设置当前的进度值。当 value 的值到 100 之后，定时器就会停止。

#2 两个进度条的样子不一样，progress_bar2 进度条通过 setTextVisible(False)方法隐藏了进度条上的数字，并调用了 setInvertedAppearance(True)方法把进度从右到左填满。如果想要让进度条显示繁忙状态，我们只需要将它的进度范围设置为 0。

```
progress_bar1.setRange(0, 0)
```

或者也可以将进度的最大值、最小值设置为 0。

```
progress_bar2.setMinimum(0)
progress_bar2.setMaximum(0)
```

运行结果如图 2-33 所示。

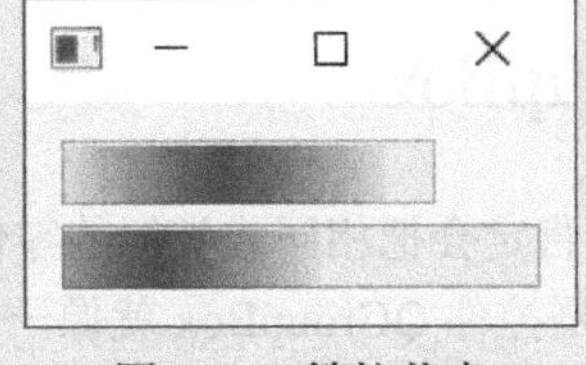

图 2-33 繁忙状态

2.8 本章小结

本章讲解的虽然是基础控件，但在开发过程中它们的使用频率是比较高的。我们现在已经知道如何在窗口中显示文字或图片、如何利用消息框反馈信息、如何设置各种类型的按钮等。通过本章的各段示例代码，我们了解到控件的常见使用步骤：实例化→设置属性→连接信号和槽函数→将其添加到布局管理器中。如果在使用某个控件时有任何疑问或者想要更深入地了解这个控件，官方文档会给你答案，一定要多去查阅官方文档哦。

第 3 章
PyQt 的高级控件

在本章，笔者会介绍一些常用的高级控件，之所以称它们为高级控件，是因为它们在用法上更有难度，通常需要联系到其他模块，开发者要注意的点也会更多。读者可以先快速浏览本章内容，大致了解一下各个控件的用法和使用场景，等在项目中需要用到某个控件时再来认真学习。

3.1　组合框控件和工具箱控件

组合框控件和工具箱控件非常有用，我们可以把它们看作“整理工具”，能帮助我们把界面变得更加整洁、有序。

3.1.1　分组框控件 QGroupBox

假如我们在整理乐高零件，那肯定会把相同或类似的零件放在同一个小盒子里，并在小盒子上面写一个名称进行标记。分组框控件 QGroupBox 就像一个可以写上名称的小盒子，我们可以用它来整理窗口上的一些控件，让窗口功能划分显得更直观，详见示例代码 3-1。

示例代码 3-1

```
class Window(QWidget):
    def __init__(self):
        super(Window, self).__init__()
        self.letter_group_box = QGroupBox('字母')      #注释 1 开始
        self.number_group_box = QGroupBox()
        self.number_group_box.setTitle('数字')         #注释 1 结束

        self.letter1 = QLabel('a')
        self.letter2 = QLabel('b')
        self.letter3 = QLabel('c')
        self.number1 = QLabel('1')
        self.number2 = QLabel('2')
        self.number3 = QLabel('3')
```

```
        letter_v_layout = QVBoxLayout()
        number_v_layout = QVBoxLayout()
        window_v_layout = QVBoxLayout()
        letter_v_layout.addWidget(self.letter1)
        letter_v_layout.addWidget(self.letter2)
        letter_v_layout.addWidget(self.letter3)
        number_v_layout.addWidget(self.number1)
        number_v_layout.addWidget(self.number2)
        number_v_layout.addWidget(self.number3)

        self.letter_group_box.setLayout(letter_v_layout)    #注释 2 开始
        self.number_group_box.setLayout(number_v_layout)    #注释 2 结束
        window_v_layout.addWidget(self.letter_group_box)    #注释 3 开始
        window_v_layout.addWidget(self.number_group_box)
        self.setLayout(window_v_layout)                      #注释 3 结束
```

运行结果如图 3-1 所示。

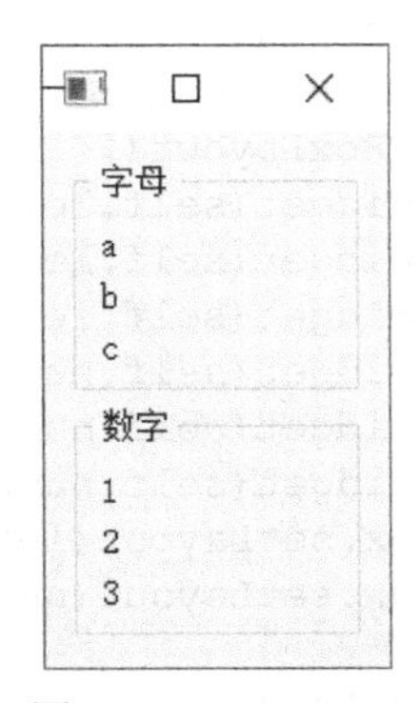

图 3-1 QGroupBox

代码解释：

#1 实例化了两个 QGroupBox 对象，一个用来放带字母的标签控件，另一个用来放带数字的标签控件。分组框的名称可以在实例化的时候传入，也可以通过 setTitle()方法设置。

#2 letter_v_layout 和 number_v_layout 这两个垂直布局管理器首先将标签控件添加进去，之后分组框 letter_group_box 和 number_group_box 调用 setLayout()方法分别将相应的布局设置到自己身上。这样，3 个字母标签控件就会在 letter_group_box 内，3 个数字标签控件就会在 number_group_box 内。

#3 布局管理器 window_v_layout 将两个分组框按垂直方向摆放好，并将其设置到窗口上。

3.1.2 工具箱控件 QToolBox

我们可以把工具箱控件看作一个有多层抽屉的小柜子，可以在每层抽屉里加入指定控件，从而起到分组的效果。我们在示例代码 3-1 的基础上进行修改，加入 QToolBox 这个控件，详见示例代码 3-2。

示例代码 3-2

```
class Window(QWidget):
    def __init__(self):
        super(Window, self).__init__()
        self.letter_group_box = QGroupBox()
        self.number_group_box = QGroupBox()

        self.letter1 = QLabel('a')
        self.letter2 = QLabel('b')
        self.letter3 = QLabel('c')
        self.number1 = QLabel('1')
        self.number2 = QLabel('2')
        self.number3 = QLabel('3')

        letter_v_layout = QVBoxLayout()
        number_v_layout = QVBoxLayout()
        window_v_layout = QVBoxLayout()
        letter_v_layout.addWidget(self.letter1)
        letter_v_layout.addWidget(self.letter2)
        letter_v_layout.addWidget(self.letter3)
        number_v_layout.addWidget(self.number1)
        number_v_layout.addWidget(self.number2)
        number_v_layout.addWidget(self.number3)
        self.letter_group_box.setLayout(letter_v_layout)
        self.number_group_box.setLayout(number_v_layout)

        self.tool_box = QToolBox()                                  #注释 1 开始
        self.tool_box.addItem(self.letter_group_box, '字母')
        self.tool_box.insertItem(0, self.number_group_box, '数字')#注释 1 结束
        self.tool_box.setItemIcon(0, QIcon('number.png'))         #注释 2 开始
        self.tool_box.setItemIcon(1, QIcon('letter.png'))         #注释 2 结束
        self.tool_box.currentChanged.connect(self.show_current_text) #3

        window_v_layout.addWidget(self.tool_box)
        self.setLayout(window_v_layout)

    def show_current_text(self):
        index = self.tool_box.currentIndex()
        print(self.tool_box.itemText(index))
```

运行结果如图 3-2 所示。

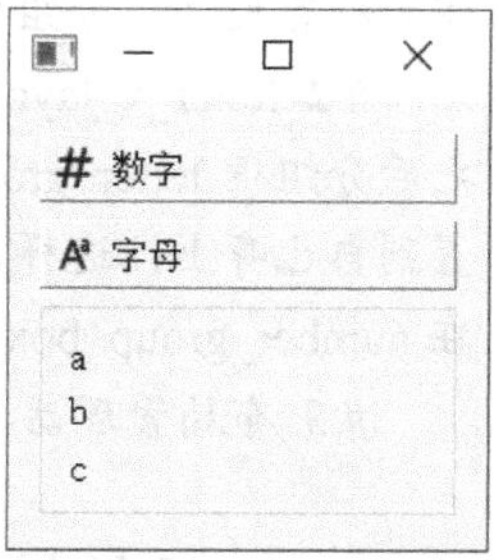

图 3-2 QToolBox

代码解释：

#1 实例化一个 QToolBox 控件对象，然后调用 addItem()方法添加 letter_group_box 分组

框控件，并将这个“抽屉”命名为“字母”。在添加 number_group_box 分组框的时候，我们用的是 insertItem()方法，该方法需要先传入一个索引值，用来表示“抽屉”的插入位置。

#2 setItemIcon()方法用来给“抽屉”加上图标。

#3 currentChanged 信号会在“抽屉”被切换时发射，然后在槽函数中我们通过 currentIndex()获取当前“抽屉”的索引值，并调用 itemText()获取“抽屉”的名称，该方法需要传入“抽屉”的索引值。

3.2 滚动区域控件和滚动条控件

假如现在要往界面上添加 100 个按钮，并且将其横向布局成一排。此时，按照常规的布局方式会导致很多按钮无法显示，如图 3-3 所示。

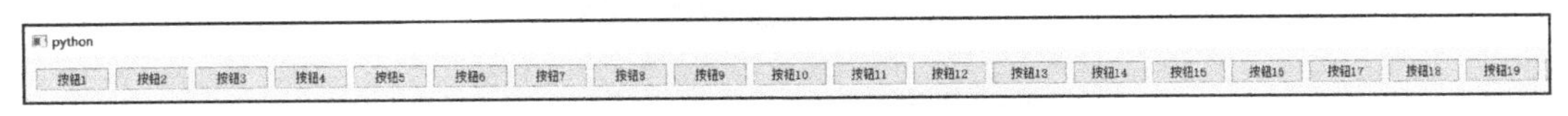

图 3-3 窗口超出屏幕

在本节，我们会了解如何通过滚动区域控件 QScrollArea 来解决这个问题。当屏幕无法显示全部内容时，就可以通过添加滚动条控件的方式让用户上、下或左、右滚动窗口来浏览剩余内容。QScrollBar 这个控件可以用来修改滚动条的属性。

3.2.1 滚动区域控件 QScrollArea

示例代码 3-3 用 QScrollArea 控件显示了一张大图和 100 个按钮。

示例代码 3-3

```
class Window(QWidget):
    def __init__(self):
        super(Window, self).__init__()
        self.pic_scroll_area = QScrollArea()                 #注释 1 开始
        self.btn_scroll_area = QScrollArea()                 #注释 1 结束

        pic_label = QLabel()
        pic_label.setPixmap(QPixmap('pyqt.jpg'))
        self.pic_scroll_area.setWidget(pic_label)            #注释 2 开始
        self.pic_scroll_area.ensureVisible(750, 750, 100, 100)#注释 2 结束

        widget_for_btns = QWidget()                          #注释 3 开始
        btn_h_layout = QHBoxLayout()
        for i in range(100):
            btn = QPushButton(f'按钮{i+1}')
            btn_h_layout.addWidget(btn)
        widget_for_btns.setLayout(btn_h_layout)
        self.btn_scroll_area.setWidget(widget_for_btns)
        self.btn_scroll_area.setAlignment(Qt.AlignCenter)    #注释 3 结束
```

```
        window_v_layout = QVBoxLayout()
        window_v_layout.addWidget(self.pic_scroll_area)
        window_v_layout.addWidget(self.btn_scroll_area)
        self.setLayout(window_v_layout)
```

运行结果如图3-4所示。

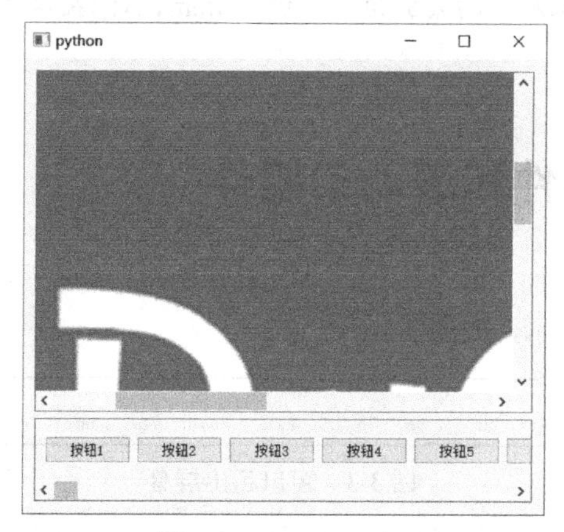

图3-4 QScrollArea

代码解释：

#1 实例化两个QScrollArea控件对象。

#2 在pic_scroll_area上显示图片（大小为1500×1500像素），不管在滚动区域上显示哪种控件，都需要调用setWidget()方法来进行设置。可以使用ensureVisible()确保某个坐标位置上的内容在QScrollArea上显示出来。我们在官方文档中查看一下ensureVisible()方法，看看它是如何被定义的，如图3-5所示。

void QScrollArea::ensureVisible(int *x*, int *y*, int *xmargin* = 50, int *ymargin* = 50)

图3-5 ensureVisible()的定义

该方法需要传入4个参数，前两个参数用来设置坐标位置(x, y)，后两个参数用来设置边距，默认值是50个像素，它们的值会加在x和y上。也就是最后要显示的坐标位置其实是（x+xmargin, y+ymargin）。如果该坐标点的位置超出图片大小范围，那么QScrollArea会寻找离它最近的有效位置进行显示。大家可以尝试修改一下ensureVisible()中的值来加深理解。

在PyQt中，坐标原点位于控件的左上角，向右为*x*轴正方向，向下为*y*轴正方向。

#3 在显示按钮时，需要先将100个按钮对象添加到水平布局管理器btn_h_layout上，然后将该布局设置到一个QWidget对象中，最后将该QWidget对象传入setWidget()。不能直接将btn_h_layout传入setWidget()方法，因为布局管理器不属于QWidget类。

3.2.2 滚动条控件 QScrollBar

从图 3-4 可以看出，QScrollArea 自带两个滚动条，一个为水平滚动条，一个为垂直滚动条。它们可以分别通过QScrollArea控件对象的horizontalScrollBar()和verticalScrollBar()方法获取到，这两个方法会返回 QScrollBar 类型的控件对象。下面，笔者会隐藏掉 QScrollArea 自带的水平滚动条，并实例化一个新的 QScrollBar 对象来代替它，详见示例代码 3-4。

示例代码 3-4

```
class Window(QWidget):
    def __init__(self):
        super(Window, self).__init__()
        self.scroll_area = QScrollArea()
        self.original_bar = self.scroll_area.horizontalScrollBar()

        self.pic_label = QLabel()
        self.pic_label.setPixmap(QPixmap('pyqt.jpg'))
        self.scroll_area.setWidget(self.pic_label)

        self.scroll_area.setHorizontalScrollBarPolicy(Qt.ScrollBarAlwaysOff)# 1

        self.scroll_bar = QScrollBar()                     #注释 2 开始
        self.scroll_bar.setOrientation(Qt.Horizontal)
        self.scroll_bar.valueChanged.connect(self.move_bar)
        self.scroll_bar.setMinimum(self.original_bar.minimum())
        self.scroll_bar.setMaximum(self.original_bar.maximum())#注释 2 结束
        # self.scroll_area.setHorizontalScrollBar(self.scroll_bar)# 3

        v_layout = QVBoxLayout()
        v_layout.addWidget(self.scroll_area)
        v_layout.addWidget(self.scroll_bar)
        self.setLayout(v_layout)

    def move_bar(self):
        value = self.scroll_bar.value()
        self.original_bar.setValue(value)
```

运行结果如图 3-6 所示。

图 3-6 QScrollBar

代码解释：

#1 程序首先调用 setHorizontalScrollBarPolicy(Qt.ScrollBarAlwaysOff)方法来隐藏水平滚动条。如果要隐藏垂直滚动条，则将上面方法中的 Horizontal 改成 Veritcal 即可。该方法一共可以接收 3 个值，请看表 3-1。

表3-1　滚动条显示模式

常　量	描　述
Qt.ScrollBarAsNeeded	macOS 和 Linux 系统上的默认显示模式，滚动条会在鼠标有滚动操作时才会显示
Qt.ScrollBarAlwaysOff	不显示滚动条
Qt.ScrollBarAlwaysOn	Windows 系统上的默认显示模式，滚动条会一直显示

#2 实例化一个新的 QScrollBar 控件对象，用 setOrientation(Qt.Horizontal)将它设置成水平滚动条（默认是垂直滚动条）。valuedChanged 信号会在滚动条移动时发射。QScrollBar 还有一个 sliderMoved 信号，它只有在用户使用鼠标按住并移动滚动条时才会发射，用鼠标滚轮移动时不会发射。槽函数通过 value()方法获取到滚动条的值后，将其传递给了自带的滚动条 original_bar。这样在移动 scroll_bar 时，original_bar 会跟着移动（虽然看不见），图片也就会跟着移动了。自定义的 scroll_bar 的最大值、最小值要和原先自带的 original_bar 的一样，所以需要用 setMinimum()和 setMaximum()方法进行设置。

 # 3 最后重点讲一下 QScrollArea 控件的 setHorizontalScrollBar()方法，可以使用它把我们自定义的滚动条直接设置成自带的，相应的属性也会自动设置好，所以代码可以进行简化，详见示例代码 3-5。

示例代码 3-5

```
class Window(QWidget):
    def __init__(self):
        super(Window, self).__init__()
        self.scroll_area = QScrollArea()

        self.pic_label = QLabel()
        self.pic_label.setPixmap(QPixmap('pyqt.jpg'))
        self.scroll_area.setWidget(self.pic_label)

        self.scroll_bar = QScrollBar()
        self.scroll_bar.setOrientation(Qt.Horizontal)
        self.scroll_area.setHorizontalScrollBar(self.scroll_bar)

        v_layout = QVBoxLayout()
        v_layout.addWidget(self.scroll_area)
        v_layout.addWidget(self.scroll_bar)
        self.setLayout(v_layout)
```

可以把 QScrollBar 看成特殊形状的 QSlider。

3.3 更多容器控件

我们可以往 QGroupBox、QToolBox 和 QScrollArea 这 3 个控件中装入其他的控件，从而让窗口的功能或样式变得更加丰富。我们可以把这类控件称作容器控件，本节我们再来看一下其他常用的容器控件。

3.3.1 拆分窗口控件 QSplitter

QSplitter 可以将窗口拆分成几部分，它允许用户通过拖动窗口边界来改变这几部分的大小，详见示例代码 3-6。

示例代码 3-6

```
class Window(QWidget):
    def __init__(self):
        super(Window, self).__init__()
        self.splitter = QSplitter()

        self.text_edit1 = QTextEdit()
        self.text_edit2 = QTextEdit()
        self.text_edit3 = QTextEdit()
        self.text_edit1.setPlaceholderText('edit 1')
        self.text_edit2.setPlaceholderText('edit 2')
        self.text_edit3.setPlaceholderText('edit 3')

        self.splitter.addWidget(self.text_edit1)        #注释 1 开始
        self.splitter.insertWidget(0, self.text_edit2) #注释 1 结束
        self.splitter.addWidget(self.text_edit3)
        self.splitter.setSizes([300, 200, 100])         # 2
        self.splitter.setOpaqueResize(False)            # 3

        window_h_layout = QHBoxLayout()
        window_h_layout.addWidget(self.splitter)
        self.setLayout(window_h_layout)
```

运行结果如图 3-7 所示。

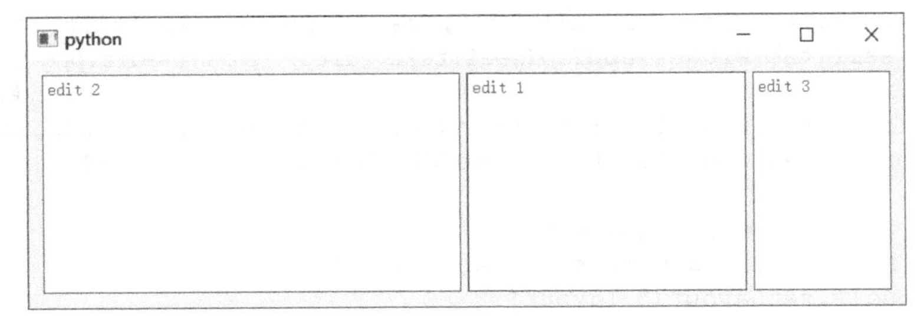

图 3-7　QSplitter

代码解释：

#1 QSplitter通过addWidget()或insertWidget()方法来添加控件，后者需要指定插入位置的索引。

#2 setSizes()方法需要传入一个列表，列表中元素为各个控件的宽度。如果列表元素的数量小于所添加的控件数量，则没有被设置到的那些控件的宽度就为0像素。

#3 setOpaqueResize()方法用来设置拖曳改变控件大小时的延迟效果。如果传入False，则拖曳动作在放手后，控件大小才会改变；如果传入True，控件大小会实时改变（默认是实时改变的）。

QSplitter默认水平布局各个控件，如果要改为垂直布局，则可以调用setOrientation(Qt.Vertical)方法，此时setSizes()方法设置的就是各个控件的高度了。

3.3.2 标签页控件 QTabWidget

QTabWidget用来分页显示内容，它上面有一些标签。用户每单击一个标签就能够显示一个选项卡，这样多个选项卡就可以共享一块区域，可以节省很多空间，详见示例代码3-7。

示例代码 3-7

```
class Window(QWidget):
    def __init__(self):
        super(Window, self).__init__()
        self.tab_widget = QTabWidget()

        self.text_edit1 = QTextEdit()
        self.text_edit2 = QTextEdit()
        self.text_edit3 = QTextEdit()
        self.text_edit1.setPlaceholderText('edit 1')
        self.text_edit2.setPlaceholderText('edit 2')
        self.text_edit3.setPlaceholderText('edit 3')

        self.tab_widget.addTab(self.text_edit1, 'edit 1')     #注释1开始
        self.tab_widget.insertTab(0, self.text_edit2, 'edit 2')
        self.tab_widget.addTab(self.text_edit3, QIcon('edit.png'), 'edit 3')
                                                              #注释1结束
        self.tab_widget.currentChanged.connect(self.show_tab_name)# 2
        self.tab_widget.setTabShape(QTabWidget.Triangular)    # 3

        h_layout = QHBoxLayout()
        h_layout.addWidget(self.tab_widget)
        self.setLayout(h_layout)
```

```
    def show_tab_name(self):
        index = self.tab_widget.currentIndex()
        print(self.tab_widget.tabText(index))
```

运行结果如图 3-8 所示。

图 3-8　QTabWidget

代码解释：

#1 可以用 addTab()或 insertTab()方法来添加标签页，addTab()方法必传的两个参数是控件和选项卡文本，也可以给选项卡添加图标。insertTab()除了传入以上参数外，还需要指定选项卡的索引。

#2 currentChanged 信号会在用户切换选项卡时发射，在槽函数中我们通过 currentIndex()方法获取到当前选项卡的索引，接着将其传入 tabText()方法，从而获取到选项卡名称。

#3 标签页添加完毕后，我们可以使用 setTabShape()方法来设置选项卡的形状，可以传入的参数详见表 3-2。

表 3-2　**选项卡形状**

常　量	描　述
QTabWidget.Rounded	圆角（默认形状）
QTabWidget.Triangular	三角

我们也可以使用 setTabPosition()方法设置选项卡的位置，可以传入的参数详见表 3-3。

表 3-3　**选项卡位置**

常　量	描　述
QTabWidget.North	选项卡在窗口的上方
QTabWidget.South	选项卡在窗口的下方
QTabWidget.West	选项卡在窗口的左边
QTabWidget.East	选项卡在窗口的右边

3.3.3 堆栈控件 QStackedWidget

堆栈控件和标签页控件相似，可以让多个界面共享同一块区域，不同的是，堆栈控件不提供选项卡，而是将各个界面按照层级顺序上下摆放的。QStackedWidget 通常需要搭配其他控件来实现切换效果，详见示例代码 3-8。

示例代码 3-8

```
class Window(QWidget):
    def __init__(self):
        super(Window, self).__init__()
        self.stacked_widget = QStackedWidget()

        self.text_edit1 = QTextEdit()
        self.text_edit2 = QTextEdit()
        self.text_edit3 = QTextEdit()
        self.text_edit1.setPlaceholderText('edit 1')
        self.text_edit2.setPlaceholderText('edit 2')
        self.text_edit3.setPlaceholderText('edit 3')

        self.stacked_widget.addWidget(self.text_edit1) #注释 1 开始
        self.stacked_widget.insertWidget(0, self.text_edit2)
        self.stacked_widget.addWidget(self.text_edit3) #注释 1 结束
        self.stacked_widget.currentChanged.connect(self.show_text)# 2

        self.btn1 = QPushButton('show edit 1')          #注释 3 开始
        self.btn2 = QPushButton('show edit 2')
        self.btn3 = QPushButton('show edit 3')
        self.btn1.clicked.connect(self.change_edit)
        self.btn2.clicked.connect(self.change_edit)
        self.btn3.clicked.connect(self.change_edit)     #注释 3 结束

        btn_h_layout = QHBoxLayout()
        window_v_layout = QVBoxLayout()
        btn_h_layout.addWidget(self.btn1)
        btn_h_layout.addWidget(self.btn2)
        btn_h_layout.addWidget(self.btn3)
        window_v_layout.addLayout(btn_h_layout)
        window_v_layout.addWidget(self.stacked_widget)
        self.setLayout(window_v_layout)

    def show_text(self):
        edit = self.stacked_widget.currentWidget()
        print(edit.placeholderText())

    def change_edit(self):
        btn = self.sender()
```

```
        if btn.text() == 'show edit 1':
            self.stacked_widget.setCurrentIndex(1)
        elif btn.text() == 'show edit 2':
            self.stacked_widget.setCurrentIndex(0)
        else:
            self.stacked_widget.setCurrentIndex(2)
```

运行结果如图 3-9 所示。

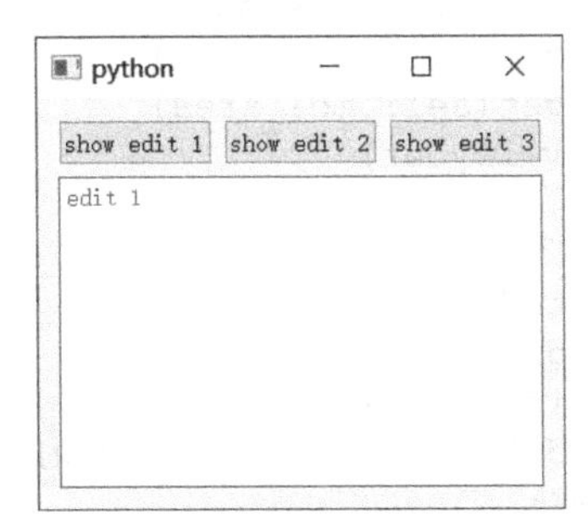

图 3-9　QStackedWidget

代码解释：

#1 QStackedWidget 同样用 addWidget()和 insertWidget()添加控件。

#2 信号 currentChanged 会在界面变换时发射，在槽函数 show_text()中，我们通过 currentWidget()获取当前显示的文本编辑框，然后用 placeholderText()获取占位符。

#3 3 个 QPushButton 按钮用来切换界面，在槽函数 change_edit()中，我们首先判断按钮上的文本，然后调用 setCurrentIndex()方法显示对应的文本编辑框。

3.3.4　多文档区域控件 QMdiArea

多文档区域控件 QMdiArea（Multi-document Interface，MDI）提供了一块可以显示多个窗口的区域。区域上的每一个窗口都属于 QMdiSubWindow 类，我们可以在各个窗口上设置各种控件，详见示例代码 3-9。

示例代码 3-9

```
class Window(QWidget):
    def __init__(self):
        super(Window, self).__init__()
        self.mdi_area = QMdiArea()                               #注释 1 开始

        self.new_btn = QPushButton('新建窗口')
        self.close_btn = QPushButton('关闭全部')
        self.tile_btn = QPushButton('平铺布局')
        self.cascade_btn = QPushButton('层叠布局')               #注释 1 结束
        self.new_btn.clicked.connect(self.add_new_edit)         # 2
```

```
        self.close_btn.clicked.connect(self.close_all)          # 3
        self.tile_btn.clicked.connect(self.mdi_area.tileSubWindows)#注释4开始
        self.cascade_btn.clicked.connect(self.mdi_area.cascadeSubWindows)
                                                                  #注释4结束
        v_layout = QVBoxLayout()
        v_layout.addWidget(self.new_btn)
        v_layout.addWidget(self.close_btn)
        v_layout.addWidget(self.cascade_btn)
        v_layout.addWidget(self.tile_btn)
        v_layout.addWidget(self.mdi_area)
        self.setLayout(v_layout)

    def add_new_edit(self):
        new_edit = QTextEdit()
        sub_window = QMdiSubWindow()
        sub_window.setWidget(new_edit)
        self.mdi_area.addSubWindow(sub_window)
        sub_window.show()

    def close_all(self):
        self.mdi_area.closeAllSubWindows()
        all_windows = self.mdi_area.subWindowList()
        for window in all_windows:
            window.deleteLater()
```

运行结果如图3-10所示。

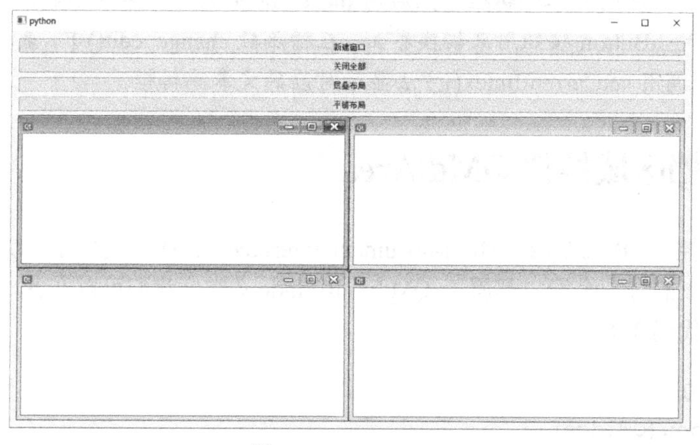

图3-10 QMdiArea

代码解释：

#1 程序实例化了一个多文档区域控件对象和4个按钮控件对象。

#2 new_btn用来新增一个QMdiSubWindow类窗口，窗口上设置了文本编辑框控件，之后调用addSubWindow()方法将这个窗口添加到多文档区域里。窗口默认是隐藏的，所以还要调用show()方法将其显示出来。

#3 close_btn 用来关闭所有已经显示出来的 QMdiSubWindow 类窗口。单单调用 closeAllSubWindows()方法只是关闭窗口而已，窗口对象还是占内存的，所以要用 deleterLater()方法将其彻底销毁。QMdiArea 区域中的所有窗口可以通过 subWindowList()获取，该方法返回一个列表，其中的窗口元素默认按照创建时间排序，还可以按照表 3-4 所示的方式排序。

表 3-4　排序方式

常　量	描　述
QMdiArea.CreationOrder	按照创建时间排序（默认排序方式）
QMdiArea.StackingOrder	按照堆叠方式排序，最前面的窗口排在列表最后一位
QMdiArea. ActivationHistoryOrder	按照历史激活时间排序

#4 多文档区域中的窗口有两种布局方式：一种是平铺布局，窗口就像瓦片一样铺满整个区域，可以用 tileSubWindows()方法实现；另一种是层叠布局，一个窗口放在另一个窗口上，有遮挡关系，可以用 cascadeSubWindows()方法实现。

3.4 列表视图控件、树形视图控件、表格视图控件

在学习列表视图控件、树形视图控件、表格视图控件之前，我们需要先了解一下 PyQt 的 MVC 结构。M 表示模型（Model），跟数据定义和处理有关的东西全部由该部分完成。V 表示视图（View），用来渲染、呈现数据。C 表示控制器（Controller），这部分由代理（Delegate，也可以叫作委托）完成，它用来调节数据在视图上的呈现方式，可以实现更高级的功能。MVC 结构如图 3-11 所示。

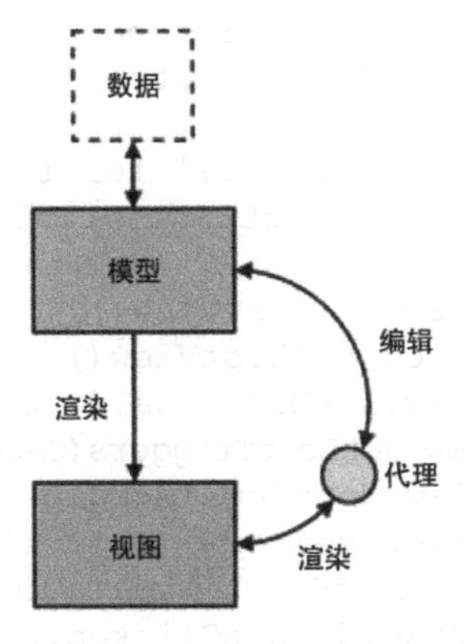

图 3-11　MVC 结构

列表视图控件、树形视图控件和表格视图控件都有一个 setModel()方法用来设置数据模型，表 3-5 罗列了几种常见的数据模型以及它们的用处。

表 3-5　数据模型

模　型	描　述
QStringListModel	存储一个字符串列表
QStandardItemModel	存储 QStandardItem 类型的数据，可以将 QStandardItem 看成一只小蜜蜂。小蜜蜂可能带有花蜜（有数据），也可能没有。而 QStandardItemModel 就是蜂巢，是各个小蜜蜂集合工作的场所
QFileSystemModel	操作文本文件系统。以前用的是 QDirModel，它已经被淘汰了，建议用 QFileSystemModel 来代替
QSqlQueryModel	操作 SQL 语句
QSqlTableModel	操作 SQL 表
QSqlRelationalTableModel	和 QSqlTableModel 一样用来操作 SQL 表，不过该模型还提供外键支持

虽然模型有很多种，但设置到视图上时要有针对性，我们不能把一个用来操作 SQL 表的模型设置在树形视图上，这样数据显示一点儿也不直观。而表格视图就能够很好地用来显示 SQL 表。每个视图都有一种或多种适合的模型。

3.4.1　列表视图控件 QListView

QListView 将存储在模型中的数据以列表形式呈现出来，列表中的各项内容一行行从上往下进行排列。在示例代码 3-10 中，我们将学习如何使用 QListView 以及它常用的模型 QStringListModel。

示例代码 3-10

```
class Window(QWidget):
    def __init__(self):
        super(Window, self).__init__()
        self.left_model = QStringListModel()                    #注释 1 开始
        self.right_model = QStringListModel()                   #注释 1 结束

        self.left_list = [f'item {i}' for i in range(20)]   #注释 2 开始
        self.left_model.setStringList(self.left_list)       #注释 2 结束

        self.left_list_view = QListView()
        self.right_list_view = QListView()
        self.left_list_view.setModel(self.left_model)
        self.left_list_view.setEditTriggers(QAbstractItemView.NoEditTriggers)
        self.left_list_view.doubleClicked.connect(self.choose)    # 3
        self.right_list_view.setModel(self.right_model)
        self.right_list_view.setEditTriggers(QAbstractItemView.NoEditTriggers)
        self.right_list_view.doubleClicked.connect(self.cancel)

        h_layout = QHBoxLayout()
        h_layout.addWidget(self.left_list_view)
        h_layout.addWidget(self.right_list_view)
        self.setLayout(h_layout)
```

```
    def choose(self):                                  # 4
        index = self.left_list_view.currentIndex()
        data = index.data()

        row_count = self.right_model.rowCount()
        self.right_model.insertRow(row_count)
        row_index = self.right_model.index(row_count)
        self.right_model.setData(row_index, data)

    def cancel(self):                                  # 5
        index = self.right_list_view.currentIndex()
        row_numer = index.row()
        self.right_model.removeRow(row_numer)
```

运行结果如图 3-12 所示。

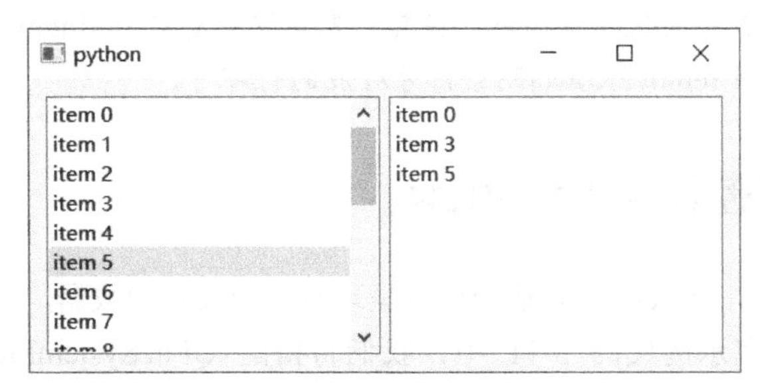

图 3-12 QListView

代码解释：

 # 1 程序首先实例化了两个 QStringListModel 对象，它们会分别被设置在列表视图 left_list_view 和 right_list_view 上。

 # 2 只有 left_model 通过 setStringList()方法设置了数据，所以刚开始只有左边的视图有数据显示。左、右两个视图都通过 setEditTriggers()方法来设置列表各项内容的编辑属性，可传入的值详见表 3-6。

表 3-6 编辑属性

常　量	描　述
QAbstractItemView.NoEditTriggers	不可编辑
QAbstractItemView.CurrentChanged	选中项发生变换时可进行编辑
QAbstractItemView.DoubleClicked	双击可进行编辑
QAbstractItemView.SelectedClicked	单击已选中项时可进行编辑
QAbstractItemView.EditKeyPressed	在选中项上按“Enter”键后可进行编辑
QAbstractItemView.AnyKeyPressed	在选中项上按任何键后可进行编辑
QAbstractItemView.AllEditTriggers	任何情况下都可进行编辑

#3 doubleClicked信号会在用户双击列表的某项时发射。如果双击发生在左边的视图上，被双击项的内容就会显示到右边的视图上；而如果双击发生在右边的视图上，就会删除被双击项。

#4 在解释choose()槽函数中的代码前，我们需要了解一下QModelIndex这个索引类，每个模型都会用到它，通过它我们可以定位到模型中的数据。如果把模型看作一个放有很多数据商品的货架，那么QModelIndex就是货架上贴着的商品标签，该标签记录着商品所在的行列位置以及其他的商品信息。

在choose()槽函数中，我们首先通过currentIndex()方法获取到用户当前双击项的QModelIndex索引对象，通过该索引对象的data()方法获取到数据内容。接着在往右边的视图插入该数据前，先用rowCount()方法计算行数，然后用insertRow()插入一个空行，新增一行后就可以用index()获取到该行的QModelIndex索引对象，最后用setData()设置该索引处的数据即可。

#5 cancel()槽函数中的代码更简单，在其中先获取到QModelIndex索引对象，然后通过它获取到行号，再调用removeRow()删除行号对应的行即可。

3.4.2 树形视图控件QTreeView

相较于QListView，QTreeView适合用来呈现有层级关系的数据，比如用来呈现某路径下的各个文件和目录。在示例代码3-11中，我们将搭配QFileSystemModel来演示如何使用QTreeView。

示例代码3-11

```
class Window(QWidget):
    def __init__(self):
        super(Window, self).__init__()
        self.model = QFileSystemModel()     #注释1开始
        self.model.setRootPath('.')
        self.model.setReadOnly(False)       #注释1结束

        self.tree_view = QTreeView()        #注释2开始
        self.tree_view.setModel(self.model)
        self.tree_view.setAnimated(True)
        self.tree_view.header().setStretchLastSection(True) #注释2结束
        self.tree_view.doubleClicked.connect(self.show_info)# 3

        h_layout = QHBoxLayout()
        h_layout.addWidget(self.tree_view)
        self.setLayout(h_layout)

    def show_info(self):
        index = self.tree_view.currentIndex()
        self.tree_view.scrollTo(index)
        self.tree_view.expand(index)
```

```
        file_name = self.model.fileName(index)
        file_path = self.model.filePath(index)
        file_size = self.model.size(index)
        print(file_name, file_path, file_size)
```

运行结果如图 3-13 所示。

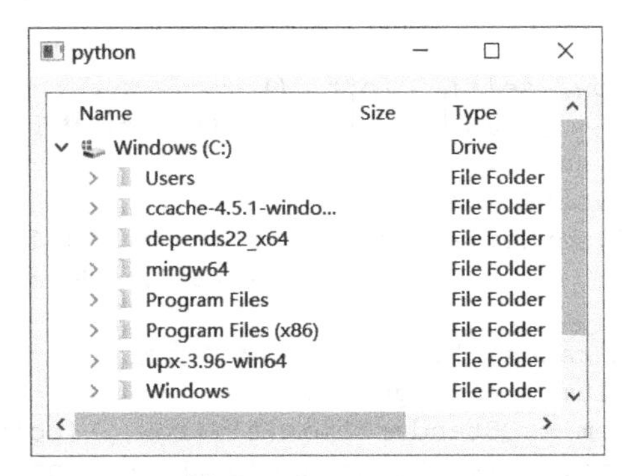

图 3-13 QTreeView

代码解释：

#1 QFileSystemModel 模型的 setRootPath()方法用来确定目标路径，这样树形视图就会显示该路径下的文件和目录。调用 setReadOnly(False)方法后，我们就可以通过双击来进行重命名操作了。

#2 QTreeView 的 setAnimated(True)用来给路径展开和收缩操作添加动画，大家可以运行程序自行感受下。标题栏默认是不会填满窗口的，但这样子会比较难看，所以可先调用 header()方法获取树形视图的标题栏，然后调用 setStretchLastSection(True)方法让标题栏的最后一列拉伸至充满表格。该方法在 QTableView 中也常用到。如果想隐藏标题栏，可以调用 setHeaderHidden(True)方法。

#3 doubleClicked 信号会在用户双击某个文件或目录时发射。在 show_info()槽函数中，scrollTo()用来将滚动条移动到文件或目录的位置，确保它能够显示出来。如果单击的是目录，使用 expand()方法就会展开它。QFileSystemModel 的 3 个方法 fileName()、filePath()和 size()分别用来获取文件或目录的名称、路径和大小。

如果 QTreeView 视图对象设置了项的编辑属性为不可编辑，也就是 QAbstractItemView.NoEditTriggers，那么双击该项时默认会展开这个项。

3.4.3 表格视图控件 QTableView

QTableView 是一个使用频率非常高的控件，它以表格形式呈现内容，通常和

QStandardItemModel 搭配使用。我们可以在 QStandardItemModel 模型上设置行列数，并在特定行列位置上添加 QStandardItem 对象，该对象中包含目标数据。表格视图会根据 QStandardItemModel 的属性生成同等行列数的表格来显示数据，详见示例代码 3-12。

示例代码 3-12

```
class Window(QWidget):
    def __init__(self):
        super(Window, self).__init__()
        self.model = QStandardItemModel()    #注释 1 开始
        self.model.setColumnCount(6)
        self.model.setRowCount(6)
        self.model.setHorizontalHeaderLabels(['第 1 列', '第 2 列', '第 3 列',
                                              '第 4 列', '第 5 列', '第 6 列'])#注释 1 结束

        for row in range(6):         #注释 2 开始
            for column in range(6):
                item = QStandardItem(f'({row}, {column})')
                item.setTextAlignment(Qt.AlignCenter)
                self.model.setItem(row, column, item)

        self.new_items = [QStandardItem(f'(6, {column})') for column in
range(6)]
        self.model.appendRow(self.new_items)#注释 2 结束

        self.table = QTableView()             #注释 3 开始
        self.table.setModel(self.model)
        self.table.verticalHeader().hide()
        self.table.horizontalHeader().setStretchLastSection(True)
        self.table.setEditTriggers(QAbstractItemView.NoEditTriggers)
        self.table.clicked.connect(self.show_cell_info) #注释 3 结束

        h_layout = QHBoxLayout()
        h_layout.addWidget(self.table)
        self.setLayout(h_layout)

    def show_cell_info(self):
        index = self.table.currentIndex()
        data = index.data()
        print(data)
```

运行结果如图 3-14 所示。

代码解释：

#1 实例化一个 QStandardItemModel 模型对象，并调用 setColumnCount()和 setRowCount()设置列数和行数。如果要设置表格标题栏文本，可以调用 setHorizontalHeaderLabels()和 setVertical HeaderLabels()方法，需要传入一个文本列表。

#2 我们通过两层循环实例化各个 QStandardItem 对象，并调用 setTextAlignment

(Qt.AlignCenter)让数据在表格的单元格中居中显示，用模型的 setItem()方法将各个 QStandardItem 对象设置到相应行列位置。appendRow()方法接收一个 QStandardItem 对象列表，调用该方法会在表格末尾新增一行，如果要新增一列，则要调用 appendColumn()。

#3 表格视图有水平和垂直两种标题栏，分别可用 verticalHeader()和 horizontalHeader()方法获取到。针对垂直标题栏，我们调用 hide()方法将其隐藏。针对水平标题栏，我们让它的最后一列自适应拉伸，不然留出空白不好看。setEditTriggers()用来设置表格中单元格的编辑属性，这里设置为不可编辑。当用户单击单元格时，clicked 信号就会发射。在槽函数中，我们先获取到单元格的索引对象，再调用 data()方法获取到单元格上的数据。

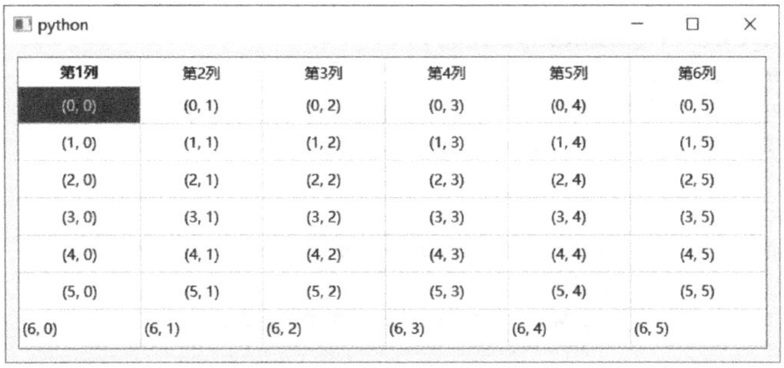

python

第1列	第2列	第3列	第4列	第5列	第6列
(0, 0)	(0, 1)	(0, 2)	(0, 3)	(0, 4)	(0, 5)
(1, 0)	(1, 1)	(1, 2)	(1, 3)	(1, 4)	(1, 5)
(2, 0)	(2, 1)	(2, 2)	(2, 3)	(2, 4)	(2, 5)
(3, 0)	(3, 1)	(3, 2)	(3, 3)	(3, 4)	(3, 5)
(4, 0)	(4, 1)	(4, 2)	(4, 3)	(4, 4)	(4, 5)
(5, 0)	(5, 1)	(5, 2)	(5, 3)	(5, 4)	(5, 5)
(6, 0)	(6, 1)	(6, 2)	(6, 3)	(6, 4)	(6, 5)

图 3-14　QTableView

从 3.4 节的示例代码中我们可以发现，列表视图、树形视图和表格视图虽然呈现数据的方式有所不同，但是它们都建立在数据模型之上，并且采用 QModelIndex 索引对象作为用户访问数据的途径。

3.5　简化版的列表、树形、表格视图控件

QListView、QTreeView 和 QTableView 这 3 个视图控件的功能非常强大，但是涉及的 MVC 结构可能会让初学者望而却步。幸运的是，PyQt 提供了这 3 个视图的简化版本：QListWidget、QTreeWidget 和 QTableWidget。它们不需要模型或委托，会通过 QListWidgetItem、QTreeWidgetItem 和 QTableWidgetItem 这 3 项来处理并显示数据，所以在用法上会简单很多。一般使用这 3 个简化版的视图控件就可以实现很多功能需求了。

3.5.1　简化版列表视图控件 QListWidget

我们现在换用 QListWidget 控件来实现示例代码 3-10 中的界面功能，详见示例代码 3-13。

示例代码 3-13

```
class Window(QWidget):
    def __init__(self):
```

```
        super(Window, self).__init__()
        self.left_list_widget = QListWidget()   #注释 1 开始
        self.right_list_widget = QListWidget()
        self.left_list_widget.doubleClicked.connect(self.choose)
        self.right_list_widget.doubleClicked.connect(self.cancel)
        self.left_list_widget.setEditTriggers(QAbstractItemView.NoEditTriggers)
        self.right_list_widget.setEditTriggers(QAbstractItemView.NoEdit
Triggers)#注释 1 结束

        for i in range(20):          #注释 2 开始
            item = QListWidgetItem(f'item {i}')
            self.left_list_widget.addItem(item)#注释 2 结束

        h_layout = QHBoxLayout()
        h_layout.addWidget(self.left_list_widget)
        h_layout.addWidget(self.right_list_widget)
        self.setLayout(h_layout)

    def choose(self):                # 3
        item = self.left_list_widget.currentItem()
        new_item = QListWidgetItem(item)
        self.right_list_widget.addItem(new_item)

    def cancel(self):                # 4
        row = self.right_list_widget.currentRow()
        self.right_list_widget.takeItem(row)
```

运行结果跟图 3-12 一样。

代码解释：

#1 实例化两个 QListWidget 控件对象，然后将 doubleClicked 信号和槽函数进行连接。这两个视图中的内容无法通过鼠标或键盘编辑修改。

#2 在 for 循环中，我们实例化 QListWidgetItem 对象，并调用 addItem()方法将它添加到列表视图上。

#3 在 choose()槽函数中，我们通过 currentItem()方法获取当前单击的项。在该项基础上实例化一个新项后，再将其添加到列表视图上。

#4 cancel()槽函数更简单，先通过 currentRow()获取当前单击的项的行号，再将其传入 takeItem()方法中删除该项。

3.5.2 简化版树形视图控件 QTreeWidget

树形视图可以用来显示图书或文档的目录结构，我们现在用 QTreeWidget 来实现一个显示目录结构的小功能，详见示例代码 3-14。

示例代码 3-14

```
class Window(QWidget):
    def __init__(self):
        super(Window, self).__init__()
        self.tree = QTreeWidget()
        self.item1 = QTreeWidgetItem()                      #注释 1 开始
        self.item2 = QTreeWidgetItem()
        self.item3 = QTreeWidgetItem()
        self.item1.setText(0, '第 1 章')
        self.item2.setText(0, '第 1 节')
        self.item3.setText(0, '第 1 段')                     #注释 1 结束
        self.item1.setCheckState(0, Qt.Unchecked)   #注释 2 开始
        self.item2.setCheckState(0, Qt.Unchecked)
        self.item3.setCheckState(0, Qt.Unchecked)   #注释 2 结束
        self.item1.addChild(self.item2)                     #注释 3 开始
        self.item2.addChild(self.item3)

        self.tree.addTopLevelItem(self.item1)
        self.tree.setHeaderLabel('PyQt 教程')
        self.tree.clicked.connect(self.click_slot) #注释 3 结束

        h_layout = QHBoxLayout()
        h_layout.addWidget(self.tree)
        self.setLayout(h_layout)

    def click_slot(self):                                   # 4
        item = self.tree.currentItem()
        print(item.text(0))

        if item == self.item1:
            if self.item1.checkState(0) == Qt.Checked:
                self.item2.setCheckState(0, Qt.Checked)
                self.item3.setCheckState(0, Qt.Checked)
            else:
                self.item2.setCheckState(0, Qt.Unchecked)
                self.item3.setCheckState(0, Qt.Unchecked)
```

运行结果如图 3-15 所示。

图 3-15　QTreeWidget

代码解释：

#1 QTreeWidgetItem是QTreeWidget上的项，setText()方法用来设置相应列上的文本数据。其实也可以在实例化QTreeWidgetItem时直接传入一个字符串列表，比如QTreeWidgetItem(['第1章'])。

#2 如果一个项调用了setCheckState()方法，那么它前面就会显示一个复选框。

#3 item1调用addChild()添加了item2，那么item1就是item2的父类，item2就归在item1下面。同理，item2是item3的父类。确定好各个项的层级关系后，我们只需要调用addTopLevelItem()将最顶层的父项添加到树形视图上就可以了，也就是添加item1，剩下的子项也会一同被添加上去。树形视图就是通过这种方式确定整个树形结构的。setHeaderLabel()用来设置树形视图的标题栏，如果标题栏存在多列，则可以调用setHeaderLabels()方法。

#4 click_slot()槽函数通过currentItem()方法获取到当前单击的项，然后调用text()获取项上的文本，记得要传入列号。if逻辑判断下的代码实现了全选/全不选的效果，如果用户勾选了最顶层父项左边的复选框，那么子项的复选框也会一并被勾选；反之，则全部取消勾选。

树形视图可以设置列数量（默认是1），这就是为什么在设置QTreeWidget上的各个项的属性时，除了需要传入属性值，还需要传入一个整数值表示设置第几列的项。

如果要显示路径下的各个文件，建议还是使用QTreeView，因为它所搭配的QFileSystemModel模型已经封装好了相应的功能。

3.5.3 简化版表格视图控件QTableWidget

我们用QTableWidget控件来实现示例代码3-12中的界面，详见示例代码3-15。

示例代码3-15

```
class Window(QWidget):
    def __init__(self):
        super(Window, self).__init__()
        self.table = QTableWidget()      #注释1开始
        self.table.setColumnCount(6)
        self.table.setRowCount(6)
        self.table.verticalHeader().hide()
        self.table.clicked.connect(self.show_cell_info)
        self.table.horizontalHeader().setStretchLastSection(True)
        self.table.setEditTriggers(QAbstractItemView.NoEditTriggers)
        self.table.setHorizontalHeaderLabels(['第1列', '第2列', '第3列',
                                   '第4列', '第5列', '第6列'])#注释1结束
```

```
        for row in range(6):
            for column in range(6):
                item = QTableWidgetItem(f'({row}, {column})')#注释 2 开始
                item.setTextAlignment(Qt.AlignCenter)
                self.table.setItem(row, column, item)        #注释 2 结束

        row_count = self.table.rowCount()                    #注释 3 开始
        self.table.setRowCount(row_count+1)                  #注释 3 结束
        for column in range(6):
            self.table.setItem(6, column, QTableWidgetItem(f'(6, {column})'))

        h_layout = QHBoxLayout()
        h_layout.addWidget(self.table)
        self.setLayout(h_layout)

    def show_cell_info(self):  # 4
        item = self.table.currentItem()
        print(item.text())
```

运行结果跟图 3-14 所示的一样。

代码解释：

#1 在使用 QTableView 时，我们是在模型上设置表格的行列数和标题属性的，而在上述示例代码中，我们是直接通过 QTableWidget 对象进行设置的。

#2 QTableWidget 上添加的是 QTableWidgetItem 对象，而不是 QStandardItem 对象。

#3 如果要新增一行，则先调用 rowCount()方法获取当前表格的行数，然后调用 setRowCount()设置总行数即可。当然也可以调用 insertRow()方法在表格上插入一行，但需要传入行的索引。如果要清空表格，可以直接调用 setRowCount(0)设置表格的行数为 0，此时表格中的数据也会被清除掉。

#4 在 show_cell_info()槽函数中，通过 currentItem()方法获取单击的项，再调用 text()获取项的文本内容。

3.6 各种对话框控件

对话框用来向用户通知一些信息或要求用户输入相关信息，它们通常会在按钮被单击后显示。PyQt 提供了一系列标准的对话框控件，常见的有消息对话框控件 QMessageBox、颜色对话框控件 QColorDialog、字体对话框控件 QFontDialog、输入对话框控件 QInputDialog 以及文件对话框控件 QFileDialog。其中消息对话框（消息框）控件已经在第 2 章中介绍过，我们现在来看一下其他几种。

3.6.1 颜色对话框控件 QColorDialog

颜色对话框控件用来让用户选择颜色，选择完毕后颜色就会被设置在目标内容（比如文本、背景等）上，详见示例代码 3-16。

示例代码 3-16

```
class Window(QWidget):
    def __init__(self):
        super(Window, self).__init__()
        self.text_edit = QTextEdit()
        self.btn = QPushButton('显示颜色对话框')
        self.btn.clicked.connect(self.set_color)

        v_layout = QVBoxLayout()
        v_layout.addWidget(self.text_edit)
        v_layout.addWidget(self.btn)
        self.setLayout(v_layout)

    def set_color(self):    # 1
        color = QColorDialog.getColor()
        if color.isValid():
            print(color.name())
            print(color.red(), color.green(), color.blue())
            self.text_edit.setTextColor(color)
```

运行结果如图 3-16 所示。

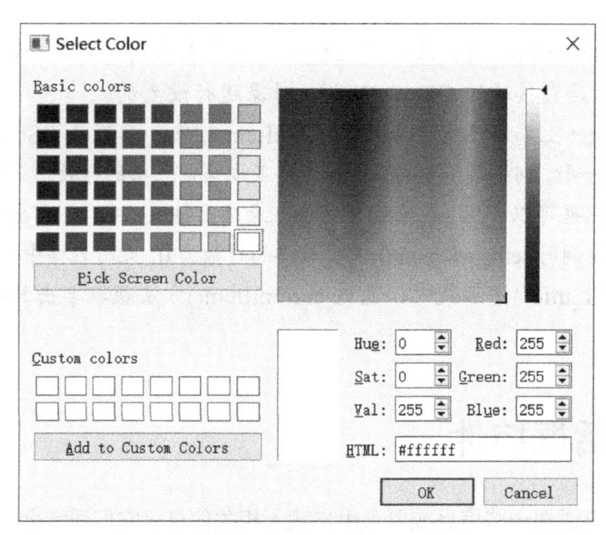

图 3-16 QColorDialog

代码解释：

 # 1 在 set_color()槽函数中，QColorDialog 调用 getColor()方法弹出颜色对话框，返回的值是 QColor 类型的。在将颜色设置到文本编辑框之前，需要先调用 isValid()方法判断用户是否选择了颜色，如果没有选择，而是单击“关闭”按钮或“Cancel”按钮，那么 isValid()就会返回 False。name()方法用于获取颜色的名称，格式是“#RRGGBB”。red()、green()和 blue()分别用来获取红、绿、蓝 3 个颜色通道的值。

3.6.2 字体对话框控件 QFontDialog

字体对话框控件给用户提供了一个设置字体的渠道，设置完毕后目标文本的字体就会被修改，详见示例代码 3-17。

示例代码 3-17

```
class Window(QWidget):
    def __init__(self):
        super(Window, self).__init__()
        self.text_edit = QTextEdit()
        self.btn = QPushButton('显示字体对话框')
        self.btn.clicked.connect(self.set_font)

        v_layout = QVBoxLayout()
        v_layout.addWidget(self.text_edit)
        v_layout.addWidget(self.btn)
        self.setLayout(v_layout)

    def set_font(self):    # 1
        font, is_ok = QFontDialog.getFont()
        if is_ok:
            print(font.family())
            print(font.pointSize())
            self.text_edit.setFont(font)
```

运行结果如图 3-17 所示。

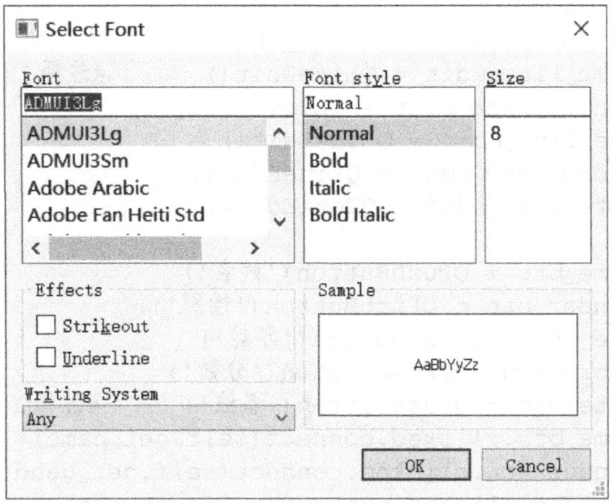

Select Font

Font	Font style	Size
ADMUI3Lg	Normal	
ADMUI3Lg	Normal	8
ADMUI3Sm	Bold	
Adobe Arabic	Italic	
Adobe Fan Heiti Std	Bold Italic	

Effects

- [ ] Strikeout
- [ ] Underline

Sample

AaBbYyZz

Writing System

Any

OK　Cancel

图 3-17　QFontDialog

代码解释：

#1 在 set_font()槽函数中，QFontDialog 调用 getFont()方法弹出字体对话框。该方法返

回一个元组，元组中的第一个元素是QFont类型的，第二个元素是布尔类型的。在将字体设置到文本编辑框之前，需要先判断is_ok的值。如果值为True，表明用户选择了一种字体，如果没有选择，而是单击“关闭”按钮或“Cancel”按钮，那么is_ok的值就是False。family()和pointSize()方法分别用来返回字体的名称和大小。

3.6.3 输入对话框控件QInputDialog

输入对话框控件用来获取用户输入，并将输入结果传递给目标控件显示出来。它提供了5种常见的输入方法，请看表3-7。

表3-7 输入方法

方法	描述
getInt()	输入整型值
getDouble()	输入浮点数
getText()	输入单行文本
getMultiLineText()	输入多行文本
getItem()	从下拉列表框中选择一项输入

我们现在编写一个包含这5种输入方法的程序，详见示例代码3-18。

示例代码3-18

```
class Window(QWidget):
    def __init__(self):
        super(Window, self).__init__()
        self.name_line_edit = QLineEdit()       #注释 1 开始
        self.gender_line_edit = QLineEdit()
        self.age_line_edit = QLineEdit()
        self.score_line_edit = QLineEdit()
        self.note_text_edit = QTextEdit()

        self.name_btn = QPushButton('姓名')
        self.gender_btn = QPushButton('性别')
        self.age_btn = QPushButton('年龄')
        self.score_btn = QPushButton('分数')
        self.note_btn = QPushButton('备注')      #注释 1 结束
        self.name_btn.clicked.connect(self.get_name)
        self.gender_btn.clicked.connect(self.get_gender)
        self.age_btn.clicked.connect(self.get_age)
        self.score_btn.clicked.connect(self.get_score)
        self.note_btn.clicked.connect(self.get_note)

        g_layout = QGridLayout()
```

```
        g_layout.addWidget(self.name_btn, 0, 0)
        g_layout.addWidget(self.name_line_edit, 0, 1)
        g_layout.addWidget(self.gender_btn, 1, 0)
        g_layout.addWidget(self.gender_line_edit, 1, 1)
        g_layout.addWidget(self.age_btn, 2, 0)
        g_layout.addWidget(self.age_line_edit, 2, 1)
        g_layout.addWidget(self.score_btn, 3, 0)
        g_layout.addWidget(self.score_line_edit, 3, 1)
        g_layout.addWidget(self.note_btn, 4, 0)
        g_layout.addWidget(self.note_text_edit, 4, 1)
        self.setLayout(g_layout)

    def get_name(self):    # 2
        name, is_ok = QInputDialog.getText(self, '姓名', '请输入姓名')
        if is_ok:
            self.name_line_edit.setText(name)

    def get_gender(self):  # 3
        gender_list = ['Female', 'Male']
        gender, is_ok = QInputDialog.getItem(self, '性别', '请选择性别',
                                             gender_list)
        if is_ok:
            self.gender_line_edit.setText(gender)

    def get_age(self):   # 4
        age, is_ok = QInputDialog.getInt(self, '年龄', '请输入年龄')
        if is_ok:
            self.age_line_edit.setText(str(age))

    def get_score(self):  # 5
        score, is_ok = QInputDialog.getDouble(self, '分数', '请输入分数')
        if is_ok:
            self.score_line_edit.setText(str(score))

    def get_note(self):
        note, is_ok = QInputDialog.getMultiLineText(self, '备注', '请输入备注')
        if is_ok:
            self.note_text_edit.setText(note)
```

运行结果如图 3-18 所示。

代码解释：

#1 该程序一共实例化了 5 个按钮和 5 个文本框控件，按钮用来弹出输入对话框，而文本框控件则用来显示用户输入的数据。

#2 各个输入方法都返回一个元组，元组中的第一个元素是输入数据，第二个元素是布尔值。如果用户关闭了对话框或单击了“Cancel”按钮，则 is_ok 的值为 False。我们还注意到，每个输入方法都设置了父类、标题和提示文本。

 # 3 getItem()方法还需要传入一个列表作为下拉列表框的内容选项。getItem()方法还可以传入更多的参数，比如:

```
getItem(self, '性别', '请选择性别', gender_list, 1, False)
```

数值 1 表示最初显示下拉列表框中索引为 1 的选项，也就是'Male'。False 表示下拉列表框中的选项不可被编辑。

 # 4 getInt()方法也可以传入更多参数，比如:

```
getInt(self, '年龄', '请选择年龄', 18, 0, 120)
```

数值 18 是初始值，0 是最小值，120 是最大值。

 # 5 getDouble()方法也可以设置当前值、最小值和最大值，不过需要传入浮点数。

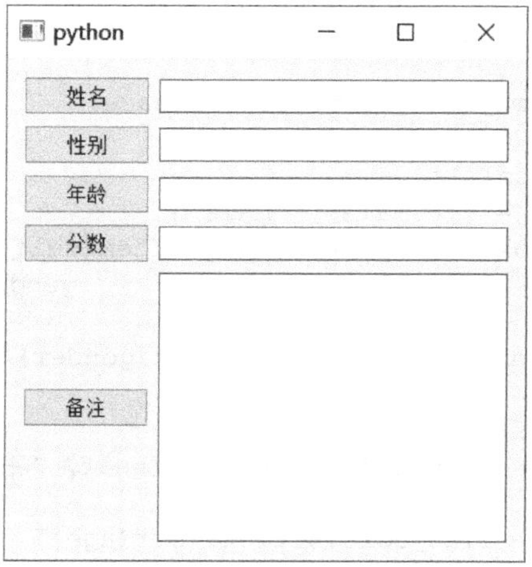

图 3-18　QInputDialog

3.6.4　文件对话框控件 QFileDialog

文件对话框控件可以帮助我们快速实现打开文件和保存文件的功能，一般桌面应用都会用到文件对话框控件，详见示例代码 3-19。

示例代码 3-19

```
class Window(QWidget):
    def __init__(self):
        super(Window, self).__init__()
        self.edit = QTextEdit()
        self.open_folder_btn = QPushButton('打开文件夹')
        self.open_file_btn = QPushButton('打开文件')
        self.save_as_btn = QPushButton('另存为')
        self.open_folder_btn.clicked.connect(self.open_folder)
        self.open_file_btn.clicked.connect(self.open_file)
        self.save_as_btn.clicked.connect(self.save_as)
```

```
        btn_h_layout = QHBoxLayout()
        window_v_layout = QVBoxLayout()
        btn_h_layout.addWidget(self.open_folder_btn)
        btn_h_layout.addWidget(self.open_file_btn)
        btn_h_layout.addWidget(self.save_as_btn)
        window_v_layout.addWidget(self.edit)
        window_v_layout.addLayout(btn_h_layout)
        self.setLayout(window_v_layout)

    def open_folder(self):    # 1
        folder_path = QFileDialog.getExistingDirectory(self, '打开文件夹', './')
        self.edit.setText(folder_path)

    def open_file(self):      # 2
        file_path, filter = QFileDialog.getOpenFileName(self, '打开文件', './',
                                                        '格式 (*.txt *.log)')
        if file_path:
            with open(file_path, 'r') as f:
                self.edit.setText(f.read())

    def save_as(self):      # 3
        save_path, filter = QFileDialog.getSaveFileName(self, '另存为', './',
                                                        '格式 (*.txt *.log)')
        if save_path:
            with open(save_path, 'w') as f:
                f.write(self.edit.toPlainText())
```

运行结果如图 3-19 所示。

图 3-19 QFileDialog

代码解释：

我们主要来看一下各个槽函数中的 QFileDialog，它调用的 3 个方法都会弹出一个文件对话框，我们至少要传入 3 个参数：父类、对话框标题以及路径（对话框会显示该路径下的文件及目录情况）。

 # 1 getExistingDirectory()方法用来选择一个文件夹，返回值就是文件夹路径。

#2 getOpenFileName()用来选择单个文件，我们可以往该方法中传入一个过滤器。用户无法选择被过滤掉的文件。“格式 (*.txt *.log)”表示用户只能在对话框中选择.txt和.log格式的文件。如果要设置多个过滤器，可以用“;;”来进行连接，比如：“格式 (*.txt *.log);;Images (*.png *.jpg)”。

getOpenFileName()方法的返回值是一个元组，它的第一个元素是用户选择的文件路径，第二个元素是过滤器。如果要打开多个文件，可以使用 getOpenFileNames()。

#3 getSaveFileName()方法用来获取用户设置的文件保存路径，传入的过滤器“格式 (*.txt *.log)”表示用户只能将文件保存为.txt和.log格式。

我们从文件对话框中获取到的是路径，在打开和保存文件后，可以再配合 with open()方法（或其他文件处理方法）进行操作。

3.7 本章小结

本章讲解了几个高级控件，虽然它们在用法上难度可能会稍大一些，但是我们多用几次也就可以掌握了。

如果控件需要分类布局，则可以使用分组框控件和工具箱控件；如果要显示的控件数量比较多，则可以搭配一些容器控件使用；如果要显示列表、表格或树形样式的内容，可以通过视图控件来实现。PyQt 提供的输入对话框控件、颜色对话框控件、字体对话框控件以及文件对话框控件能够让我们快速获取用户输入或选择文件，非常方便。

本章和第 2 章讲解了平时开发 PyQt 程序时常用的控件，我们不必一下子就全部掌握，等需要用到某个控件时再翻看相应内容即可。

第 4 章
深入窗口

在之前的章节中，所有的窗口都是基于 QWidget 类的。其实在 PyQt 中，任何一个控件都可以看作一个窗口，比如示例代码 4-1 中的 QLineEdit 控件就单独显示为一个窗口。

示例代码 4-1

```
class Window(QLineEdit):
    def __init__(self):
        super(Window, self).__init__()
```

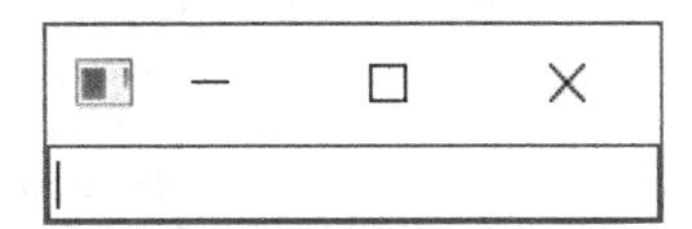

图 4-1　QLineEdit 单独显示为窗口

运行结果如图 4-1 所示。

我们可以在它上面放置其他控件，比如添加一个 QPushButton 按钮控件，详见示例代码 4-2。

示例代码 4-2

```
class Window(QLineEdit):
    def __init__(self):
        super(Window, self).__init__()
        self.btn = QPushButton('button')

        h_layout = QHBoxLayout()
        h_layout.addWidget(self.btn)
        self.setLayout(h_layout)
```

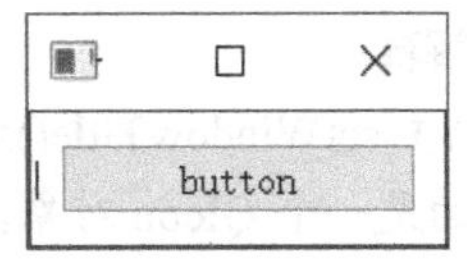

图 4-2　在 QLineEdit 上添加一个按钮控件

运行结果如图 4-2 所示。

既然控件可以显示为窗口，那它们就拥有设置窗口属性的方法。读者可以在官方文档中搜索一下第 2 章和第 3 章中提到的各个控件，会发现它们共同拥有几个与窗口属性相关的方法，比如 setWindowTitle()。

在本章，笔者会介绍几个常用的设置窗口属性的方法。除此之外，笔者还会介绍窗口的坐标体系和事件函数，理解并学会使用这两点能够帮助我们优化窗口功能。最后，笔者还会介绍一个专门用来制作窗口的类——QMainWindow。相较于 QWidget 或其他控件，QMainWindow 在窗口上有着更细致的划分，比如多出了菜单栏、工具栏、状态栏等。

4.1　窗口属性

在往窗口上添加控件之前，我们一般会先设置窗口属性，比如窗口标题、图标或者大小。

4.1.1 窗口标题和图标

如果不设置窗口标题，窗口标题栏会默认显示“python”文本。如果不设置窗口图标，则窗口会使用系统默认的应用图标，如图 4-3 所示。

图 4-3 默认标题和图标

每一个正式发布的应用程序都应该设置窗口标题和图标，不然会显得很不专业，甚至可能会被用户觉得是一个“流氓软件”。它们的设置方法非常简单，详见示例代码 4-3。

示例代码 4-3

```
class Window(QWidget):
    def __init__(self):
        super(Window, self).__init__()
        self.setWindowTitle('我的软件')          #注释 1 开始
        self.setWindowIcon(QIcon('code.png'))   #注释 1 结束
```

运行结果如图 4-4 所示。

图 4-4 设置窗口标题和图标

代码解释：

#1 setWindowTitle()方法用来设置窗口标题，setWindowIcon()方法用来设置窗口图标，传入的是一个 QIcon 对象，此时可以发现窗口左上角出现了一个图标。

程序打包后在桌面上显示的图标不是由 setWindowIcon()方法设置的，需要在打包时添加额外的命令。笔者会在第 8 章中详细讲解。

4.1.2 窗口大小和位置

窗口大小和位置也很容易设置，而且与大小和位置相关的方法很多，详见示例代码 4-4。

示例代码 4-4

```
class Window(QWidget):
    def __init__(self):
        super(Window, self).__init__()
        self.resize(600, 400)          #注释 1 开始
        self.move(0, 0)                #注释 1 结束
```

运行结果如图 4-5 所示。

图 4-5　窗口大小和位置

代码解释：

#1 往 resize()方法中传入宽度值和高度值就可以设置窗口的初始显示大小，而往 move()方法中传入 *x* 和 *y* 坐标就可以设置窗口的显示位置。坐标(0, 0)表示窗口显示在计算机桌面左上角。resize()和 move()方法合并后等效于 setGeometry()，我们可以把上面的两行代码改成一行：self.setGeometry(0, 0, 600, 400)。

用户可以通过鼠标拖拉操作来更改窗口大小，如果要让窗口大小固定，则需要调用 setFixedSize()。如果只想让窗口宽度或者高度固定，则可以使用 setFixedWidth()或 setFixedHeight()方法。除此之外，跟窗口大小和位置有关的方法还有很多，详见表 4-1。

表 4-1　　跟窗口大小和位置有关的方法

方　法	描　述
setMinimumWidth()	设置最小宽度
setMaximumWidth()	设置最大宽度
setMinimumHeight()	设置最小高度
setMaximumHeight()	设置最大高度
setMinimumSize()	设置最小尺寸
setMaximumSize()	设置最大尺寸
width()	获取宽度
height()	获取高度

续表

方 法	描 述
size()	获取尺寸
minimumWidth()	获取最小宽度
maximumWidth()	获取最大宽度
minimumHeight()	获取最小高度
maximumHeight()	获取最大高度
minimumSize()	获取最小尺寸
maximumSize()	获取最大尺寸
x()	获取 *x* 坐标
y()	获取 *y* 坐标
pos()	获取 *x* 和 *y* 坐标，返回一个 QPoint 类型的对象
geometry()	获取坐标和尺寸，返回一个 QRect 类型的对象
frameSize()	获取尺寸（包含窗口边框）
frameGeometry()	获取坐标和尺寸（包含窗口边框），返回一个 QRect 类型的对象

在了解了窗口大小和位置的设置方法后，我们来看一下如何让窗口在计算机屏幕上居中显示，详见示例代码 4-5。

示例代码 4-5

```
class Window(QWidget):
    def __init__(self):
        super(Window, self).__init__()
        self.resize(200, 200)                          #注释 1 开始

        desktop = QApplication.desktop()
        desktop_width = desktop.width()
        desktop_height = desktop.height()              #注释 1 结束

        window_width = self.frameSize().width()#注释 2 开始
        window_height = self.frameSize().height()

        x = desktop_width // 2 - window_width // 2
        y = desktop_height // 2 - window_height // 2
        self.move(x, y)                                #注释 2 结束
```

运行结果如图 4-6 所示。

图 4-6 窗口在屏幕上居中

代码解释：

 # 1 用 resize()方法确定好窗口大小，然后获取桌面对象 desktop，通过它的 width()和 height()方法可以获取到计算机屏幕的宽度和高度。知道了屏幕的大小后，就可以确定屏幕的中心坐标：(desktop_width//2, desktop_height//2)。

 # 2 窗口的锚点位于左上角，如果直接将窗口移动到屏幕的中心坐标，窗口就会出现在屏幕偏右下方的位置，所以我们还要将窗口往左上角方向移动一段距离。横向移动的距离是窗口宽度的一半，纵向移动的距离是窗口高度的一半（都是包含窗口边框的）。之所以用整除运算符“//”，是因为 move()方法接收整型值，而不是浮点数。

4.1.3 其他窗口属性

在本小节，笔者会再介绍几个常用的窗口属性设置方法，详见示例代码 4-6。

示例代码 4-6

```
class Window(QWidget):
    def __init__(self):
        super(Window, self).__init__()
        self.setWindowOpacity(0.8)                              # 1
        self.setWindowFlag(Qt.FramelessWindowHint)              #注释 2 开始
        self.setAttribute(Qt.WA_TranslucentBackground)  #注释 2 结束

        self.another_window = AnotherWindow()

        self.btn = QPushButton('显示另一个窗口')
        self.btn.clicked.connect(self.another_window.show)

        h_layout = QHBoxLayout()
```

```
        h_layout.addWidget(self.btn)
        self.setLayout(h_layout)

class AnotherWindow(QWidget):
    def __init__(self):
        super(AnotherWindow, self).__init__()
        self.setWindowModality(Qt.ApplicationModal) # 3
```

运行结果如图4-7所示。

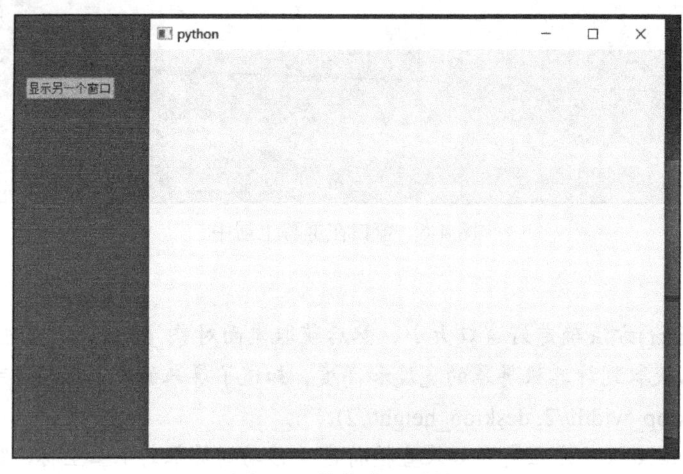

图4-7 其他窗口属性

代码解释：

#1 setWindowOpacity()方法用来设置窗口的透明度，需要传入0~1的数，1表示不透明。注意，使用该方法也会影响窗口上控件的透明度。

#2 setWindowFlag(Qt.FramelessWindowHint)可以将窗口的标题栏和边框都去掉，setAttribute(Qt.WA_TranslucentBackground)会让窗口背景完全透明（不会影响到窗口上的控件）。

#3 当我们单击“显示另一个窗口”按钮后，另外一个窗口就显示出来了。setWindowModality()用来设置窗口的模态类型，可以传入以下3个值，请看表4-2。

表4-2 模态类型

常　量	描　述
Qt.NonModal	设置为非模态，这是窗口的默认模态类型，表示用户可以在应用中的各个窗口之间随意切换
Qt.WindowModal	窗口级模态，阻塞当前窗口的所有父窗口和祖父窗口，包括与父窗口和祖父窗口同级的其他窗口
Qt.ApplicationModal	应用级模态，阻塞除当前窗口外的所有窗口，用户只有关闭了当前窗口，才能切换到其他的窗口

我们在第 3 章中讲解各种对话框控件时，其实就已经接触了模态功能的特性了。当对话框出现时，我们只能先操作它，只有在输入完信息并关闭对话框后，才能在其他窗口上继续操作。

4.2 窗口坐标

坐标用来定位窗口在屏幕上或控件在窗口上的位置，我们在之前的章节中已经提到过坐标，现在来深入学习一下 PyQt 的坐标体系。

4.2.1 理解坐标体系

PyQt 的坐标体系是统一的。不管是计算机屏幕，还是窗口本身，抑或是窗口上的控件，其坐标原点(0, 0)都在左上角，且向右为 x 轴正方向，向下为 y 轴正方向。另外，锚点也统一位于左上角，详见示例代码 4-7。

示例代码 4-7

```
class Window(QWidget):
    def __init__(self):
        super(Window, self).__init__()
        self.resize(400, 400)
        self.move(0, 0)              # 1

        self.edit = QTextEdit(self)
        self.edit.move(0, 0)         # 2

        self.btn = QPushButton('button',
self.edit)
        self.btn.move(20, 20)        # 3
```

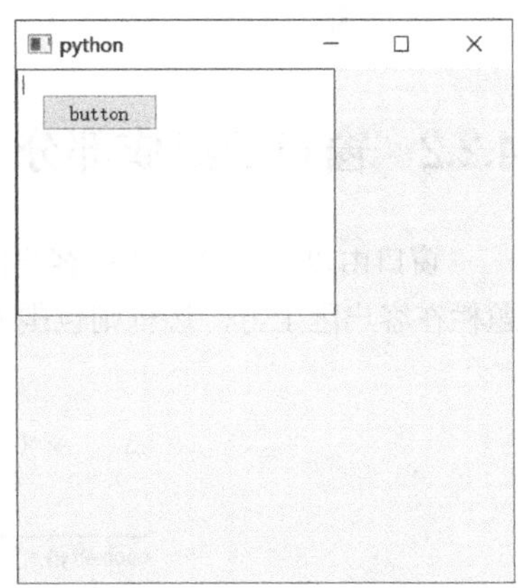

图 4-8 窗口和控件的位置

运行结果如图 4-8 所示。

代码解释：

#1 窗口位于屏幕的坐标原点。

#2 文本编辑框位于窗口的坐标原点。

#3 按钮则位于文本编辑框上坐标为(20, 20)的位置。

窗口坐标原点并不在标题栏的左上角，而是处于放置控件区域（客户区）的左上角，但是窗口锚点在标题栏的左上角。如果我们在程序中加上 setWindowFlag(Qt.FramelessWindowHint)这行代码去掉窗口的标题栏和边框，那窗口锚点的位置就跟窗口坐标原点的位置一样了，如图 4-9 所示。

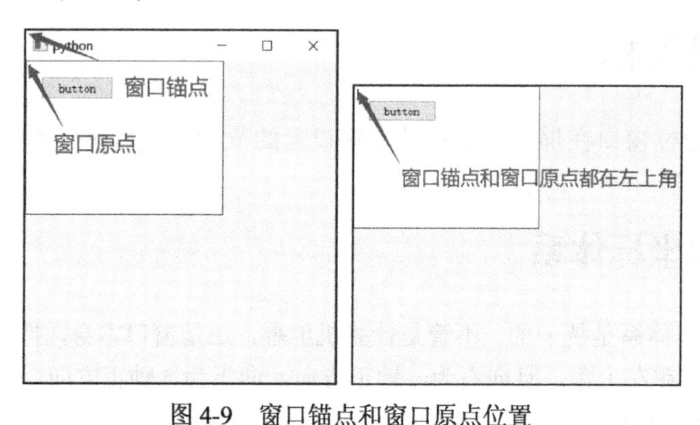

图 4-9　窗口锚点和窗口原点位置

4.2.2　窗口的组成部分

窗口由以下部分组成：客户区、标题栏和边框。客户区就是用来放置各个控件的地方，标题栏在客户区上方，边框则包围着客户区和标题栏，如图 4-10 所示。

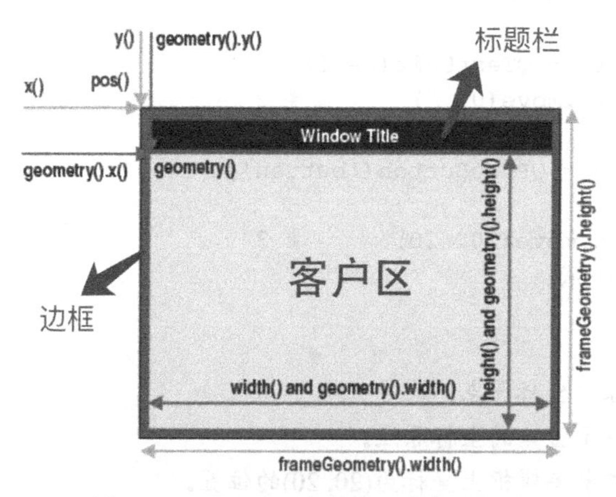

图 4-10　Windows 上的窗口的组成部分

PyQt 提供了许多不同的方法用于获取窗口的坐标和大小，部分方法在表 4-1 中有罗列过，我们在这里将进行更详细的介绍。请看表 4-3。

表 4-3 获取坐标和大小的方法

方　法	描　述
pos()	获取窗口左上角在屏幕上的坐标
x()	获取窗口左上角在屏幕上的 *x* 坐标
y()	获取窗口左上角在屏幕上的 *y* 坐标
geometry()	获取客户区左上角在屏幕上的坐标
geometry().x()	获取客户区左上角在屏幕上的 *x* 坐标
geometry().y()	获取客户区左上角在屏幕上的 *y* 坐标
width()	获取客户区宽度
height()	获取客户区高度
geometry().width()	跟 width()一样，获取客户区宽度
geometry().height()	跟 height()一样，获取客户区高度
frameGeometry().width()	获取窗口宽度
frameGeometry().height()	获取窗口高度

如果要获取边框的宽度，那么只需要用窗口宽度减去客户区宽度后，再除以 2 就可以了，即(frameGeometry().width() - width())/2。

4.3 窗口事件

事件由窗口或控件自身产生，用来响应用户的各种动作，比方说用户关闭了窗口，那这个动作就会触发一个“窗口关闭事件”。我们可以在对应的事件函数中编写代码，改变响应逻辑。用好事件函数，我们就能开发出功能更加丰富的窗口和控件。

4.3.1 窗口关闭事件

当我们关闭记事本应用时，如果里面一些内容有更新，它就会弹出一个消息框询问我们要不要进行保存。在本小节我们重写窗口关闭事件来实现这个功能，详见示例代码 4-8。

示例代码 4-8

```
class Window(QWidget):
    def __init__(self):
        super(Window, self).__init__()
        self.is_saved = True                      # 1

        self.edit = QTextEdit()
        self.edit.textChanged.connect(self.update_save_status)
        self.save_btn = QPushButton('保存')
        self.save_btn.clicked.connect(self.save)

        v_layout = QVBoxLayout()
        v_layout.addWidget(self.edit)
        v_layout.addWidget(self.save_btn)
```

```
        self.setLayout(v_layout)

    def update_save_status(self):
        if self.edit.toPlainText():
            self.is_saved = False
        else:
            self.is_saved = True

    def save(self):
        self.is_saved = True
        with open('saved.txt', 'w') as f:
            f.write(self.edit.toPlainText())

    def closeEvent(self, event):              # 2
        if not self.is_saved:
            choice = QMessageBox.question(self, '', '是否保存文本内容?',
                         QMessageBox.Yes | QMessageBox.No | QMessageBox.Cancel)

        if choice == QMessageBox.Yes:
            self.save()
            event.accept()
        elif choice == QMessageBox.No:
            event.accept()
        else:
            event.ignore()
```

运行结果如图 4-11 所示。

图 4-11 窗口关闭事件

代码解释：

#1 is_saved 变量用来存储当前的保存状态，如果 edit 文本编辑框内容有更新且文本存在，那么 is_saved 为 False。当我们单击“保存”按钮后，is_saved 变量被设置为 True，且项目路径下会出现一个 saved.txt 文件。

#2 重点是 closeEvent()，注意因为是重写，所以函数名称必须一样。在该事件函数中，我们首先判断当前内容是否被保存，如果没有的话，则弹出一个消息框进行询问。如果单击“Yes”按钮，则进行保存操作，并调用 event.accept()接受这次关闭操作；如果单击“No”按钮，则直接关闭窗口，无须保存；如果单击“Cancel”按钮，则调用 event.ignore()忽略关闭操作。

4.3.2 窗口大小调整事件

当窗口大小被调整时，会触发窗口大小调整事件，下面我们来简单了解一下这个事件，详见示例代码 4-9。

示例代码 4-9

```
class Window(QWidget):
    def __init__(self):
        super(Window, self).__init__()

    def resizeEvent(self, event):          # 1
        print('调整前大小:', event.oldSize())
        print('调整后大小:', event.size())
```

运行结果如图 4-12 所示。

```
E:\python\python.exe C:/Users/user/Desktop/
调整前大小: PyQt5.QtCore.QSize(-1, -1)
调整后大小: PyQt5.QtCore.QSize(640, 480)
```

图 4-12　窗口大小调整事件

代码解释：

#1 代码很简单，该事件主要有两个方法：oldSize()和 size()。前者用来获取窗口调整前的大小，后者用来获取窗口调整后的大小，两个方法返回的都是 QSize 对象。

窗口只要开始显示，就会触发窗口大小调整事件。

4.3.3 键盘事件

键盘事件分为两种：键盘按下事件和键盘释放事件，各个事件函数的名称和解释罗列如下。

- keyPressEvent：键盘上的任意键被按下时触发。
- keyReleaseEvent：键盘上的任意键被释放时触发。

示例代码 4-10 演示了这两个事件函数的用法。

示例代码 4-10

```
class Window(QWidget):
    def __init__(self):
        super(Window, self).__init__()

    def keyPressEvent(self, event):       # 1
        if event.key() == Qt.Key_A:
            print('a')
        if event.text().lower() == 'b':
            print('b')
        if event.modifiers()==Qt.ShiftModifier and event.key()==Qt.Key_Q:
```

```
                print('shift+q')

    def keyReleaseEvent(self, event):
        print(event.key())
        print(event.text())
```

运行结果如图 4-13 所示。

```
E:\python\python.exe C:/
a
65
a
```

图 4-13 键盘事件

代码解释：

#1 在 keyPressEvent()事件函数中，我们通过 event.key()获取用户按下的键的值。如果要获取按键名称，则需要调用 text()方法。注意，如果开启了大写字母锁定功能，text()方法会返回大写键名。Qt.Key_Q 表示按键“Q”。modifiers()方法用来获取辅助按键，Qt.ShiftModifier 表示“Shift”键。PyQt 中常用的辅助按键详见表 4-4。

表 4-4 辅助键

方法	描述
Qt.NoModifier	没有按下辅助按键
Qt.ShiftModifier	“Shift”键
Qt.ControlModifier	“Ctrl”键（macOS 系统上是“Command”键）
Qt.AltModifier	“Alt”键（macOS 系统上是“option”键）

4.3.4 鼠标事件

鼠标事件分为鼠标按下事件、鼠标移动事件、鼠标释放事件和鼠标双击事件。在每个鼠标事件中我们都可以获取到鼠标指针在窗口或屏幕上的坐标。各个事件函数的名称和解释罗列如下。

- mousePressEvent：鼠标按键被按下时触发。
- mouseMoveEvent：鼠标指针在窗口上移动时触发（鼠标需要被追踪到）。
- mouseReleaseEvent：鼠标按键被释放时触发。
- mouseDoubleClickEvent：在窗口上双击时触发。

示例代码 4-11 演示了这 4 个事件函数的用法。

示例代码 4-11

```
class Window(QWidget):
    def __init__(self):
        super(Window, self).__init__()
        self.setMouseTracking(True)          # 1

    def mousePressEvent(self, event):        # 2
        if event.button() == Qt.LeftButton:
            print('鼠标左键')
        elif event.button() == Qt.MiddleButton:
```

```
            print('鼠标中键')
        elif event.button() == Qt.RightButton:
            print('鼠标右键')

    def mouseMoveEvent(self, event):    # 3
        print(event.pos())
        print(event.globalPos())

    def mouseReleaseEvent(self, event):# 注释 4 开始
        print('释放')

    def mouseDoubleClickEvent(self, event):# 注释 4 结束
        print('双击')
```

运行结果如图 4-14 所示。

```
E:\python\python.exe C:/Users/user/
PyQt5.QtCore.QPoint(203, 17)
PyQt5.QtCore.QPoint(843, 298)
PyQt5.QtCore.QPoint(203, 33)
PyQt5.QtCore.QPoint(843, 314)
```

图 4-14 鼠标事件

代码解释：

#1 初始化函数中的 setMouseTracking(True)方法可以让窗口始终追踪鼠标。如果不调用该方法，那么只有在鼠标按键被按下后，窗口才会开始记录鼠标的移动操作，而按键被释放后，窗口就不会进行记录了。因为在该示例程序中我们要时刻用 mouseMoveEvent()事件函数获取鼠标指针的位置，所以调用了 setMouseTracking(True)方法。运行程序后，如果鼠标指针在窗口内，控制台就会连续输出鼠标指针的坐标。

#2 在 mousePressEvent()事件函数中，我们通过 button()方法获取到当前被按下的鼠标按键。如果用户同时按下多个鼠标按键，可以用 buttons()方法获取。

#3 在 mouseMoveEvent()事件函数中，通过 pos()和 globalPos()方法分别获取到鼠标指针在窗口和屏幕上的坐标位置。

#4 mouseReleaseEvent()事件函数和 mouseDoubleClickEvent()事件函数很简单，只是在触发时输出相应的文本。

当窗口标题栏和边框被去掉时，我们是无法移动窗口的。现在通过鼠标事件来实现无边框窗口的移动，详见示例代码 4-12。

示例代码 4-12

```
class Window(QWidget):
    def __init__(self):
        super(Window, self).__init__()
        self.setWindowFlag(Qt.FramelessWindowHint)
        self.start_x = None
        self.start_y = None

    def mousePressEvent(self, event):       # 1
        if event.button() == Qt.LeftButton:
            self.start_x = event.x()
            self.start_y = event.y()

    def mouseMoveEvent(self, event):        # 2
        dis_x = event.x() - self.start_x
```

```
        dis_y = event.y() - self.start_y
        self.move(self.x()+dis_x, self.y()+dis_y)
```

代码解释：

#1 在去掉窗口的标题栏和边框后，我们设置了两个变量分别用来保存鼠标按键被按下时鼠标指针对应的 *x* 和 *y* 坐标。当不释放鼠标左键，并且鼠标指针开始移动时，mouseMoveEvent()事件函数就会不断执行，而鼠标指针离窗口左上角的位置也会不断更新并保存在 event.x()和 event.y()中。

#2 我们将更新后的 *x* 和 *y* 坐标值不断减去鼠标按键被按下时鼠标指针的坐标，就可以知道鼠标指针移动的距离。最后调用 move()方法将窗口当前坐标加上移动距离即可。

4.3.5 拖放事件

拖放事件分为拖动进入事件、拖动移动事件、拖动离开事件和放下事件。各个事件函数的名称和解释罗列如下。

- DragEnterEvent：拖动目标进入窗口时触发。
- DragMoveEvent：在窗口上继续拖动目标时触发。
- DragLeaveEvent：拖动目标离开窗口时触发。
- DropEvent：放下目标时触发。

在演示拖放事件的用法前，我们需要先了解一下 QMimeData 类。它与 MIME（Multipurpose Internet Mail Extension，多用途互联网邮件扩展）相关，MIME 是描述消息内容类型的互联网标准，可以简单理解为对文件扩展名的详细解释。通过该解释，程序就可以知道以何种方式来处理数据。

每个 MIME 类型由两部分组成，前面是数据的大类，后面定义具体的类，例如扩展名为.png的 MIME 类型为 image/png。QMimeData 类给记录自身 MIME 类型的数据提供了一个容器，用于专门处理 MIME 类型的数据。针对常见的 MIME 类型，QMimeData 类提供了很多方法，详见表 4-5。

表 4-5 QMimeData 类中处理 MIME 类型的数据的方法

判断方法	获取方法	设置方法	MIME 类型
hasText()	text()	setText()	text/plain
hasHtml()	html()	setHtml()	text/html
hasUrls()	urls()	setUrls()	text/uri-list
hasImage()	imageData()	setImageData()	image/ *
hasColor()	colorData()	setColorData()	application/x-color

总之，在拖放事件中，我们需要通过 event.mimeData()来获取拖放目标的数据信息。

有关 MIME 的更多介绍，读者可以在 MDN 官网上了解，笔者不在此赘述。

在示例代码 4-13 中，我们会实现一个拖放显示图片的功能。

示例代码 4-13

```
class Window(QLabel):                          # 1
    def __init__(self):
        super(Window, self).__init__()
        self.resize(300, 300)
        self.setAcceptDrops(True)              # 2

    def dragEnterEvent(self, event):           # 3
        print('进入')
        if event.mimeData().hasUrls():
            event.accept()

    def dragMoveEvent(self, event):            # 4
        print('移动')

    def dragLeaveEvent(self, event):
        print('离开')

    def dropEvent(self, event):                # 5
        print('放下')
        url = event.mimeData().urls()[0]
        file_path = url.toLocalFile()
        if file_path.endswith('.png'):
            self.setPixmap(QPixmap(file_path))
            self.setAlignment(Qt.AlignCenter)
            self.setScaledContents(True)
```

运行结果如图 4-15 所示。

图 4-15　拖放事件

代码解释：

#1 在该程序中，我们继承了 QLabel，并重写了它的拖放事件。

#2 需要调用 setAcceptDrops(True)方法让窗口或控件接受拖放操作。

#3 通过 event.mimeData()方法获取到当前拖动目标的数据信息，hasUrls()用来判断数据是否符合 text/uri-list 类型（即是否为文件）。如果符合的话，那就调用 accept()方法接受这次拖放操作。

#4 如果拖动目标继续在窗口中移动的话，控制台就会不断输出“移动”文本。

#5 在 dropEvent()中，我们先调用 urls()方法获取文件的路径信息，返回的是一个列表，列表元素都是 QUrl 类型的对象。因为我们只设置一张图片，所以取第一个元素就可以了。通过 QUrl 对象的 toLocalFile()方法可以获取该文件在当前系统上的路径字符串。如果该文件是.png 格式的图片，就将它设置在 QLabel 上。

4.3.6 绘制事件

当窗口或窗口上的控件发生变化需要被重新绘制时，paintEvent()事件函数就会被触发。这里所说的变化包括很多种，比如窗口大小改变、控件移动、颜色改变等。绘制事件非常重要，我们在很多时候都会重写 paintEvent()事件函数来实现一些高级功能。示例代码 4-14 演示了 paintEvent()事件函数的简单用法。

示例代码 4-14

```
class Window(QWidget):
    def __init__(self):
        super(Window, self).__init__()
        self.resize(300, 300)

        self.btn1 = QPushButton('移动', self)
        self.btn2 = QPushButton('更新', self)
        self.btn1.move(0, 0)
        self.btn2.move(50, 50)
        self.btn1.clicked.connect(lambda: self.
btn1.move(100, 100)) # 1
        self.btn2.clicked.connect(self.update) # 2

    def paintEvent(self, event):            # 3
        print('paint')
        print(event.rect())
```

运行结果如图 4-16 所示。

图 4-16 绘制事件

代码解释：

#1 窗口上有两个按钮，当我们单击“移动”按钮后，该按钮会移动到(100, 100)的坐标位置。

#2 单击“更新”按钮后，窗口会调用 update()方法重绘整个窗口。绘制事件通过 rect()方法获取窗口上重绘的矩形区域，返回值是 QRect 类型的。

#3 重点看一下 paintEvent()事件函数的绘制逻辑。运行程序后，事件函数输出的区域为(0, 0, 300, 300)，这很好理解，因为刚开始就是要绘制整个窗口的。接着，单击“移动”按钮，控制台输出了 3 个区域，罗列如下：

- (0, 0, 75, 32);
- (0, 0, 75, 32);
- (0, 0, 175, 132)。

第一个和第二个区域就是“移动”按钮所在的位置，当我们单击按钮时，按钮的颜色会发生变化，释放按钮后，颜色恢复原样，所以一次单击会触发两次绘制事件。接着按钮移到了(100, 100, 175, 132)区域，原来的(0, 0, 75, 32)空了，这两个区域都包含在(0, 0, 175, 132)区域中。

“更新”按钮被单击后，update()随之被调用，控制台输出了以下几个区域：

- (50, 50, 85, 32);
- (50, 50, 85, 32);
- (0, 0, 300, 300)。

前两个区域就是“移动”按钮被按下和释放时绘制的。update()方法用来重绘整个窗口，所以控制台输出了(0, 0, 300, 300)。

paintEvent()事件函数通常会和 QPainter 类搭配使用，笔者会在 6.3 节中讲解 QPainter 类的用法，并搭配事件函数实现在窗口上绘制矩形的功能。

4.4 主窗口类 QMainWindow

QMainWindow 继承于 QWidget。如果说把 QWidget 比作一间毛坯房，那 QMainWindow 就在这间毛坯房的基础上划出了几个房间，各个房间里都有一些装修工具，让我们这些装修工人能够更快、更好地布置房间。在较为复杂和功能较多的应用程序中，我们通常继承 QMainWindow 类来开发窗口。

4.4.1 主窗口的组成部分

主窗口也是由标题栏、客户区和边框组成的，不过它的客户区还可以被进一步细分，请看图 4-17。

可以在主窗口上添加菜单栏、工具栏、状态栏。除此之外，它还提供了一块停靠区域，在这块区域，控件的自由度非常高，用户能够随意变换控件的位置。中央控件（Central Widget）用来显示窗口的主要内容。在本小节我们先来看一下中央控件的用法，详见示例代码4-15。

示例代码4-15

```
class Window(QMainWindow):
    def __init__(self):
        super(Window, self).__init__()

        self.widget = QWidget()                 #注释1开始
        self.edit = QTextEdit()
        self.btn = QPushButton('Button')

        v_layout = QVBoxLayout()
        v_layout.addWidget(self.edit)
        v_layout.addWidget(self.btn)
        self.widget.setLayout(v_layout)         #注释1结束

        self.setCentralWidget(self.widget) # 2
```

运行结果如图4-18所示。

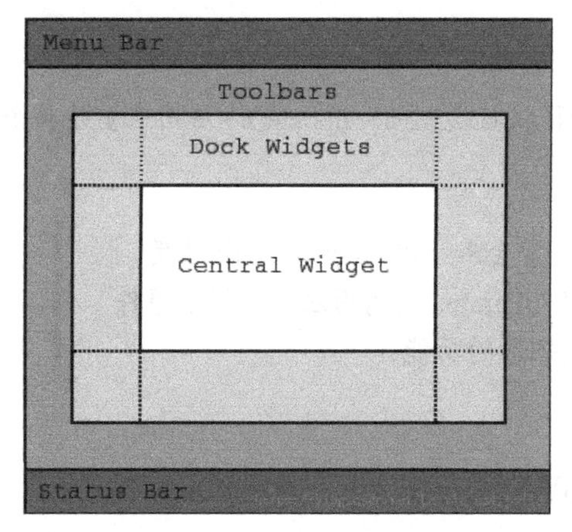

图4-17 主窗口的客户区

图4-18 主窗口中央控件

代码解释：

#1 程序实例化了一个QWidget对象，然后在布局管理器中添加了文本编辑框和按钮。布局设置在了QWidget对象上。

#2 主窗口类QMainWindow则通过setCentralWidget()方法将该QWidget对象设置在了主窗口的中央区域。当然，如果我们只想显示一个文本编辑框，直接调用setCentralWidget(self.edit)就可以了。

4.4.2 停靠窗口类 QDockWidget

从图 4-17 可以看出停靠窗口一共有 4 块，即顶部、底部、左侧、右侧。每块区域上都可以放置一个 QDockWidget 类型的停靠窗口，我们可以在这些停靠窗口上添加任意控件，详见示例代码 4-16。

示例代码 4-16

```
class Window(QMainWindow):
    def __init__(self):
        super(Window, self).__init__()
        self.edit1 = QTextEdit()              #注释 1 开始
        self.edit2 = QTextEdit()
        self.center_edit = QTextEdit()        #注释 1 结束

        self.dock1 = QDockWidget('停靠区域 1')
        self.dock2 = QDockWidget('停靠区域 2')
        self.dock1.setWidget(self.edit1)
        self.dock2.setWidget(self.edit2)
        self.dock1.setAllowedAreas(Qt.RightDockWidgetArea) #注释 2 开始
        self.dock2.setAllowedAreas(Qt.AllDockWidgetAreas)
        self.dock1.setFeatures(QDockWidget.DockWidgetFloatable)
        self.dock2.setFeatures(QDockWidget.DockWidgetMovable)#注释 2 结束

        self.addDockWidget(Qt.RightDockWidgetArea, self.dock1)#注释 3 开始
        self.addDockWidget(Qt.TopDockWidgetArea, self.dock2)#注释 3 结束
        self.setCentralWidget(self.center_edit)
```

运行结果如图 4-19 所示。

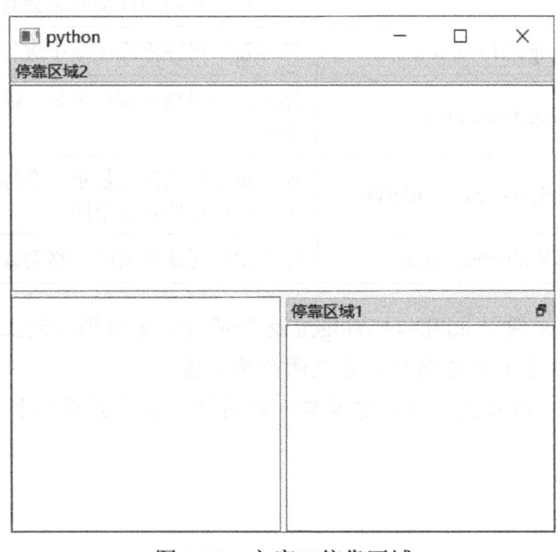

图 4-19 主窗口停靠区域

代码解释：

#1 程序实例化了3个文本编辑框对象，edit1和edit2会被添加到QDockWidget停靠窗口上，显示在停靠区域，而center_edit则显示在中央区域。

#2 我们来重点看一下setAllowedAreas()和setFeatures()方法。前者用来设置停靠窗口在停靠区域上允许停靠的位置，后者用来设置停靠窗口的属性特征。可以传入两者的参数已分别罗列在表4-6和表4-7中。

表4-6 可以传入setAllowedAreas()中的参数

常 量	描 述
Qt.LeftDockWidgetArea	左侧停靠区域
Qt.RightDockWidgetArea	右侧停靠区域
Qt.TopDockWidgetArea	顶部停靠区域
Qt.BottomDockWidgetArea	底部停靠区域
Qt.AllDockWidgetAreas	全部停靠区域
Qt.NoDockWidgetArea	不可停靠区域（不显示）

表4-7 可以传入setFeatures()中的参数

常 量	描 述
QDockWidget.DockWidgetClosable	停靠窗口可被关闭。在一些系统（比如macOS 10.5）上，当停靠窗口浮动时总会有一个关闭按钮
QDockWidget.DockWidgetMovable	停靠窗口可在停靠区域中进行移动
QDockWidget.DockWidgetFloatable	停靠窗口可与主窗口分离，以一种浮动的独立窗口显示
QDockWidget.DockWidgetVerticalTitleBar	停靠窗口中的左侧显示一个标签栏。这样做可以增加主窗口左侧垂直空间
QDockWidget.NoDockWidgetFeatures	停靠窗口无法被关闭、移动或以浮动状态显示

#3 QMainWindow调用addDockWidget()方法将停靠窗口添加到主窗口的停靠区域上，该方法需要传入停靠位置和停靠窗口对象这两个参数值。

同一块停靠区域可以放置多块停靠窗口，此时该区域会显示标签用来切换窗口，如图4-20所示。

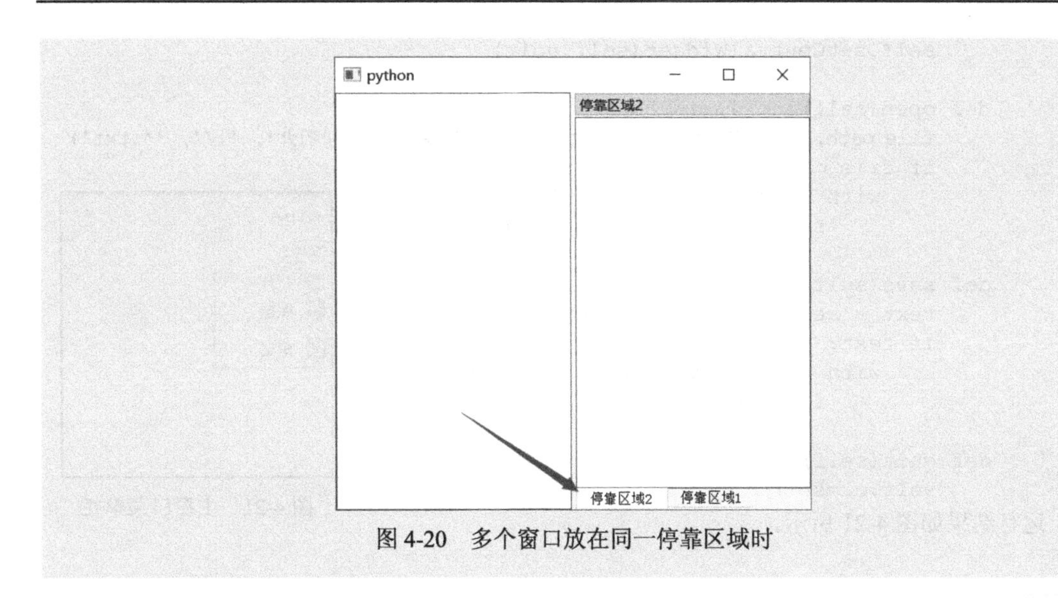

图 4-20 多个窗口放在同一停靠区域时

4.4.3 菜单栏类 QMenuBar

应用中的所有功能不可能全部显示在窗口上，不然会显得非常拥挤，我们应该把部分功能存放在菜单中。主窗口的菜单栏区域就是用来放置各个菜单的，我们可以通过 menuBar()方法获取到菜单栏实例，并调用该实例的 addMenu()方法添加菜单。菜单上的每个命令则通过 QAction 来添加，详见示例代码 4-17。

示例代码 4-17

```
class Window(QMainWindow):
    def __init__(self):
        super(Window, self).__init__()
        menu_bar = self.menuBar()
        file_menu = menu_bar.addMenu('文件')

        open_action = QAction(QIcon('open.ico'), '打开', self)#注释 1 开始
        save_action = QAction(QIcon('save.ico'), '保存', self)
        quit_action = QAction(QIcon('quit.ico'), '退出', self)#注释 1 结束
        open_action.triggered.connect(self.open)    #注释 2 开始
        save_action.triggered.connect(self.save)
        quit_action.triggered.connect(self.quit)    #注释 2 结束

        file_menu.addAction(open_action)            #注释 3 开始
        file_menu.addAction(save_action)
        file_menu.addSeparator()
        file_menu.addAction(quit_action)            #注释 3 结束

        self.edit = QTextEdit()
```

```
        self.setCentralWidget(self.edit)

    def open(self):
        file_path, _ = QFileDialog.getOpenFileName(self, '打开', './', '*.txt')
        if file_path:
            with open(file_path, 'r') as f:
                self.edit.setText(f.read())

    def save(self):
        text = self.edit.toPlainText()
        if text:
            with open('saved.txt', 'w') as f:
                f.write(text)

    def quit(self):
        self.close()
```

运行结果如图 4-21 所示。

图 4-21 主窗口菜单栏

代码解释：

#1 程序实例化了 3 个 QAction 对象作为文件菜单下的命令，它们的功能分别是打开文件、保存文件和退出程序。

#2 当用户单击一个 QAction 对象时，triggered 信号会被发射出来。

#3 file_menu 的 addAction()方法用来添加一个 QAction 对象，addSeparator()方法用来在菜单中上添加一条分隔线，将部分命令分隔开来，这样在视觉上显得更有条理。如果想要添加子菜单，可以对 file_menu 菜单对象调用 addMenu()方法，我们只需要在返回的子菜单对象上添加 QAction 对象即可，代码如下所示。

```
sub_menu = file_menu.addMenu('子菜单')
sub_menu.addAction(QAction(QIcon('xxx.ico'), 'xxx', self))
```

在 macOS 系统上，菜单栏不在窗口中，而在屏幕左上方。可以调用 menu_bar.setNativeMenuBar(False)禁用原生功能，将菜单栏全部显示在标题栏下方。

4.4.4 工具栏类 QToolBar

我们可以把菜单中的一些常用命令选出来，用图标的方式将其显示在工具栏上，方便用户快速使用。从图 4-17 中我们也可以发现工具栏跟停靠区域一样有多个位置可以使用，详见示例代码 4-18。

示例代码 4-18

```
class Window(QMainWindow):
    def __init__(self):
        super(Window, self).__init__()
```

```
        self.resize(300, 300)
        toolbar1 = QToolBar('工具栏 1')                    #注释 1 开始
        toolbar2 = QToolBar('工具栏 2')

        open_action = QAction(QIcon('open.ico'), '打开', self)
        save_action = QAction(QIcon('save.ico'), '保存', self)
        quit_action = QAction(QIcon('quit.ico'), '退出', self)

        toolbar1.addAction(open_action)
        toolbar1.addAction(save_action)
        toolbar1.addSeparator()
        toolbar1.addAction(quit_action)
        toolbar2.addAction(open_action)
        toolbar2.addAction(save_action)
        toolbar2.addSeparator()
        toolbar2.addAction(quit_action)                #注释 1 结束

        toolbar1.setAllowedAreas(Qt.TopToolBarArea|Qt.BottomToolBarArea)
                                                       #注释 2 开始
        toolbar2.setMovable(False)                     #注释 2 结束

        self.addToolBar(Qt.TopToolBarArea, toolbar1) #注释 3 开始
        self.addToolBar(Qt.BottomToolBarArea, toolbar2) #注释 3 结束
```

运行结果如图 4-22 所示。

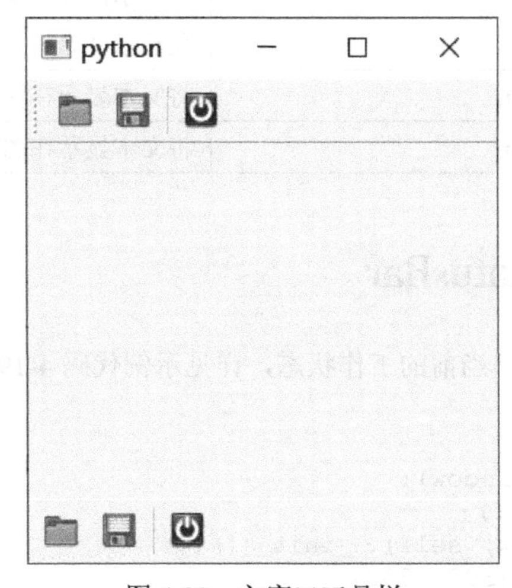

图 4-22 主窗口工具栏

代码解释：

#1 首先实例化两个 QToolBar 对象，然后将 QAction 对象添加到 QToolBar 对象上。

#2 setAllowedAreas()方法用来设置工具栏可以摆放的区域，可以传入的参数值如表 4-8 所示。

表 4-8 可以传入 setAllowedAreas()的参数

常　量	描　述
Qt.LeftToolBarArea	左侧工具栏
Qt.RightToolBarArea	右侧工具栏
Qt.TopToolBarArea	顶部工具栏
Qt.BottomToolBarArea	底部工具栏
Qt.AllToolBarAreas	全部区域
Qt.NoToolBarArea	不显示工具栏

setMovable()方法用来设置工具栏是否可以移动（默认是可以移动的）。因此，工具栏 1 只能放置在顶部和底部区域，工具栏 2 无法变换位置。

 # 3 调用 QMainWindow 的 addToolBar()方法将工具栏添加到指定区域上。

从运行结果来看，工具栏上只显示 QAction 的图标，不显示文本。我们可以通过 setToolButtonStyle()方法更改显示样式，可以传入以下参数值，请看表 4-9。

表 4-9 可以传入 set ToolButtonStyle()的参数

常　量	描　述
Qt.ToolButtonIconOnly	只显示图标（默认）
Qt. ToolButtonTextOnly	只显示文本
Qt. ToolButtonTextBesideIcon	将文本显示在图标一侧
Qt. ToolButtonTextUnderIcon	将文本显示在图标底部

4.4.5 状态栏类 QStatusBar

状态栏用来提示用户窗口当前的工作状态，详见示例代码 4-19。

示例代码 4-19

```
class Window(QMainWindow):
    def __init__(self):
        super(Window, self).__init__()
        self.resize(300, 300)
        self.status_bar = QStatusBar()          #注释 1 开始
        self.setStatusBar(self.status_bar)      #注释 1 结束

        self.btn = QPushButton('保存', self)
        self.btn.clicked.connect(self.save)

    def save(self):
        self.status_bar.showMessage('已保存')    # 2
```

运行结果如图 4-23 所示。

图 4-23 主窗口状态栏

代码解释：

#1 实例化一个 QStatusBar 对象，然后通过 QMainWindow 的 setStatusBar()方法将其设置到窗口上。

#2 当用户单击“保存”按钮后，状态栏通过 showMessage()方法显示“已保存”文本提示用户。

有些软件还会在状态栏加上一个进度条来显示当前的工作进度，详见示例代码 4-20。

示例代码 4-20

```
class Window(QMainWindow):
    def __init__(self):
        super(Window, self).__init__()
        self.resize(300, 300)
        self.status_bar = QStatusBar()
        self.progress_bar = QProgressBar()
        self.status_bar.addWidget(self.progress_bar)      # 1
        self.setStatusBar(self.status_bar)

        self.btn = QPushButton('计数', self)
        self.btn.clicked.connect(self.count)

        self.value = 0
        self.timer = QTimer()
        self.timer.timeout.connect(self.update_progress_bar)
```

```
    def count(self):
        self.value = 0
        self.timer.start(50)
        self.progress_bar.setValue(0)
        self.status_bar.clearMessage()

    def update_progress_bar(self): # 2
        self.value += 1
        self.progress_bar.setValue(self.value)

        if self.value == 100:
            self.timer.stop()
            self.status_bar.showMessage('结束')
```

运行结果如图 4-24 所示。

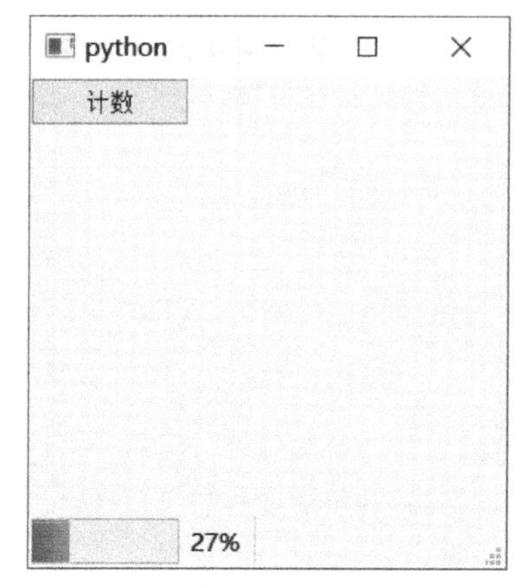

图 4-24　在状态栏加上进度条

代码解释：

#1 在实例化了一个 QStatusBar 对象后，调用 addWidget()方法将进度条控件添加到状态栏上。

#2 单击“计数”按钮后，计时器会每隔 50ms 更新一次进度条，当 value 的值为 100 时，停止计时器，并在状态栏上显示“结束”文本。

4.4.6　程序启动画面类 QSplashScreen

许多大型程序（例如 Photoshop）在打开前都会先展示一个启动画面，这是因为程序运行需要一定时间来准备。用启动画面来显示模块加载进度，这种方式可以提升用户体验。如果没有启动画面，且双击程序之后很长一段时间窗口都没有出现，用户可能会觉得哪里有问题。

通常我们会将程序启动画面的代码放在程序入口处，位于 sys.exit(app.exec())之前，详见示例代码 4-21。

示例代码 4-21

```
import sys
import time
from PyQt5.QtGui import *
from PyQt5.QtCore import *
from PyQt5.QtWidgets import *

class Window(QMainWindow):
    def __init__(self):
        super(Window, self).__init__()

    def load(self, splash):
        for i in range(101):
            time.sleep(0.05)
            splash.showMessage(f'加载 {i}%', Qt.AlignBottom|Qt.AlignCenter)
```

```
if __name__ == '__main__':
    app = QApplication([])

    splash = QSplashScreen()        #注释 1 开始
    splash.setPixmap(QPixmap('qt.png'))
    splash.show()
    splash.showMessage('加载 0%', Qt.AlignBottom|Qt.AlignCenter)#注释 1 结束

    window = Window()
    window.load(splash)    #注释 2 开始
    window.show()
    splash.finish(window)  #注释 2 结束
    sys.exit(app.exec())
```

运行结果如图 4-25 所示。

图 4-25　启动画面

代码解释：

#1 setPixmap()方法用来设置启动画面上的图片，showMessage()方法用来在启动画面上显示文本。

#2 window 窗口对象有一个自定义的 load()方法，我们在其中调用 time.sleep()模拟窗口加载数据和配置的耗时过程。当窗口对象调用 show()显示后，splash 对象调用 finish(window)关闭启动画面。

不过这个程序有个小 bug：当启动画面还存在时，如果直接单击的话会将它隐藏起来。我们应该自定义一个 MySplashScreen 类并重写鼠标事件。

```
class MySplashScreen(QSplashScreen):
    def mousePressEvent(self,event):
        pass
```

最后将 splash = QSplashScreen()替换成 splash = MySplashScreen()就可以了。

4.5　本章小结

在本章中，笔者讲解了窗口的一些属性以及事件函数。在各个事件函数中，paintEvent()绘制事件函数是比较重要的，它会在窗口内容发生改变时触发，不过我们也可以调用 update()方法主动触发绘制事件。

我们可以把窗口看成控件，也可以把控件看作窗口，两者是类似的，拥有许多相同的属性和方法。

另外，深入讲解了 QMainWindow 主窗口类，包括与它经常搭配的停靠窗口、菜单栏、工具栏和状态栏。通常我们继承 QWidget 来编写窗口，但如果需要功能更复杂一些的窗口，建议在 QMainWindow 的基础上进行编写。最后讲解了如何用 QSplashScreen 给程序添加启动画面，它一般用于一些启动速度较慢的大型程序中，能够提升用户体验。

相信读完本章后，读者会对 PyQt 的窗口有进一步的认识。

第 5 章 Qt Designer

在 PyQt 中，我们既可以使用代码来设计界面，也可以用 Qt Designer 来快速完成设计。Qt Designer 能够让我们以可视化拖曳的方式来摆放控件，而且可以立即看到设计效果，没有编程经验的人也可以快速上手。界面设计完毕后，我们可以将它保存到格式为.ui 的文件中，并利用 pyuic5 工具将其转换成.py 文件，这样就能够在代码中继续给界面添加其他功能了。

Qt Designer 让界面代码和功能逻辑代码实现了分离，在本章我们来详细了解一下这个可以提高开发效率的软件，下文将统一用“设计师”这个称呼来指代 Qt Designer。当然，如果读者更喜欢使用纯代码的方式来设计界面，可以直接跳过本章。

5.1 安装与配置

设计师并不是随 PyQt 一起安装的，需要我们另行安装，它在不同系统上的安装方法也不一样，我们一起来看一下。

5.1.1 在 Windows 系统上安装

在 Windows 系统上，我们只需要使用“pip install pyqt5-tools”命令安装即可。

安装完毕后，我们在 Python 安装目录的 site-packages 文件夹中找到 qt5_applications 文件夹。designer.exe 就在 qt5_applications\Qt\bin 路径下，如图 5-1 所示。

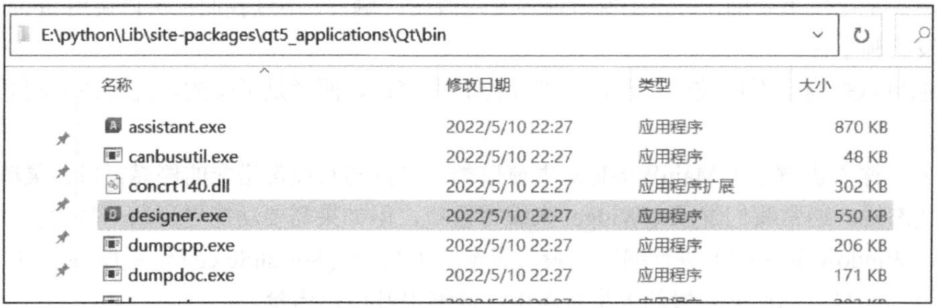

图 5-1　Windows 系统上设计师的安装位置

笔者这里下载的 pyqt5-tools 的版本为 5.15.4.3.2。不同版本的 pyqt5-tools，designer.exe 的安装位置可能不一样，所以如果读者在上述路径下无法找到 designer.exe 的话，可以使用计算机上的搜索工具查找一下。

本书在编写时，pyqt5-tools 的最新版本为 5.15.4.3.2，适配的 PyQt5 版本为 5.15.4。如果在安装 pyqt5- tools 时出现错误，可以检查一下 PyQt5 的版本是否适配。

5.1.2 在 macOS 系统上安装

官方没有提供 macOS 版本的 pyqt5-tools 库，但我们可以搜索“Qt Designer Download for Windows and Mac”找到相关网站并下载设计师安装包，读者也可以在第 5 章的资源包中找到这个安装包。

单击右边的“Mac”按钮就能下载 macOS 版本的设计师了，如图 5-2 所示。可以看到，该网站还提供了 Windows 版本的安装包，所以在 Windows 系统上，我们也可以用这种方式安装设计师。通过网站下载完成后，用户就可以直接使用 Qt Designer 了。

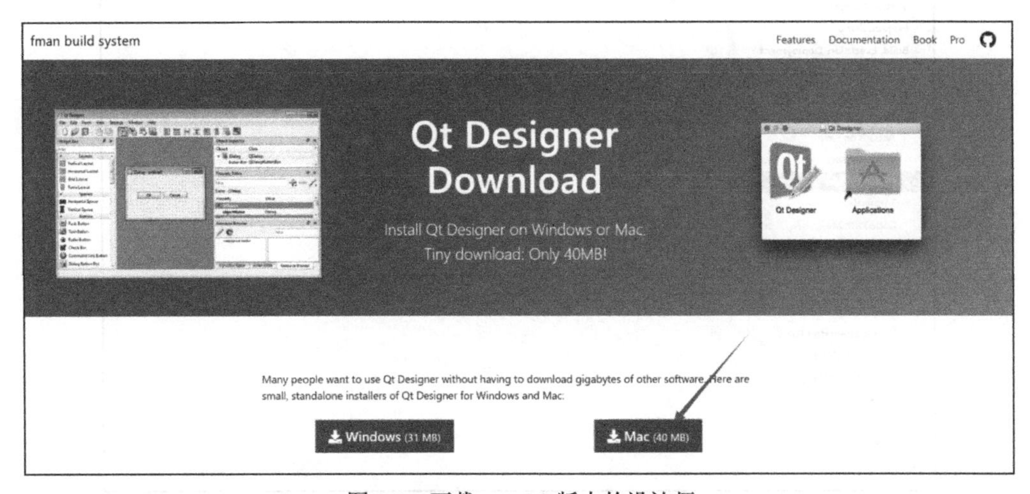

图 5-2 下载 macOS 版本的设计师

5.1.3 在 Ubuntu 系统上安装

在 Ubuntu 系统上，我们也可以用“pip install pyqt5-tools”命令安装设计师。

安装完毕后，我们在 Python 安装目录的 site-packages 文件夹中找到 qt5_applications 文件夹。

designer 可执行文件就在 qt5_applications/Qt/bin 路径下，如图 5-3 所示。

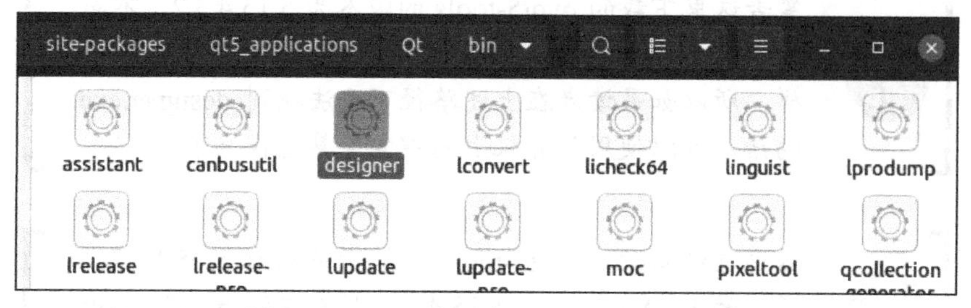

图 5-3 Ubuntu 系统上设计师的安装位置

5.1.4 在 PyCharm 中配置设计师

1. 第一步

打开 PyCharm 中的“Settings”对话框（macOS 上为“Preferences”），单击“Tools”→“External Tools”，如图 5-4 所示。

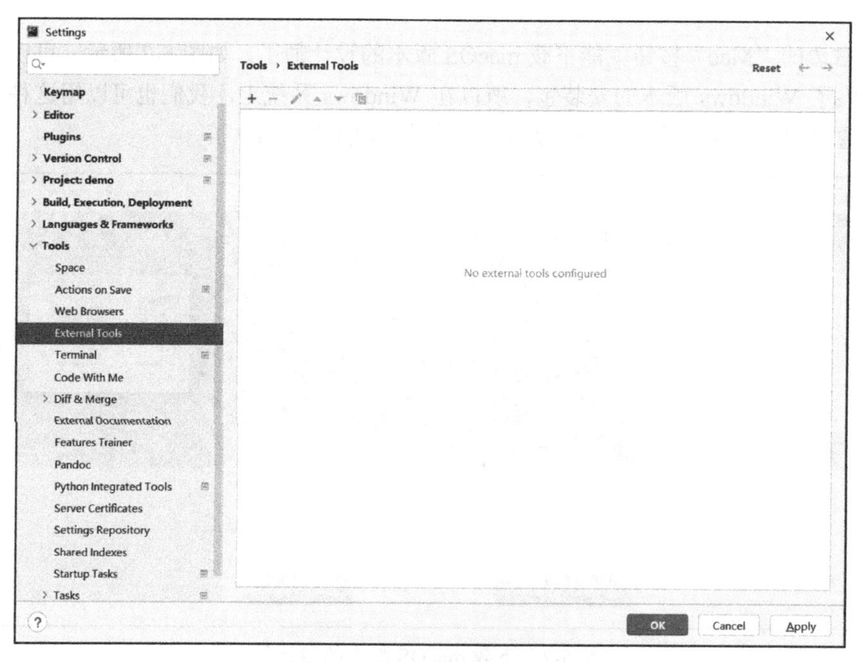

图 5-4 打开 External Tools

2. 第二步

单击上方“+”号后就会出现“Edit Tool”对话框，在对应输入框中输入相应内容，如图 5-5 所示。

在“Name”输入框中可以填写任意名称，在“Program”输入框中要填写设计师可执行文件的路径。在“Arguments”和“Working directory”两个输入框中则分别填写“$FileName$”和“$FileDir$”。填写完毕后单击“OK”按钮保存。

3. 第三步

再次单击“+”号，在“Edit Tool”对话框中配置 pyuic5 转换工具。在对应输入框中输入相应内容，如图 5-6 所示。

在“Name”输入框中可以填写任意名称，在“Program”输入框中要填写 pyuic5 可执行文件的路径。在“Arguments”处填写“$FileName$ -o $FileNameWithoutExtension$_ui.py”，表示将×××.ui 文件转换成×××_ui.py 文件。在“Working directory”输入框中填写“$FileDir$”。填写完毕后单击“OK”按钮保存。

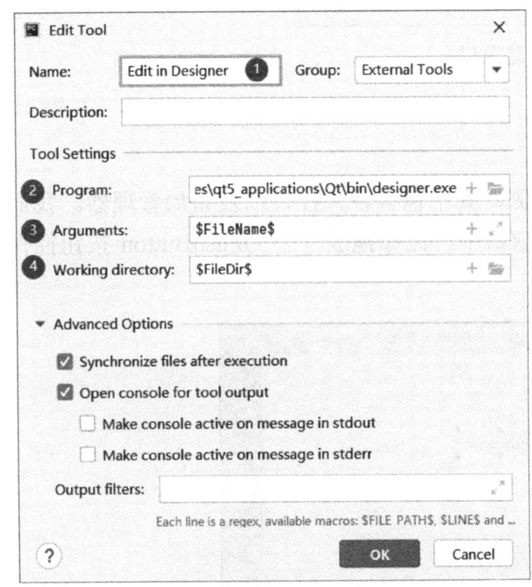

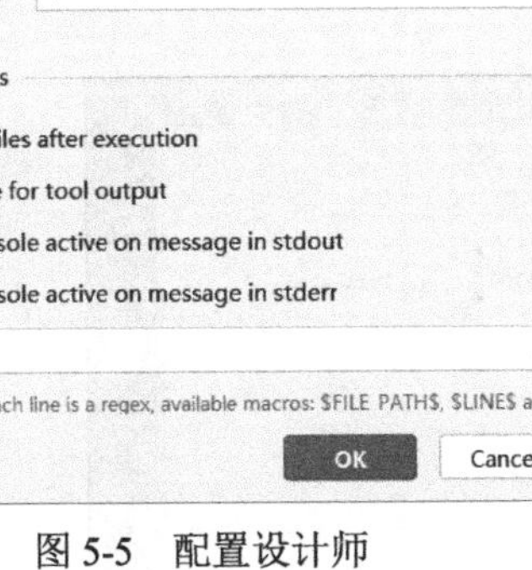

图 5-5 配置设计师

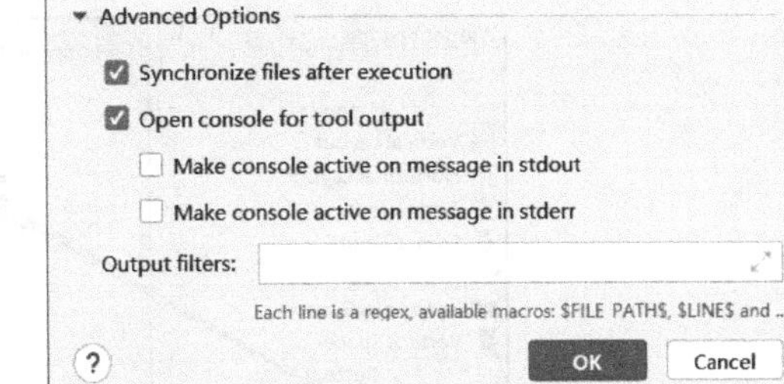

图 5-6 配置 pyuic5

pyuic5 可执行文件在 Python 安装目录下的 Scripts 文件夹中，它是随 PyQt 一同安装的。

5.2 了解设计师窗口中的各个部分

打开设计师后，界面上会弹出一个“新建窗体”对话框，如图 5-7 所示。我们选择“Widget”并单击“创建”，接着在设计师界面上就会显示一个空白窗口。

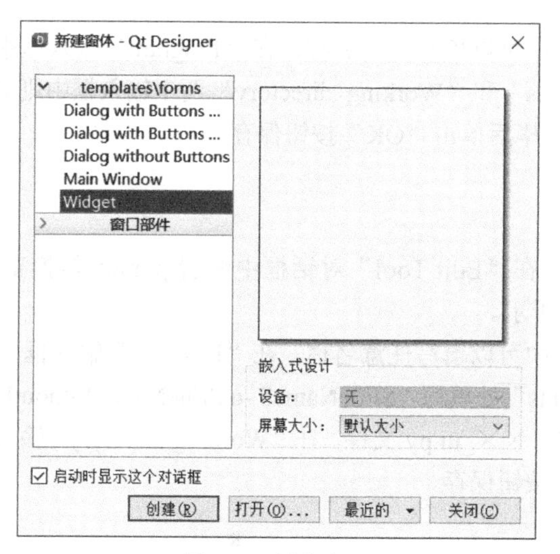

图 5-7 创建窗口

5.2.1 控件箱

控件箱（Widget Box）位于设计师界面的左侧，其中包含各种控件以及布局管理器。我们可以从控件箱中直接选择一个控件并将其拖放到窗口中，比如拖放一个 QPushButton 按钮控件和一个 QLabel 标签控件，如图 5-8 所示。

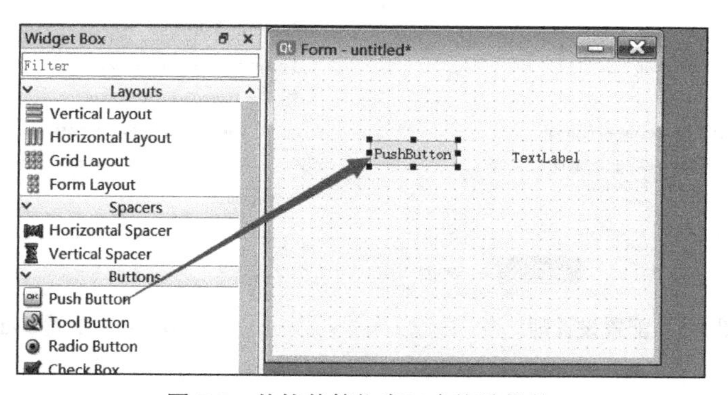

图 5-8 从控件箱往窗口中拖放控件

我们也可以使用控件箱上方的搜索框快速搜索到某个控件。

5.2.2 对象查看器

对象查看器会显示窗口上的所有对象内容。它一共有两列，第一列显示的是对象名称（可以通过双击进行编辑），第二列显示的是对象所属类的名称。各个对象是根据对象名称从上到下进行排序的，如图 5-9 所示。

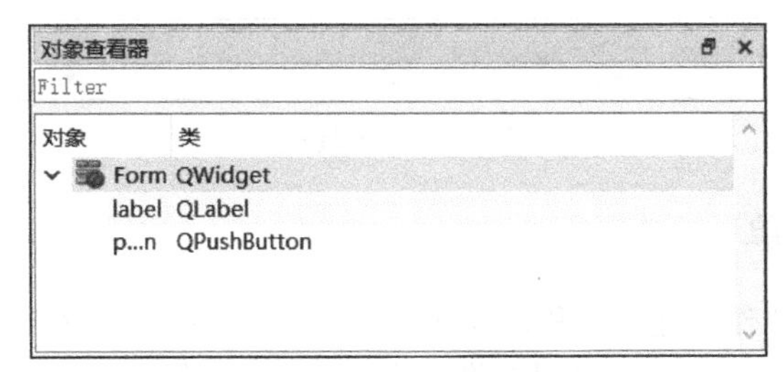

图 5-9　对象查看器

5.2.3　属性编辑器

在属性编辑器中我们可以设置对象的各个属性，比如对象名称、位置、大小、文本内容、图标等，其实就等同于调用 PyQt 中相应的属性设置方法。比如我们单击窗口上的 QPushButton 控件（或者在对象查看器中单击），然后修改它的 text 属性的值为“开始”，可以看到按钮上的文本也马上变成了“开始”，如图 5-10 所示。

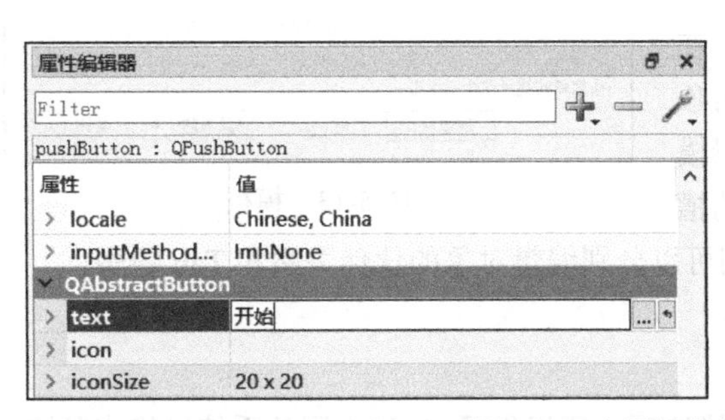

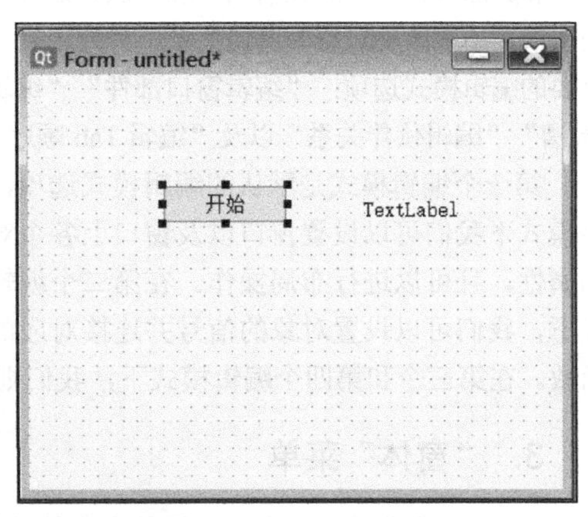

图 5-10　在属性编辑器中修改属性

5.2.4　菜单栏和工具栏

菜单栏一共包含 7 个下拉菜单，分别是“文件”“编辑”（Edit）“窗体”“视图”“设置”“窗口”和“帮助”，如图 5-11 所示。

图 5-11　菜单栏

工具栏中的各个图标其实代表菜单栏中一些常用的功能选项，方便我们快速使用，如图 5-12 所示。

图 5-12 工具栏

1. “文件”菜单

“文件”菜单的主要作用是打开和保存文件，不过其中有两个选项可以了解一下：“保存图像”和“另存为模板”。前者可以用来将当前的窗口设计保存为.png 格式的图像。后者可以用来将当前设计的窗口样式保存为模板，用作以后窗口设计的“底子”。打开设计师时，会发现新保存的模板出现在“新建窗体”对话框中，如图 5-13 所示。

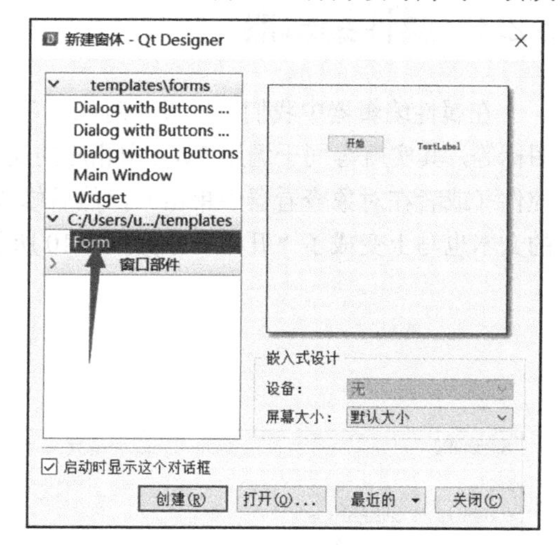

图 5-13 模板

2. “编辑”菜单

“编辑”菜单用来撤销和恢复编辑，也可用来选择和删除控件。“放在前面”和“放在后面”这两个选项用来改变对象的遮挡关系。另外还有 4 个重要的编辑模式选项：“编辑窗口部件”“编辑信号/槽”“编辑伙伴关系”以及“编辑 Tab 顺序”。

第一个编辑模式是默认的编辑模式选项，在该模式下我们可以设置窗口以及窗口上各个对象的属性，且可以进行布局操作。在第二个编辑模式下，我们可以设置对象的信号并连接对应的槽函数。在第三个和第四个编辑模式下，我们则可以分别编辑对象的伙伴关系和 Tab 顺序。

3. “窗体”菜单

“窗体”菜单提供了布局和调整大小的功能选项，还提供了 3 种不同的系统风格来预览当前设计的窗口。

4. “视图”菜单

“视图”菜单用来显示和隐藏设计师界面上的一些窗体或工具，也可以配置工具栏，往其中加入或删除一些常用工具。

5. “设置”菜单

“设置”菜单下有一个“属性”选项，选择后会弹出一个属性对话框。通过它我们可以改变设计师的界面字体和外观模式。将锚接的窗口模式修改成多个顶级窗口模式并单击“OK”按钮后，设计师的整个界面被分成了几个部分，如图 5-14 所示。

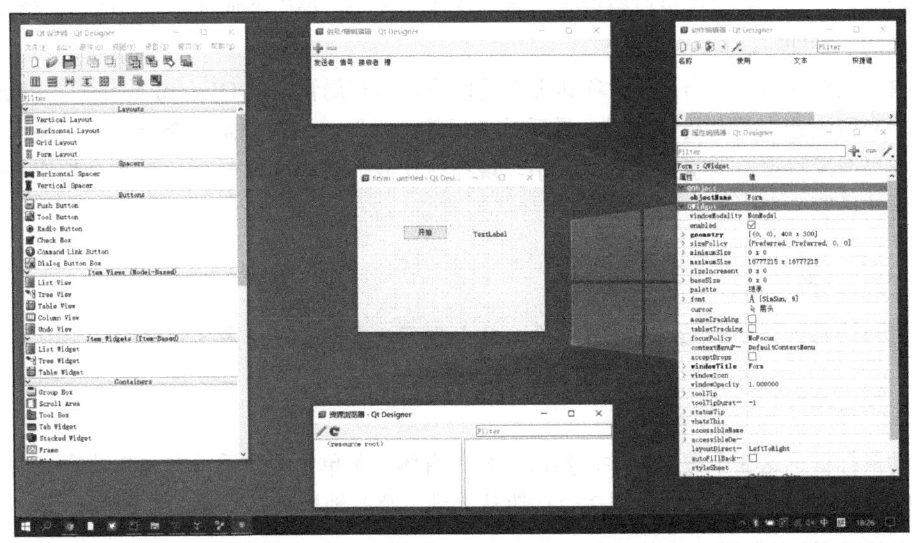

图 5-14　多个顶级窗口模式

在 macOS 系统上，多个顶级窗口是默认模式。

6. “窗口”菜单和“帮助”菜单

“窗口”菜单用来最小化和选择设计窗口。“帮助”菜单主要用来介绍设计师，其中的“Qt 设计师帮助”选项用来打开 Qt Assistant 文档助手，不过因为没有配置 Qt Assistant，所以打开后是空的。读者可以在网上搜索关键词“Qt Designer Documentation”找到官方文档并查阅设计师的相关用法。

5.3 4 种编辑模式

“编辑”菜单中有 4 种编辑模式选项，在这 4 种模式下我们分别可以对控件进行布局、编辑信号和槽、编辑伙伴关系以及编辑 Tab 顺序。现在让我们看一下如何操作。

5.3.1 布局模式

在“窗体”菜单中可以看到多种布局模式。对于“水平布局”“垂直布局”和“栅格（网格）布局”，想必大家在看过第 1 章后已经理解了。选择“使用分裂器水平布局”和“使用分裂器垂直布局”这两个选项其实就是使用 QSplitter。添加到 QSplitter 中的各个控件之间会有一个分隔条，它用来改变控件自身所占区域的大小。控件布局结束之后，我们应该将布局管理器设置到窗口上：只需要单击窗口空白处，然后选择“水平布局”“垂直布局”或“栅格（网格）布局”中的一种即可。

选择“在窗体布局中布局”选项其实就是使用表单布局管理器 QFormLayout。“打破布局”选项则用来删除选中的布局管理器。最后是“调整大小”，该选项是在布局结束后使用的，它会根据布局情况将窗口调整到合适的大小。现在就让我们实际操作一下：对 3 个按钮进行垂直布局并将其设置到窗口上。

1. 第一步

往窗口中拖入 3 个 QPushButton 控件，从上到下依次摆放，如图 5-15 所示。

2. 第二步

拖动鼠标框选这 3 个按钮控件，然后选择“窗体”菜单中的“垂直布局”选项（也可以在工具栏中找到它），现在可以看到 3 个按钮从上到下整齐地排列在一起，如图 5-16 所示。

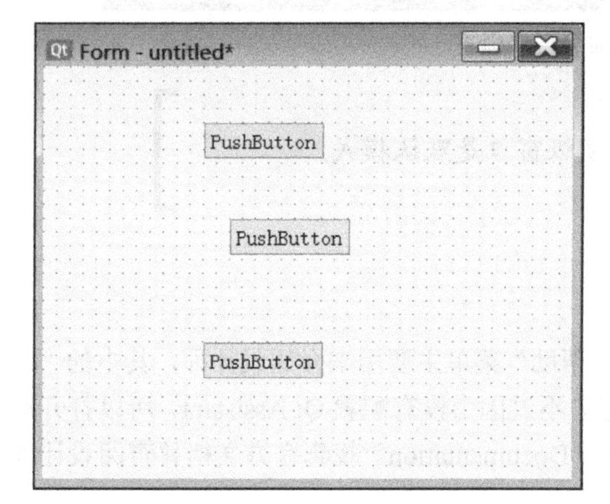

图 5-15 拖入 3 个按钮控件

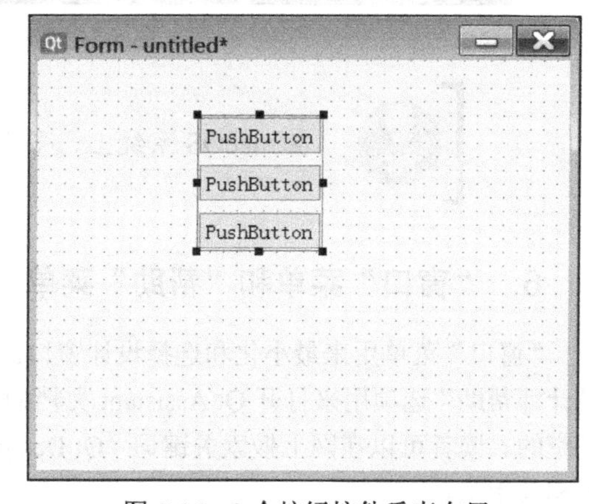

图 5-16 3 个按钮控件垂直布局

可以按住“Ctrl”键进行多选操作，在 macOS 系统上则使用“Command”键。

3. 第三步

单击窗口空白处，然后选择“水平布局”这一选项。此时这 3 个按钮所在的垂直布局管理器就被设置到了窗口上，如图 5-17 所示。

4．第四步

选择“调整大小”选项，窗口则会根据按钮所占面积的大小进行调整，如图 5-18 所示。

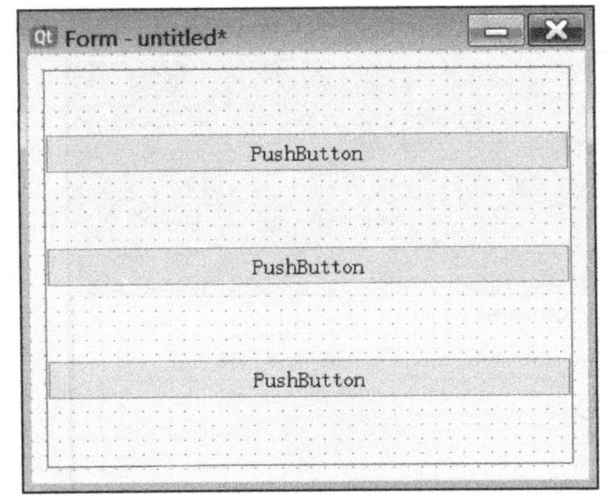

图 5-17 把布局管理器设置到窗口中

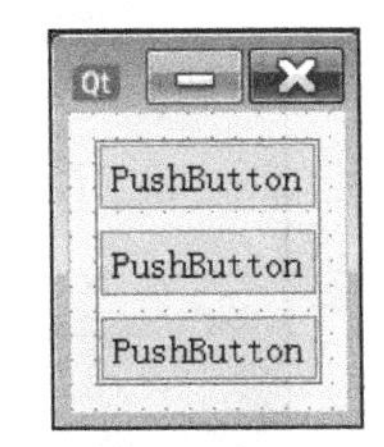

图 5-18 调整大小

5.3.2 编辑信号和槽模式

我们往界面上拖入一个 QPushButton 控件和一个 QLineEdit 控件，然后选择“编辑信号和槽”选项进入相应的编辑模式，如图 5-19 所示。

1．第一步

将鼠标指针移动到按钮上，此时按钮的颜色会变成红色。按下鼠标左键不要松开，然后移动鼠标指针就会出现一个信号标志（▽），设计师用这种方式来表示信号发射，如图 5-20 所示。

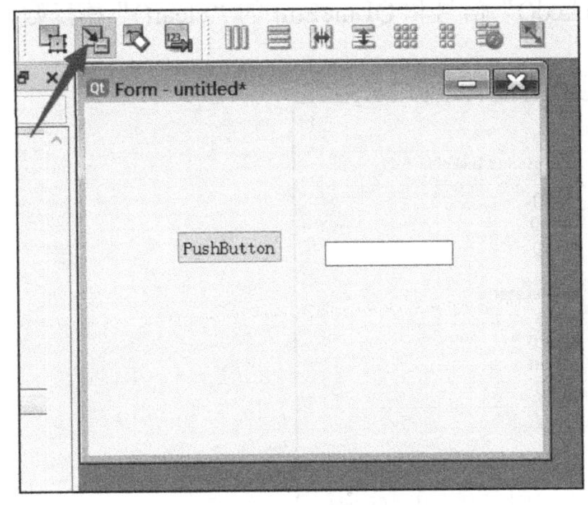

图 5-19 编辑信号和槽模式

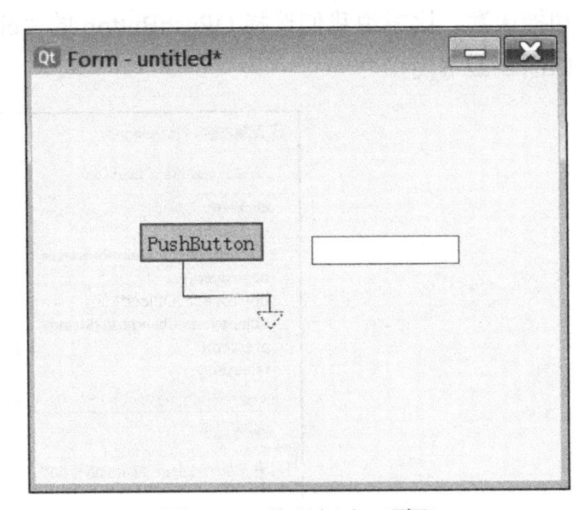

图 5-20 信号标志（▽）

2. 第二步

继续移动鼠标指针到 QLineEdit 控件上，QLineEdit 也会变成红色。现在松开鼠标，会出现一个“配置连接”对话框，如图 5-21 所示。

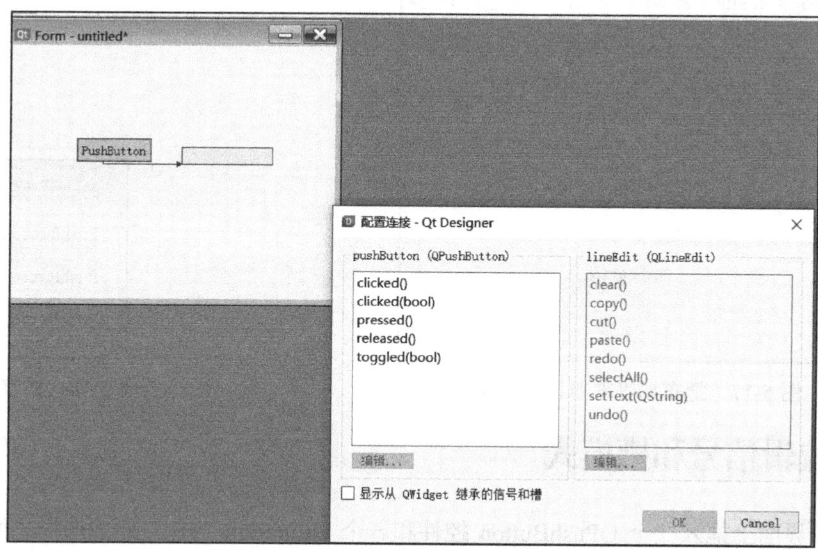

图 5-21 “配置连接”对话框

3. 第三步

在对话框的左侧，我们可以选择 QPushButton 要发射的信号，在对话框的右侧可以选择 QLineEdit 的一个槽函数。勾选“显示从 QWidget 继承的信号和槽”复选框会出现更多的信号和槽函数。比方说我们选择 QPushButton 的“clicked()”信号和 QLineEdit 的“clear()”槽函数，如图 5-22 所示。

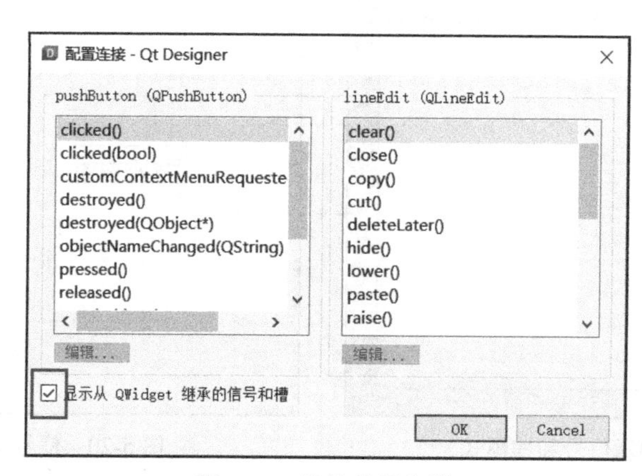

图 5-22 连接信号和槽

4. 第四步

单击“OK”按钮后，信号和槽就连接成功了。选择窗体菜单下的“预览”选项，在 QLineEdit 中输入任意文本，接着单击“OK”按钮后就会发现文本被清空了。

5.3.3 编辑伙伴关系模式

编辑伙伴关系就是指让一个 QLabel 控件和另一个控件相关联。当用户按某个快捷键后，伙伴关系可以让焦点迅速转移到与 QLabel 所关联的控件上。

1. 第一步

往窗口中拖入一个 QLabel 控件和两个 QLineEdit 控件，先拖入的 QLineEdit 控件位于上方，如图 5-23 所示。

2. 第二步

进入伙伴关系编辑模式，将鼠标指针移动到 QLabel 控件上，按住鼠标左键不松开，接着鼠标指针移动到下面的 QLineEdit 控件上，如图 5-24 所示。

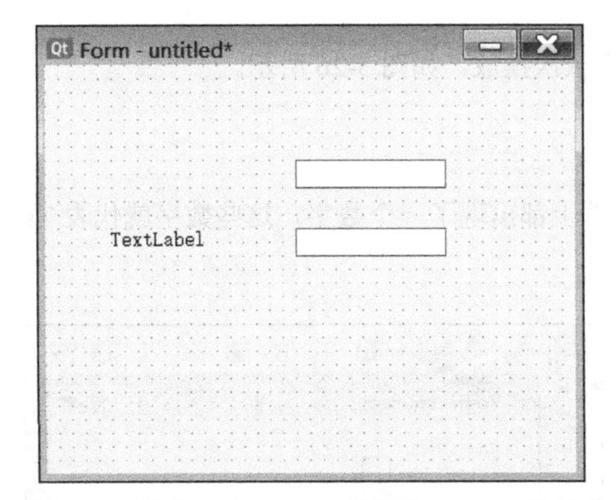

图 5-23 拖入一个 QLabel 和两个 QLineEdit 控件

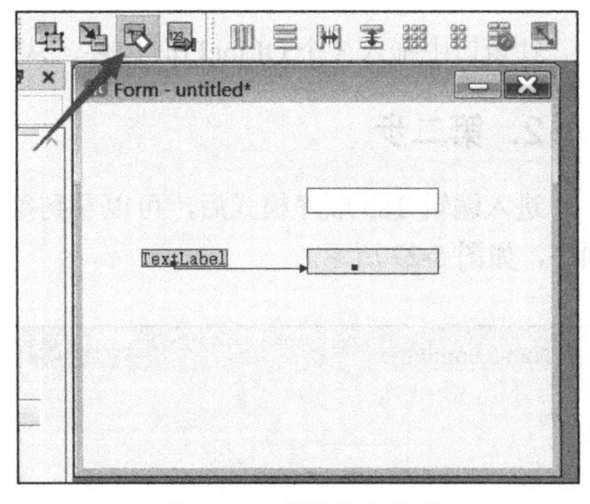

图 5-24 编辑伙伴关系

3. 第三步

切换回布局模式，双击 QLabel 控件，将它的文本修改为“&Find”，这表示我们可以通过“Alt+F”快捷键定位到这个 QLabel 控件。“&”字符是不会显示在界面上的。

macOS 系统上使用“option+F”快捷键。

4. 第四步

预览一下窗口，我们发现焦点刚开始在上方的QLineEdit控件中，在按快捷键“Alt+F”后，焦点就会迅速转移到QLabel的小伙伴上，也就是下方的QLineEdit控件上，如图5-25所示。

上面的几个步骤可以用下方这几行代码来表示。

```
label = QLabel('&Find')
line_edit1 = QLineEdit()
line_edit2 = QLineEdit()
label.setBuddy(line_edit2)
```

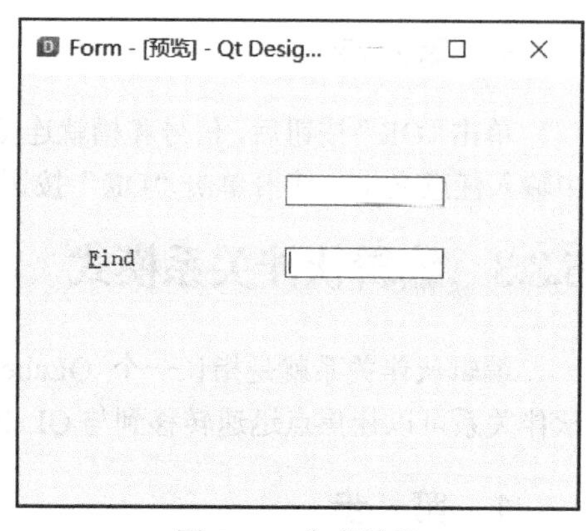

图 5-25 焦点转移

5.3.4 编辑 Tab 顺序模式

在软件或浏览器上按“Tab”键时，焦点会按顺序转移到不同的控件上。使用设计师时，我们可以很直观地编辑焦点转移的顺序。

1. 第一步

往窗口中拖入3个QLineEdit控件，从上到下依次摆放，如图5-26所示。

2. 第二步

进入编辑Tab顺序模式后，可以看到每个控件上都出现了一个数字，这些数字就代表Tab顺序，如图5-27所示。

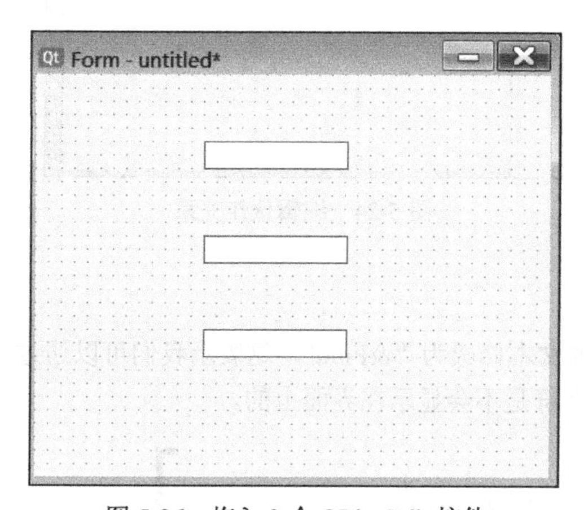

图 5-26 拖入 3 个 QLineEdit 控件

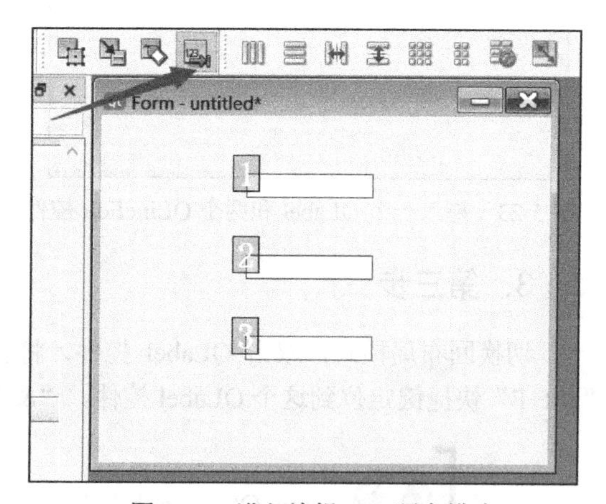

图 5-27 进入编辑 Tab 顺序模式

3. 第三步

现在我们可以单击这些数字来改变 Tab 顺序，比如单击中间的数字 2，会看到它变成了数字 1，那么中间的 QLineEdit 的 Tab 顺序就是最靠前的了。此时最上方的 QLineEdit 的 Tab 顺序变为了 2，最下方的 QLineEdit 的 Tab 顺序保持不变，如图 5-28 所示。

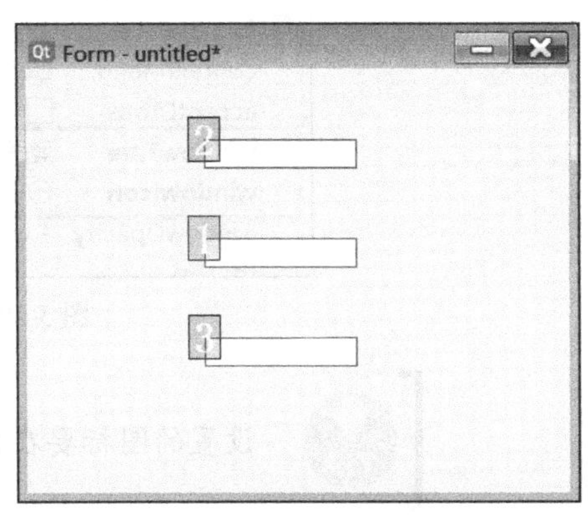

图 5-28 编辑 Tab 顺序

4. 第四步

预览一下这个窗口，可以看到中间的 QLineEdit 最先获得焦点。按“Tab”键后，焦点则转移到了最上面的 QLineEdit。再次按“Tab”键，最下面的 QLineEdit 就会获得焦点。

上面的几个步骤可以用下方这几行代码来表示。

```
line_edit1 = QLineEdit()
line_edit2 = QLineEdit()
line_edit3 = QLineEdit()
QWidget.setTabOrder(line_edit2, line_edit1)
QWidget.setTabOrder(line_edit1, line_edit3)
```

5.4 登录框开发实战

在本节，我们会先用设计师设计好界面，接着将.ui 文件转换成.py 文件，最后编写好登录框的功能逻辑代码。请读者新建一个名为“Login”的项目文件夹，放入一个图标文件并新建两个.py 文件，最初的项目结构如下所示。

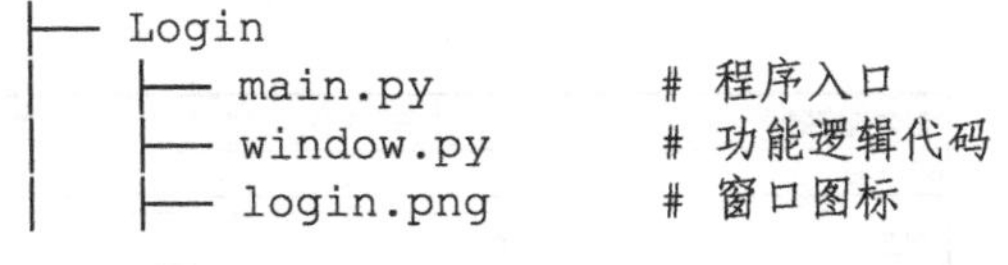

```
├── Login
│   ├── main.py          # 程序入口
│   ├── window.py        # 功能逻辑代码
│   ├── login.png        # 窗口图标
```

本节的源码已放在示例代码 5-1 文件夹中。

5.4.1 编辑属性

1. 第一步

在设计师中创建一个窗口，并在属性编辑框中将它的 windowTitle 属性修改为“登录框”，然后设置 windowIcon 属性，给窗口选择项目文件夹中的图标，如图 5-29 所示。

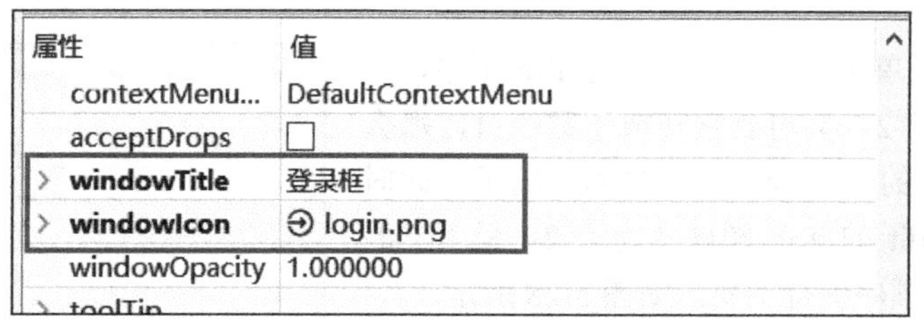

图 5-29 设置窗口标题和图标

设置的图标要在预览时才能看见。

2. 第二步

往窗口中拖入两个 QLabel 控件、两个 QLineEdit 控件以及一个 QPushButton 控件，摆放方式如图 5-30 所示。

3. 第三步

修改各个控件对象的名称，分别为“username_label”“password_label”“username_line”“password_line”以及“login_btn”，如图 5-31 所示。

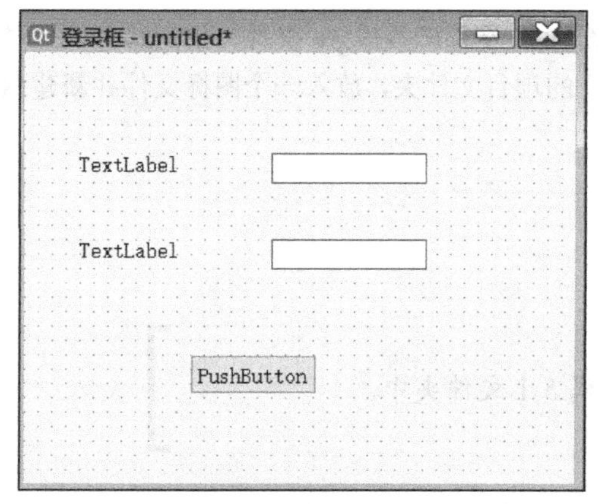

图 5-30 拖入控件

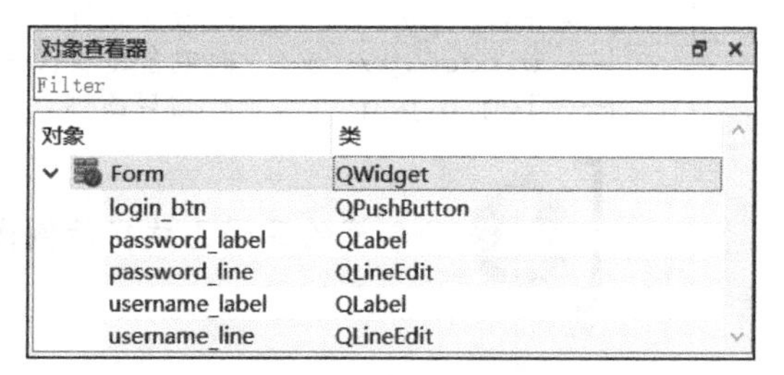

图 5-31 修改控件对象的名称

4. 第四步

双击两个 QLabel 控件，将它们的文本分别修改为“账号”和“密码”。在属性编辑框中，将两个 QLineEdit 控件的 placeholderText 属性分别修改为“请输入账号”和“请输入密码”。

因为下方的 QLineEdit 控件是密码输入框，字符要以密文显示，所以需要将它的 echoMode 属性修改为“Password”。最后将 QPushButton 控件的文本修改为“登录”，如图 5-32 所示。

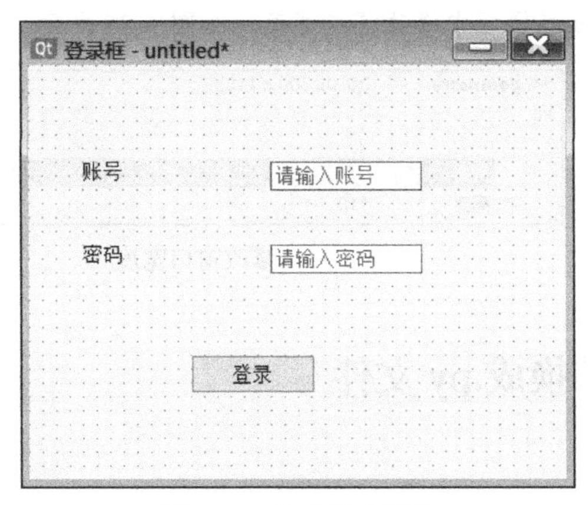

图 5-32 修改控件属性

5.4.2 布局控件

1. 第一步

对上方的 QLabel 和 QLineEdit 控件进行水平布局，对下方的 QLabel 和 QLineEdit 也进行水平布局。然后对这两个水平布局同 QPushButton 控件一起进行垂直布局，如图 5-33 所示。

2. 第二步

单击窗口空白处，再选择“水平布局”选项，这样控件就在窗口上布局完成了。最后选择“调整大小”就可以了，如图 5-34 所示。

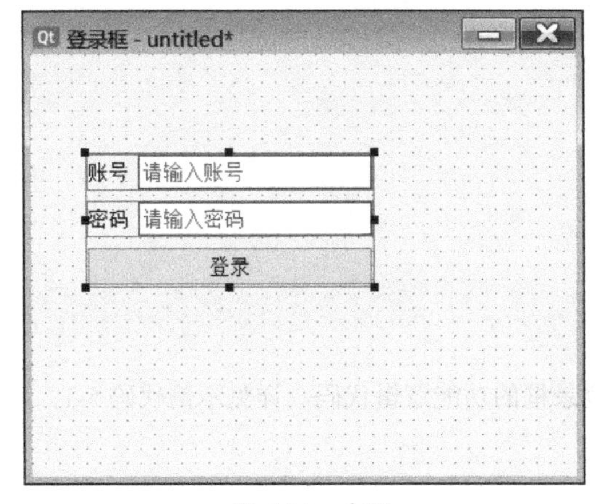

图 5-33 布局

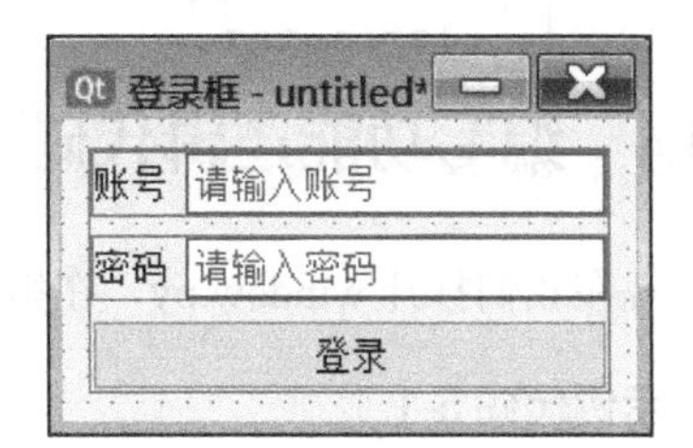

图 5-34 登录框设计窗口

选择“调整大小”选项后，可以再预览一下，如果发现窗口太小，导致标题文本没有显示完全的话，可以在属性编辑框中修改窗口宽度，如图 5-35 所示。

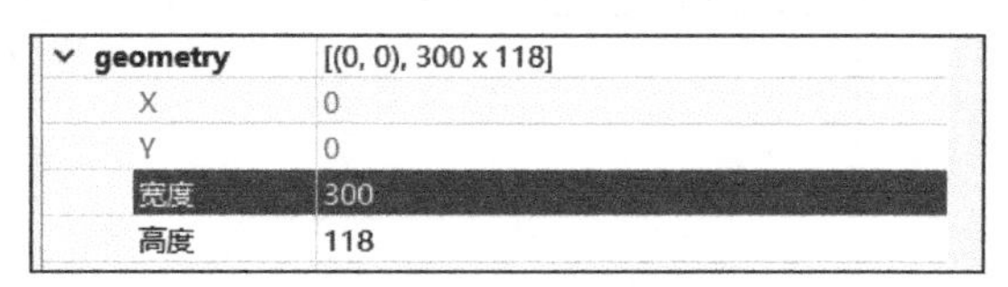

图 5-35　修改窗口宽度

5.4.3　将.ui 文件转换成.py 文件

1．第一步

将设计好的界面保存到 Login 项目文件夹中，并命名为 login.ui。

2．第二步

在 PyCharm 中通过之前设置好的 pyuic5 工具将.ui 文件转换成.py 文件。在 login.ui 文件上单击鼠标右键，然后在 External Tools 菜单中单击配置好的“ui to py”选项。此时在项目文件夹中就会出现一个 login_ui.py 文件，如图 5-36 所示。

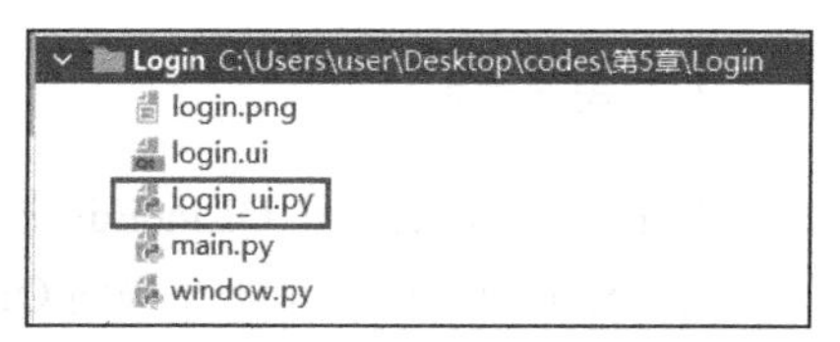

图 5-36　将.ui 文件转成.py 文件

我们也可以选择在命令提示符窗口中执行“pyuic5 login.ui -o login_ui.py”命令来转换文件。

现在的项目结构如下所示。

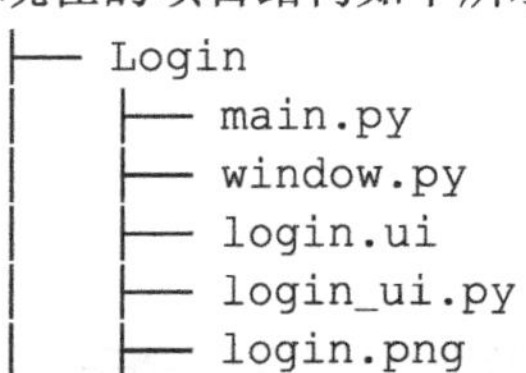

```
├── Login
│    ├── main.py
│    ├── window.py
│    ├── login.ui
│    ├── login_ui.py
│    ├── login.png
```

5.4.4　编写功能逻辑代码

现在我们打开 window.py，在里面编写登录框的功能逻辑代码，详见示例代码 5-1。

示例代码 5-1

```
from PyQt5.QtWidgets import *
from login_ui import Ui_Form                                    # 1
```

```
class Window(QWidget, Ui_Form):                            # 2
    def __init__(self):
        super(Window, self).__init__()
        self.setupUi(self)
        self.login_btn.clicked.connect(self.check)         # 3

    def check(self):
        username = self.username_line.text().strip()
        password = self.password_line.text().strip()

        if username=='Hello' and password=='PyQt5':
            QMessageBox.information(self, '提示','登录成功！')
        else:
            QMessageBox.critical(self, '错误', '账号或密码错误！')

        self.username_line.clear()
        self.password_line.clear()
```

代码解释：

#1 从 login_ui.py 文件中导入 Ui_Form，这个类包含窗口以及窗口上各个控件的外观和布局逻辑。

#2 让 Window 同时继承于 QWidget 和 Ui_Form，这样我们就可以调用 setupUi()方法将 Ui_Form 中的内容设置到 Window 窗口上了。

#3 给登录按钮的 clicked 信号连接一个 check()槽函数，在槽函数中我们通过比对文本来判断是否登录成功。

最后我们在 main.py 中编写好入口程序就可以了。

```
from PyQt5.QtWidgets import *
from window import Window
import sys

if __name__ == '__main__':
    app = QApplication([])
    window = Window()
    window.show()
    sys.exit(app.exec())
```

运行结果如图 5-37 所示。

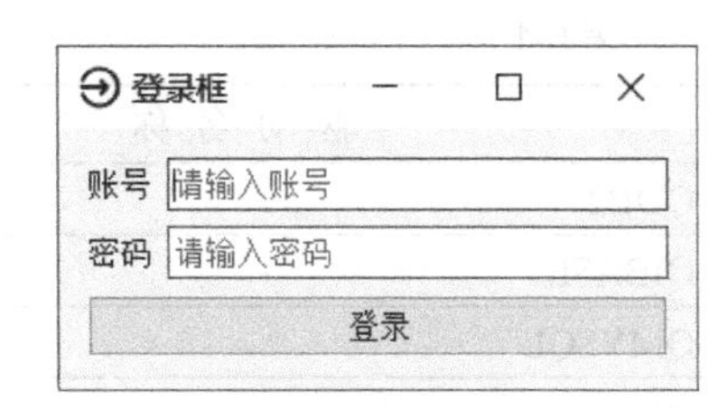

图 5-37 登录框

5.5 本章小结

Qt Designer 能够帮助我们快速设计界面，是 PyQt 开发中的一大“神器”。在本章，我们学习了如何在不同系统上安装 Qt Deisgner 以及如何在 PyCharm 中对其进行配置。接着我们熟悉了设计师窗口上的各个部分并对 4 种编辑模式做了大致了解。在 4 种编辑模式中，布局以及信号和槽这两种编辑模式是比较重要的，我们要多加练习。最后，本章通过一个登录框实战案例演示了用 Qt Designer 开发的操作步骤。在界面设计完之后，我们可以使用 pyuic5 工具将.ui 文件转为.py 文件，然后继承该.py 文件中的窗口类，在它的基础上开发更多的功能。

第6章 PyQt高级应用

PyQt的强大不仅体现在多种多样的控件上，它还在数据库、多线程、动画和音视频等方面提供了丰富的支持。除此之外，PyQt还有自己的一套界面美化系统QSS，它能够让界面变得更美观。我们可以把PyQt看作集合了众多第三方库的功能的大型工具箱，各种工具应有尽有。

本章内容相对来说更加复杂，不过读者不必从头到尾读下去，当需要实现某一功能时再阅读相关内容即可。

6.1 数据库

目前市面上数据库的类型有很多，针对不同类型的数据库，PyQt为我们提供了相应的驱动，见表6-1。

表6-1 驱动

驱 动 名 称	对应的数据库
QDB2	IBM DB2
QIBASE	Borland InterBase
QMYSQL	MySQL
QOCI	Oracle调用接口驱动
QODBC	ODBC（包括微软SQL Server）
QPSQL	PostgreSQL
QSQLITE	SQLite3或更高版本
QSQLITE2	SQLite2
QTDS	Sybase自适应服务器

在本节笔者将演示如何在PyQt中操作SQLite数据库（其他类型数据库的操作方法是类似的），在开始编写数据库连接和关闭代码前，我们需要先添加以下模块导入代码。

```
from PyQt5.QtSql import *
```

6.1.1 数据库连接和关闭

我们要在程序一开始运行时就先连接好数据库，而且要确保连接成功。如果连接存在异常或连接失败，程序的一些功能就会受到影响。接下来我们将连接和关闭 SQLite 数据库，详见示例代码 6-1。

示例代码 6-1

```
class Window(QWidget):
    def __init__(self):
        super(Window, self).__init__()
        self.db = QSqlDatabase.addDatabase('QSQLITE')  # 1
        self.connect_db()

    def connect_db(self):                              # 2
        self.db.setDatabaseName('./info.db')
        if not self.db.open():
            error = self.db.lastError().text()
            QMessageBox.critical(self, 'Database Connection', error)

    def closeEvent(self, event):                       # 3
        self.db.close()
        event.accept()
```

代码解释：

#1 调用 QSqlDatabase 类的 addDatabase()方法添加 QSQLITE 数据库驱动，将返回的数据库对象保存在 db 变量中。

#2 调用 setDatabaseName()方法选择要使用的数据库。如果数据库文件不存在，则会创建一个。在数据库信息设置完毕后，我们就可以通过 open()方法打开数据库，如果打开失败，可以使用 lastError()获取失败原因并将其显示在消息框上。

#3 在 closeEvent()事件函数中，我们在关闭窗口前先调用 close()方法关闭数据库。

如果是其他类型的数据库，比如 MySQL，我们在连接时还需要设置主机名、账号和密码，详见示例代码 6-2。

示例代码 6-2

```
class Window(QWidget):
    def __init__(self):
        super(Window, self).__init__()
        self.db = QSqlDatabase.addDatabase('QMYSQL')
        self.connect_db()

    def connect_db(self):
        self.db.setHostName('localhost')
        self.db.setUserName('root')
        self.db.setPassword('password')
```

```
        self.db.setDatabaseName('info')
        if not self.db.open():
            error = self.db.lastError().text()
            QMessageBox.critical(self, 'Database Connection', error)

    def closeEvent(self, event):
        self.db.close()
        event.accept()
```

在运行程序前，请先在 MySQL 的命令行窗口中使用 “CREATE DATABASE info;” 语句创建一个名为 info 的数据库。

很多读者在运行示例代码 6-2 时，会出现“Driver not loaded”报错，如图 6-1 所示。这是因为 PyQt 无法找到 MySQL 的一个动态连接库，笔者已经将解决方法放在了博客上，读者可以在网上搜索“PyQt5 连接 MySQL 数据库 Driver not loaded 问题解决”这篇文章。

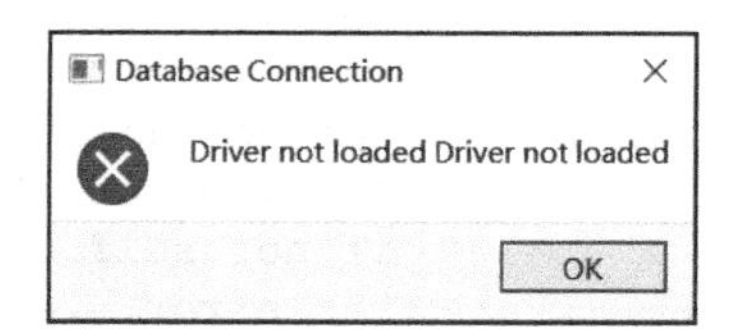

图 6-1　MySQL 数据库连接失败

6.1.2　执行 SQL 语句

在数据库连接成功之后，我们就可以通过 QSqlQuery 类来执行 SQL 语句，详见示例代码 6-3。

示例代码 6-3

```
class Window(QWidget):
    def __init__(self):
        super(Window, self).__init__()
        self.db = QSqlDatabase.addDatabase('QSQLITE')
        self.connect_db()
        self.exec_sql()

    def connect_db(self):
        self.db.setDatabaseName('./info.db')
        if not self.db.open():
            error = self.db.lastError().text()
            QMessageBox.critical(self, 'Database Connection', error)

    def closeEvent(self, event):
        self.db.close()
        event.accept()

    def exec_sql(self):
        query = QSqlQuery()                         #注释 1 开始

        query.exec("CREATE TABLE students "
                   "(id INT(11) PRIMARY KEY, class VARCHAR(4) NOT NULL, "
                   "name VARCHAR(25) NOT NULL, score FLOAT)")
```

```
query.exec("INSERT INTO students (id, class, name, score) "
           "VALUES (1, '0105', 'Mike', 90.5)")
query.exec("INSERT INTO students (id, class, name, score) "
           "VALUES (2, '0115', 'Mary', 99.5)")  #注释 1 结束

query.exec("SELECT name, class, score FROM students")#注释 2 开始
while query.next():
    stu_name = query.value(0)
    stu_class = query.value(1)
    stu_score = query.value(2)
    print(stu_name, stu_class, stu_score)#注释 2 结束
```

运行结果如图 6-2 所示。

```
E:\python\python.exe
Mike 0105 90.5
Mary 0115 99.5
```

图 6-2 查询结果

代码解释：

#1 实例化一个 QSqlQuery 对象，并调用 exec()方法执行 SQL 语句。我们通过第一条 SQL 语句新建了一个 students 数据表，该表有 4 个字段：id、class、name 和 score。接着往表中插入了两条数据，程序中使用直接插入的方法，我们还可以使用占位符插入法。一共有两种占位符插入风格：Oracle 风格和 ODBC 风格。

Oracle 风格

```
query.prepare("INSERT INTO students (id, class, name, score) "
              "VALUES (:id, :class, :name, :score)")
query.bindValue(':id', 1)
query.bindValue(':class', '0105')
query.bindValue(':name', 'Mike')
query.bindValue(':score', 90.5)
query.exec_()
```

ODBC 风格

```
query.prepare("INSERT INTO students (id, class, name, score) "
              "VALUES (?, ?, ?, ?)")
query.addBindValue(2)
query.addBindValue('0115')
query.addBindValue('Mary')
query.addBindValue(99.5)
query.exec_()
```

在编写 SQL 插入语句时，我们应该使用占位符插入法，因为这样可以有效防止 SQL 注入攻击。

#2 数据插入完毕后，我们开始查询。首先执行 SELECT 查询语句，然后在 while 循环中调用 next()方法检索返回结果中的下一条记录，此时可以调用 value()方法并传入索引值来获取各个字段的值。

6.1.3　数据库模型

在本小节我们会学习这两种数据模型：QSqlQueryModel 和 QSqlTableModel。它们是在 QSqlQuery 类的基础上开发的，专门用来访问数据库并将读取到的数据提供给视图，比如表格视图。这些模型提供了更高级的数据库操作方法，使用起来更加方便和安全。在本小节的两段示例代码中，我们会沿用示例代码 6-3 中生成的 info.db 数据库文件。

1. QSqlQueryModel

示例代码 6-4 会通过 QSqlQueryModel 来操作 info.db 文件中的数据，并将数据显示到表格视图上。

示例代码 6-4

```
class Window(QWidget):
    def __init__(self):
        super(Window, self).__init__()
        self.db = QSqlDatabase.addDatabase('QSQLITE')
        self.connect_db()

        self.sql_model = QSqlQueryModel()           #注释 1 开始
        self.sql_model.setHeaderData(0, Qt.Horizontal, 'id')
        self.sql_model.setHeaderData(1, Qt.Horizontal, 'name')
        self.sql_model.setHeaderData(2, Qt.Horizontal, 'class')
        self.sql_model.setHeaderData(3, Qt.Horizontal, ' score')

        self.table_view = QTableView()
        self.table_view.setModel(self.sql_model)    #注释 1 结束
        self.exec_sql()

        v_layout = QVBoxLayout()
        v_layout.addWidget(self.table_view)
        self.setLayout(v_layout)

    def connect_db(self):
        self.db.setDatabaseName('./info.db')
        if not self.db.open():
            error = self.db.lastError().text()
            QMessageBox.critical(self, 'Database Connection', error)

    def closeEvent(self, event):
        self.db.close()
        event.accept()

    def exec_sql(self):      # 2
        sql = "SELECT id, name, class, score FROM students"
        self.sql_model.setQuery(sql)
```

```
        for i in range(self.sql_model.rowCount()):
            id = self.sql_model.record(i).value('id')
            name = self.sql_model.record(i).value(1)
            print(id, name)

        for i in range(self.sql_model.rowCount()):
            id = self.sql_model.data(self.sql_model.index(i, 0))
            name = self.sql_model.data(self.sql_model.index(i, 1))
            print(id, name)
```

运行结果如图 6-3 所示。

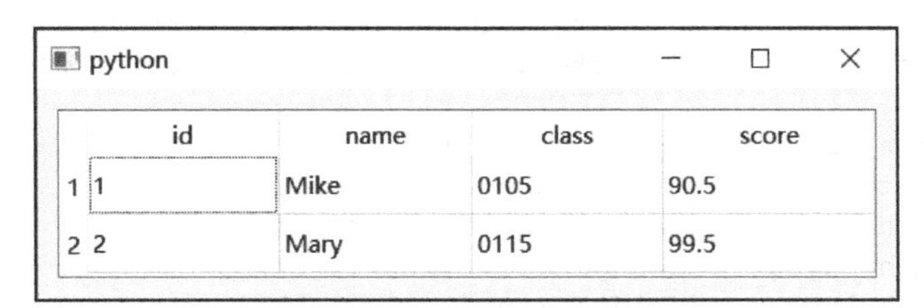

图 6-3 使用 QSqlQueryModel

代码解释：

#1 实例化一个 QSqlQueryModel 模型对象，并调用 setHeaderData()方法设置表格视图上的标题文本，接着通过表格视图的 setModel()方法将这个模型和视图联系起来。

#2 在 exec_sql()函数中，我们调用模型的 setQuery()方法执行查询语句。两个 for 循环演示了读取数据的两种方式。第一种是通过 record()和 value()方法读取数据，我们可以往 value()中传入字段名称或者字段索引。第二种是使用 data()和 index()方法，通过 index()获取到 QModelIndex 对象后，将其传入 data()方法中读取数据。

2. QSqlTableModel

QSqlQueryModel 模型只提供读取操作，如果要同时执行写入操作的话，那就要继承 QSqlQueryModel 并重新实现 setData()和 flags()方法。还有一种选择是使用 QSqlTableModel，该模型可读、可写，详见示例代码 6-5。

示例代码 6-5

```
class Window(QWidget):
    def __init__(self):
        super(Window, self).__init__()
        self.db = QSqlDatabase.addDatabase('QSQLITE')
        self.connect_db()

        self.sql_model = QSqlTableModel()            #注释 1 开始
        self.sql_model.setTable('students')
```

```
        self.sql_model.setEditStrategy(QSqlTableModel.OnFieldChange)#注释1结束
        self.sql_model.setHeaderData(0, Qt.Horizontal, 'id')
        self.sql_model.setHeaderData(1, Qt.Horizontal, 'name')
        self.sql_model.setHeaderData(2, Qt.Horizontal, 'class')
        self.sql_model.setHeaderData(3, Qt.Horizontal, ' score')

        self.table_view = QTableView()
        self.table_view.setModel(self.sql_model)
        self.select_btn = QPushButton('select')
        self.insert_btn = QPushButton('insert')
        self.delete_btn = QPushButton('delete')
        self.select_btn.clicked.connect(self.select_data)
        self.insert_btn.clicked.connect(self.insert_data)
        self.delete_btn.clicked.connect(self.delete_data)

        btn_h_layout = QHBoxLayout()
        window_v_layout = QVBoxLayout()
        btn_h_layout.addWidget(self.select_btn)
        btn_h_layout.addWidget(self.insert_btn)
        btn_h_layout.addWidget(self.delete_btn)
        window_v_layout.addWidget(self.table_view)
        window_v_layout.addLayout(btn_h_layout)
        self.setLayout(window_v_layout)

    def connect_db(self):
        self.db.setDatabaseName('./info.db')
        if not self.db.open():
            error = self.db.lastError().text()
            QMessageBox.critical(self, 'Database Connection', error)

    def closeEvent(self, event):
        self.db.close()
        event.accept()

    def select_data(self):                    # 2
        self.sql_model.setFilter('score > 95')
        self.sql_model.select()

    def insert_data(self):                    # 3
        self.sql_model.insertRow(0)
        self.sql_model.setData(self.sql_model.index(0, 0), 3)
        self.sql_model.setData(self.sql_model.index(0, 1), '0101')
        self.sql_model.setData(self.sql_model.index(0, 2), 'Jack')
        self.sql_model.setData(self.sql_model.index(0, 3), 85)
        self.sql_model.submit()

    def delete_data(self):                    # 4
        self.sql_model.removeRow(0)
        self.sql_model.submit()
```

运行结果如图 6-4 所示。

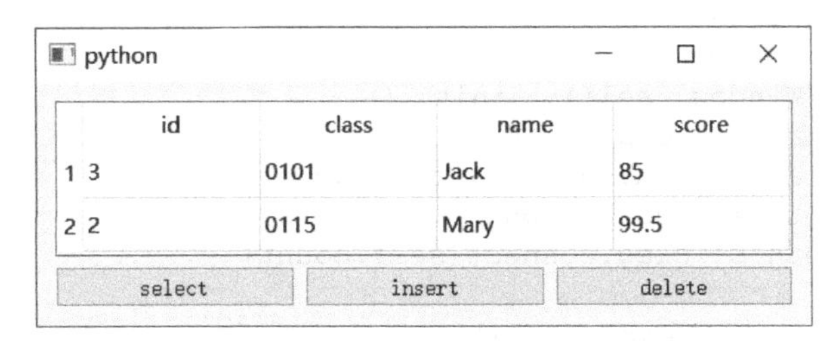

图 6-4　使用 QSqlTableModel

代码解释：

#1 实例化一个 QSqlTableModel 对象，并调用 setTable()方法设置数据表，通过 setEditStrategy()方法可以设置模型的编辑策略（即数据库是如何更新的）。可以往该方法中传入表 6-2 所示的参数。

表 6-2　模型的编辑策略

常　量	描　述
QSqlTableModel.OnFieldChange	所有变更立即更新到数据库中
QSqlTableModel.OnRowChange	当用户对某行数据进行操作后，单击其他行时再更新数据库
QSqlTableModel.OnManualSubmit	只有在调用 submitAll()或者 revertAll()后才会更新数据库

我们在示例代码中使用的是 QSqlTableModel.OnFieldChange，所以直接在视图上修改数据后，数据库中的数据会立即发生改变。

#2 在 select_data()函数中，我们通过 setFilter()方法设置过滤器，传入的参数就是 WHERE 语句中的条件。最后通过 select()方法将表中的数据映射到模型中。

#3 在 insert_data()函数中，我们调用 insertRow()方法并传入索引值来确定数据的插入位置，传入 0 表示在第一行插入。setData()方法可以用来插入或更新值，需要两个参数，第一个是 QModelIndex 对象，第二个是插入的数据。最后调用 submit()方法来提交我们对数据库所做的更改。

#4 在 delete_data()函数中，我们只需要往 removeRow()方法中传入索引值来删除相应行即可。

6.2　多线程

在 PyQt 中，主线程（也可以称为 UI 线程）负责界面绘制和更新。当执行某些复杂且耗时的操作时，如果将执行这些操作的代码放在主线程中，界面就会出现停止响应（或卡顿）的情况，详见示例代码 6-6。

示例代码 6-6

```
class Window(QWidget):
    def __init__(self):
        super(Window, self).__init__()
        self.label = QLabel('0')
        self.label.setAlignment(Qt.AlignCenter)
        self.btn = QPushButton('计数')
        self.btn.clicked.connect(self.count)

        v_layout = QVBoxLayout()
        v_layout.addWidget(self.label)
        v_layout.addWidget(self.btn)
        self.setLayout(v_layout)

    def count(self):              # 1
        num = 0
        while num < 10000000:
            num += 1
            self.label.setText(str(num))
```

运行结果如图 6-5 所示。

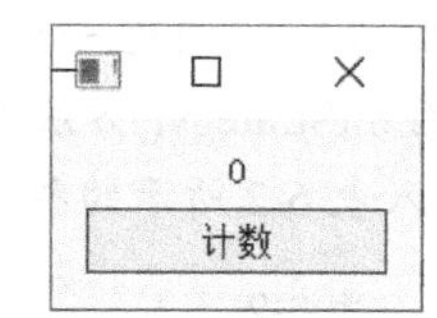

图 6-5 界面停止响应

代码解释：

#1 我们用 while 循环来模拟耗时操作。单击“计数”按钮后，可以发现 QLabel 标签控件没有更新数字，界面停止响应。持续了较长一段时间之后，界面才响应，更新了数字。

针对这种简单的耗时程序，PyQt 提供了一种让界面快速响应的方法，我们只需要在 while 循环中加入这行代码：QApplication.processEvents()。该方法会自动处理线程中一些待处理的事件，比方说用来更新界面的绘制事件。再次运行程序，可以发现界面上的数字是正常更新的。

当然，耗时程序还是放在 QThread 子线程中比较好，不要放在主线程中。这样不仅方便我们管理代码，而且 QThread 所提供的多种方法也能让我们实现更好的控制。

6.2.1 使用 QThread 线程类

现在用 QThread 线程类来重写一下示例代码 6-6，详见示例代码 6-7。

示例代码 6-7

```
class Window(QWidget):
    def __init__(self):
        super(Window, self).__init__()
        self.label = QLabel('0')
        self.label.setAlignment(Qt.AlignCenter)
        self.btn = QPushButton('计数')
        self.btn.clicked.connect(self.count)
```

```
        v_layout = QVBoxLayout()
        v_layout.addWidget(self.label)
        v_layout.addWidget(self.btn)
        self.setLayout(v_layout)

        self.count_thread = CountThread()#注释 1 开始
        self.count_thread.count_signal.connect(self.update_label)

    def count(self):
        self.count_thread.start()

    def update_label(self, num):
        self.label.setText(str(num))    #注释 1 结束

class CountThread(QThread):             #注释 2 开始
    count_signal = pyqtSignal(int)

    def __init__(self):
        super(CountThread, self).__init__()

    def run(self):
        num = 0
        while num < 10000000:
            num += 1
            self.count_signal.emit(num)#注释 2 结束
```

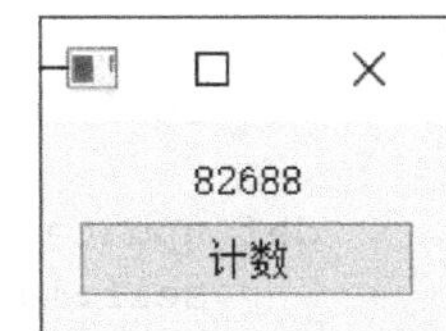

图 6-6 使用 Qthread 线程类

运行结果如图 6-6 所示。

代码解释：

#1 在窗口中，我们实例化了一个 CountThread 线程对象，并将它的自定义信号和 update_label()槽函数相连接。当我们单击“计数”按钮后，count_thread 线程对象就会调用 start()方法开启线程。接着 count_signal 信号不断将数字发送过来，update_label()槽函数将数字设置到标签控件上。

#2 我们来看一下 CountThread 线程，它继承了 QThread 类，并重写了 run()函数。这是编写一个线程类的基本操作。在 run()函数中，我们通过 count_signal 自定义信号将当前计数发送出来。

我们现在优化一下上面的程序，让循环计数进行得慢一些，而且用户可以自行停止计数，详见示例代码 6-8。

示例代码 6-8

```
class Window(QWidget):
    def __init__(self):
        super(Window, self).__init__()
        self.label = QLabel('0')
        self.label.setAlignment(Qt.AlignCenter)
```

```
        self.btn1 = QPushButton('计数')
        self.btn2 = QPushButton('停止')
        self.btn1.clicked.connect(self.start_counting)
        self.btn2.clicked.connect(self.stop_counting)

        v_layout = QVBoxLayout()
        v_layout.addWidget(self.label)
        v_layout.addWidget(self.btn1)
        v_layout.addWidget(self.btn2)
        self.setLayout(v_layout)

        self.count_thread = CountThread()        #注释 1 开始
        self.count_thread.count_signal.connect(self.update_label)

    def start_counting(self):
        if not self.count_thread.isRunning():
            self.count_thread.start()            #注释 1 结束

    def stop_counting(self):
        self.count_thread.stop()

    def update_label(self, num):
        self.label.setText(str(num))

class CountThread(QThread):
    count_signal = pyqtSignal(int)

    def __init__(self):
        super(CountThread, self).__init__()
        self.flag = True

    def run(self):
        num = 0
        self.flag = True

        while num < 10000000:
            if not self.flag:
                break

            num += 1
            self.count_signal.emit(num)
            self.msleep(100)       # 3

    def stop(self):                # 2
        self.flag = False
```

运行结果如图 6-7 所示。

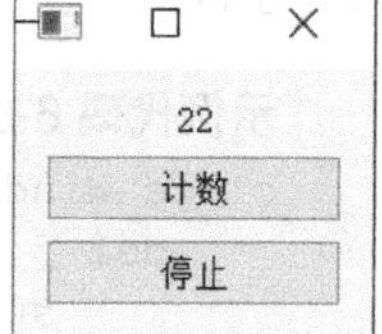

图 6-7 控制计数

代码解释：

#1 在 start_counting()槽函数中，我们通过 isRunning()方法判断 count_thread 线程是否还在运行，这样可以避免重复启动该线程。当"停止"按钮被单击后，线程对象调用自定义的 stop()方法将 flag 值变为了 False，这样程序就会跳出 while 循环，run()函数也就运行结束了，此时线程也会自动关闭。

#2 其实 QThread 线程类本身有让线程停止的方法：exit()、quit()和 terminate()。但是前两个方法经常不起作用，第三个办法则不推荐使用，因为它会强制停止线程。如果线程正在保存一些数据的话，那使用 terminate()可能会导致数据丢失。

#3 sleep()方法可以让线程休眠，需要传入整型值，传入 1 表示休眠 1s。如果要进行毫秒级休眠，可以使用 msleep()。如果要进行微秒级休眠，则可以使用 usleep()。

6.2.2 在线程中获取窗口数据信息

线程会通过自定义信号往窗口发送数据，那要怎么从窗口上获取数据信息呢？我们通过示例代码 6-9 来学习一下。

示例代码 6-9

```
class Window(QWidget):
    def __init__(self):
        super(Window, self).__init__()
        self.label = QLabel('0')
        self.label.setAlignment(Qt.AlignCenter)
        self.btn1 = QPushButton('计数')
        self.btn2 = QPushButton('停止')
        self.btn1.clicked.connect(self.start_counting)
        self.btn2.clicked.connect(self.stop_counting)

        self.spin_box = QSpinBox()
        self.spin_box.setRange(0, 10000000)

        v_layout = QVBoxLayout()
        v_layout.addWidget(self.label)
        v_layout.addWidget(self.spin_box)
        v_layout.addWidget(self.btn1)
        v_layout.addWidget(self.btn2)
        self.setLayout(v_layout)

        self.count_thread = CountThread(self)     # 1
        self.count_thread.count_signal.connect(self.update_label)

    def start_counting(self):
        if not self.count_thread.isRunning():
            self.count_thread.start()
```

```
    def stop_counting(self):
        self.count_thread.stop()

    def update_label(self, num):
        self.label.setText(str(num))


class CountThread(QThread):
    count_signal = pyqtSignal(int)

    def __init__(self, window):           #注释1开始
        super(CountThread, self).__init__()
        self.flag = True
        self.window = window

    def run(self):
        num = self.window.spin_box.value()#注释1结束
        self.flag = True

        while num < 10000000:
            if not self.flag:
                break

            num += 1
            self.count_signal.emit(num)
            self.msleep(100)

    def stop(self):
        self.flag = False
```

运行结果如图6-8所示。

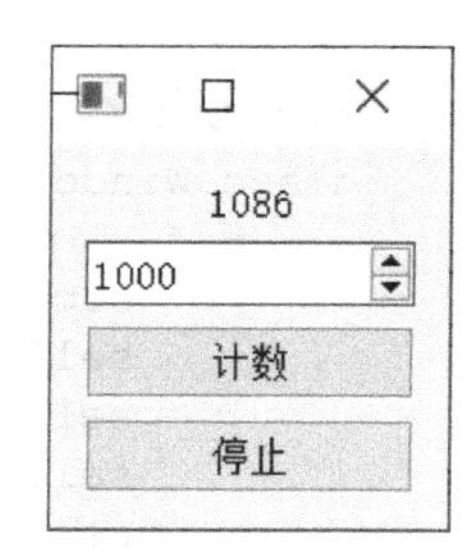

图6-8 控制计数

代码解释:

#1 窗口上有一个QSpinBox控件对象，程序会从这个控件中的数字开始计数。要想在线程中获取QSpinBox控件上的数据，我们需要在线程实例化时将窗口实例self传入，这样就能在线程中通过该实例获取到窗口上的任何一个控件，最后调用QSpinBox控件的value()方法。

6.2.3 编写一个简单的爬虫程序

我们经常会用PyQt来编写可视化的爬虫程序。在爬虫程序中，爬取页面的操作是比较耗时的，所以应该使用多线程技术。在本小节笔者就带大家来编写一个简单的爬虫程序，也借此来巩固一下前面几节所学到的知识，详见示例代码6-10。

示例代码 6-10

```
import requests    # 本程序还要导入 requests 模块用于发送网络请求

class Window(QWidget):
    def __init__(self):
        super(Window, self).__init__()
        self.line_edit = QLineEdit()    #注释 1 开始
        self.text_browser = QTextBrowser()
        self.btn = QPushButton('爬取')   #注释 1 结束

        self.line_edit.setPlaceholderText('待爬取的网址')
        self.text_browser.setPlaceholderText('爬取结果')
        self.btn.clicked.connect(self.crawl)

        v_layout = QVBoxLayout()
        v_layout.addWidget(self.line_edit)
        v_layout.addWidget(self.text_browser)
        v_layout.addWidget(self.btn)
        self.setLayout(v_layout)

        self.crawl_thread = CrawlThread(self)
        self.crawl_thread.result_signal.connect(self.show_result)

    def crawl(self):
        if not self.line_edit.text().strip():  #注释 2 开始
            QMessageBox.critical(self, '错误', "请输入网址！")
            return                               #注释 2 结束

        if not self.crawl_thread.isRunning():
            self.crawl_thread.start()

    def show_result(self, text):                # 3
        self.text_browser.setPlainText(text)

class CrawlThread(QThread):
    result_signal = pyqtSignal(str)

    def __init__(self, window):
        super(CrawlThread, self).__init__()
        self.window = window

    def run(self):                              # 3
        url= self.window.line_edit.text().strip()
        result = requests.get(url)
        self.result_signal.emit(result.text)
```

在运行之前，请读者先用 pip 命令安装 requests 这个第三方库，它是一个很实用的 HTTP 库，在编写爬虫程序时会经常用到。

运行结果如图 6-9 所示。

图 6-9 一个简单的爬虫程序

代码解释：

#1 窗口上有一个 QLineEdit 单行文本框控件，用来输入待爬取的网址；一个 QTextBrowser 文本浏览框控件，用来显示爬取结果；一个 QPushButton 按钮控件，用来开启 CrawlThread 线程。

#2 如果用户没有输入任何网址，就单击了“爬取”按钮，那窗口会弹出一个消息框提示用户先输入网址。

#3 在重写的 run()函数中，我们先获取用户输入的网址，再将其传入 requests.get()方法中获取该网址的网页源码，接着通过 result_signal 将源码文本发送出去，最后在 show_result()槽函数中将源码文本显示到文本浏览框上。

6.3 绘图与打印

我们使用 QPainter 类来实现绘图功能，可以把 QPainter 看作一个绘画工具箱，其中包含各种各样的画笔和画刷。通过这个工具箱我们能够绘制许多几何图形，比如点、线、矩形、椭圆、扇形等，当然也可以绘制图像和文字。在本节，笔者会先介绍如何使用 QPainter 类来进行绘图，之后再给程序加上打印功能，将绘制的内容打印出来。

6.3.1 画笔类 QPen

画笔的功能就是绘制各种线，我们可以设置它的颜色、粗细以及线条风格，详见示例代码 6-11。

示例代码 6-11

```
class Window(QWidget):
    def __init__(self):
```

```
        super(Window, self).__init__()
        self.resize(300, 300)

        self.pen = QPen()              #注释 1 开始
        self.pen.setWidth(5)
        self.pen.setColor(Qt.black)
        self.pen.setStyle(Qt.DashLine)
        self.pen.setCapStyle(Qt.RoundCap)
        self.pen.setJoinStyle(Qt.MiterJoin)
                                       #注释 1 结束

    def paintEvent(self, event):       # 2
        painter = QPainter(self)
        painter.setPen(self.pen)
        painter.drawLine(20, 20, 280, 280)
        painter.drawRect(20, 20, 260, 260)
```

图 6-10 画笔

运行结果如图 6-10 所示。

代码解释：

#1 在实例化一个 QPen 对象后，我们调用 setWidth()设置画笔宽度；调用 setColor()设置画笔颜色；调用 setStyle()设置笔线风格；调用 setCapStyle()设置笔帽风格；调用 setJoinStyle()设置笔线转折风格。

我们可以往 setStyle()方法中传入多种值，如图 6-11 所示。

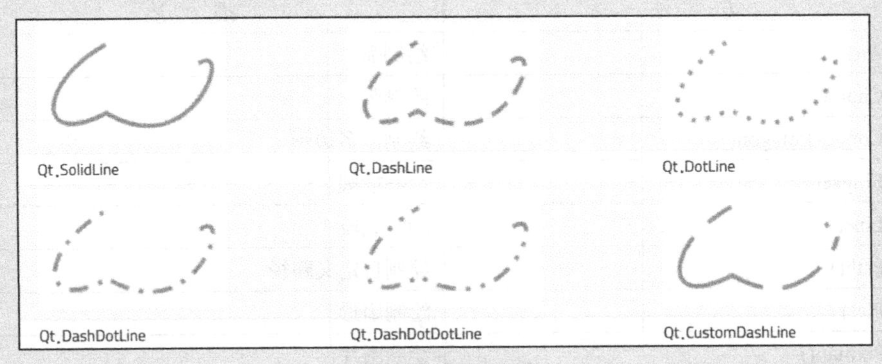

图 6-11 笔线风格

我们可以往 setCapStyle()方法中传入多种值，如图 6-12 所示。

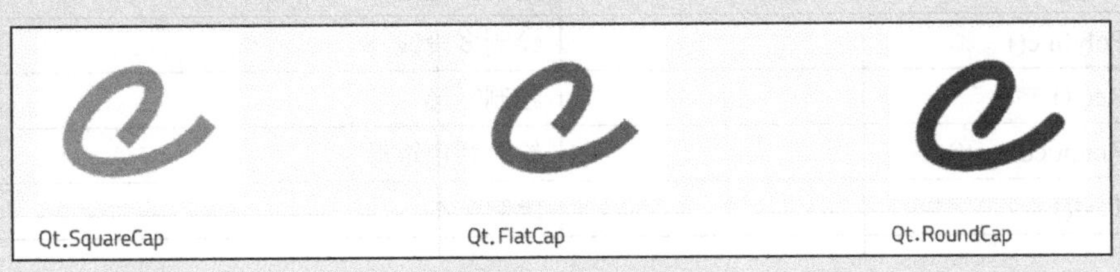

图 6-12 笔帽风格

我们可以往 setJoinStyle()方法中传入多种值，如图 6-13 所示。

图 6-13 笔线转折风格

#2 绘图是在 paintEvent()绘制事件函数中进行的。在实例化一个 QPainter 对象时，我们传入窗口实例 self，表示我们将在当前窗口上进行绘制，窗口这时候就是一个绘制设备。调用 setPen()方法设置好画笔后，就可以通过 drawLine()和 drawRect()方法分别绘制线段和矩形。QPainter 类提供了几种常用的绘制方法，详见表 6-3。

表 6-3 绘制方法

方 法	描 述
drawArc()	绘制弧
drawChord()	绘制弦
drawConvexPolygon()	绘制凸多边形
drawEllipse()	绘制椭圆
drawLine()	绘制线段
drawPath()	绘制自定义路径
drawPie()	绘制扇形
drawPixmap()	绘制图片
drawPoint()	绘制一个点
drawPolygon()	绘制多边形
drawPolyline()	绘制多段线
drawRect()	绘制矩形
drawRoundedRect()	绘制圆角矩形
drawText()	绘制文本

6.3.2 画刷类 QBrush

画刷就跟油漆桶工具一样，是用来填充的。我们可以设置它的填充颜色和填充风格，也可以设置其用来填充图片，详见示例代码 6-12。

示例代码 6-12

```
class Window(QWidget):
    def __init__(self):
        super(Window, self).__init__()
        self.resize(300, 300)

        self.brush1 = QBrush()                                #注释 1 开始
        self.brush1.setColor(Qt.red)
        self.brush1.setStyle(Qt.Dense6Pattern)                #注释 1 结束

        gradient = QLinearGradient(100, 100, 200, 200)  #注释 2 开始
        gradient.setColorAt(0.3, QColor(255, 0, 0))
        gradient.setColorAt(0.6, QColor(0, 255, 0))
        gradient.setColorAt(1.0, QColor(0, 0, 255))
        self.brush2 = QBrush(gradient)                        #注释 2 结束

        self.brush3 = QBrush() #注释 3 开始
        self.brush3.setTexture(QPixmap
('smile.png'))                   #注释 3 结束

    def paintEvent(self, event):   # 4
        painter = QPainter(self)
        painter.setBrush(self.brush1)
        painter.drawRect(0, 0, 100, 100)

        painter.setBrush(self.brush2)
        painter.drawRect(100, 100, 100, 100)

        painter.setBrush(self.brush3)
        painter.drawRect(200, 200, 100, 100)
```

运行结果如图 6-14 所示。

python

图 6-14 画刷

代码解释：

#1 brush1 调用 setColor()和 setStyle()方法设置画刷的填充颜色和填充风格。画刷一共有 19 种填充风格，请看图 6-15。

#2 brush2 用渐变色进行填充。PyQt 提供了 3 种渐变类：线性渐变类 QLinearGradient、辐射渐变类 QRadialGradient 和角度渐变类 QConicalGradient。从图 6-15 中就可以看到这 3 种渐变类的实现效果。在该程序中，我们使用了线性渐变类，需要向它的 setColorAt()方法传入两个参数，第一个参数代表颜色开始渐变的位置（大小范围为 0～1），第二个参数代表颜色值。

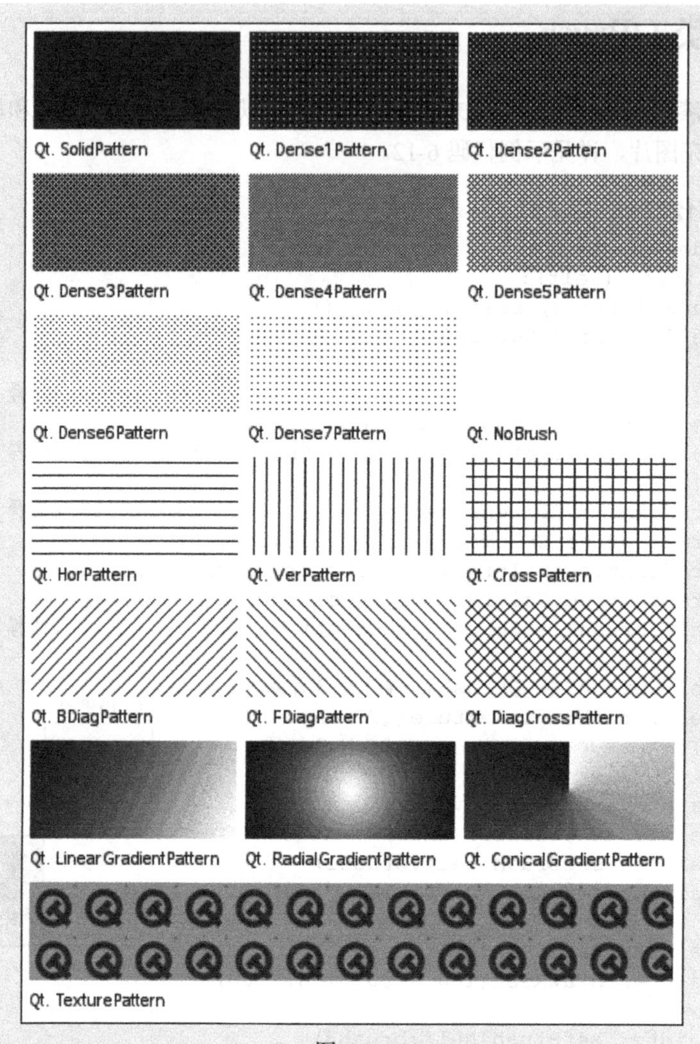

图 6-15

#3 画刷 brush3 调用 setTexture()方法设置用于填充的图片，此时填充风格自动变为 Qt.TexturePattern。

#4 在 paintEvent()事件函数中，我们绘制了 3 个矩形，每绘制完一个后就调用 setBrush()方法更换画刷。

6.3.3 用鼠标在窗口上绘制矩形

绘图软件的一项基本功能是让用户在画板上自由绘图。在本小节，我们会用鼠标在窗口上绘制任意数量的矩形，好让大家巩固 QPainter 类的用法并了解用鼠标绘图的原理，详见示例代码 6-13。

示例代码 6-13

```
class Window(QWidget):
    def __init__(self):
        super(Window, self).__init__()
        self.resize(500, 500)
        self.x1 = None
        self.y1 = None
        self.x2 = None
        self.y2 = None
        self.rect_list = []

        self.pen = QPen()
        self.pen.setWidth(2)
        self.pen.setColor(Qt.green)

        self.undo_btn = QPushButton('撤销', self)              #注释 1 开始
        self.undo_btn.clicked.connect(self.undo_drawing)    #注释 1 结束
        self.undo_btn.move(20, 20)

    def undo_drawing(self):
        if self.rect_list:
            self.rect_list.pop()

    def mousePressEvent(self, event):             # 2
        if event.button() == Qt.LeftButton:
            self.x1 = event.pos().x()
            self.y1 = event.pos().y()

    def mouseMoveEvent(self, event):              # 3
        self.x2 = event.pos().x()
        self.y2 = event.pos().y()

    def mouseReleaseEvent(self, event):           # 4
        if self.x1 and self.y1 and self.x2 and self.y2:
            self.rect_list.append((self.x1, self.y1,
                                   self.x2-self.x1, self.y2-self.y1))

        self.x1 = None
        self.y1 = None
        self.x2 = None
        self.y2 = None

    def paintEvent(self, event):                  # 5
        painter = QPainter(self)
        painter.setPen(self.pen)
```

```
        if self.x1 and self.y1 and self.x2 and self.y2:
            painter.drawText(self.x2, self.y2, '矩形')
            painter.drawRect(self.x1, self.y1,
                             self.x2-self.x1, self.y2-self.y1)

        for rect in self.rect_list:
            painter.drawRect(rect[0], rect[1], rect[2], rect[3])

        self.update()
```

运行结果如图6-16所示。

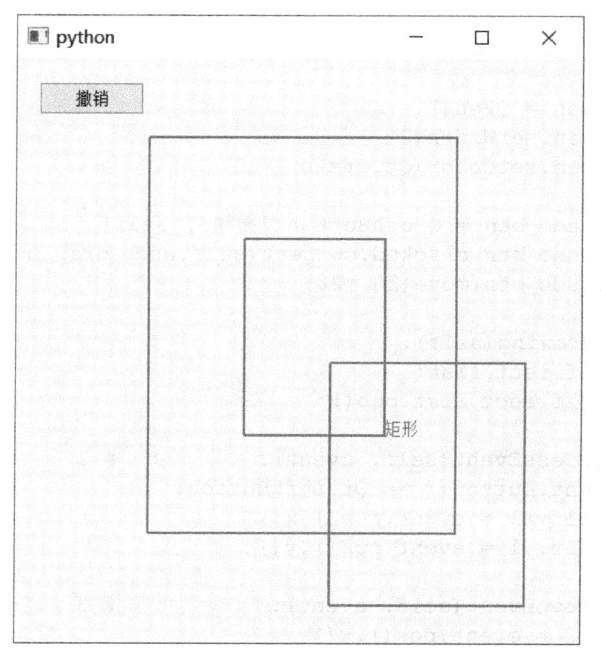

图6-16 在窗口上绘制矩形

代码解释：

#1 “撤销”按钮的功能很简单，当用户单击后，就会删除rect_list的最后一个元素，也就是最新绘制的矩形。

#2 在mousePressEvent()事件函数中，如果用户单击了，则用x1和y1记录单击时的坐标，也就是当前所绘制矩形左上角的坐标。

#3 在mouseMoveEvent()事件函数中，用x2和y2记录鼠标指针当前的坐标，将其作为所绘制矩形右下角的坐标。

#4 在mouseReleaseEvent()事件函数中，我们将矩形的左上角坐标和宽度、高度添加到了rect_list列表变量中。添加完毕后，我们要重置x1、y1、x2和y2，否则绘制下一个矩形时，就会使用之前的坐标。

 # 5 重点来看一下 paintEvent()，实例化一个 QPainter 对象并设置好画笔后，我们调用 drawRect()方法在窗口上实时显示用户当前正在绘制的矩形，并调用 drawText()方法在矩形右下角绘制“矩形”文本。然后循环 rect_list 列表，显示之前已经画好的各个矩形。最后调用 update()方法更新窗口内容。

6.3.4 打印

我们在示例代码 6-13 的基础上添加一个打印功能，让用户可以把自己绘制的内容打印出来，详见示例代码 6-14。开发打印功能前，我们需要先添加以下导入代码。

```
from PyQt5.QtPrintSupport import *
```

示例代码 6-14

```
class Window(QWidget):
    def __init__(self):
        super(Window, self).__init__()
        ...

        self.printer = QPrinter()                        #注释 1 开始

        self.print_btn = QPushButton('打印', self)
        self.print_btn.clicked.connect(self.print_drawing)
        self.print_btn.move(20, 50)                      #注释 1 结束

    ...

    def print_drawing(self):                             # 2
        print_dialog = QPrintDialog(self.printer)
        if print_dialog.exec():
            painter = QPainter(self.printer)
            painter.setPen(self.pen)
            for rect in self.rect_list:
                painter.drawRect(rect[0], rect[1], rect[2], rect[3])
```

运行结果如图 6-17 所示。

代码解释：

 # 1 首先实例化一个 QPrinter 打印机对象，然后在窗口上放置一个“打印”按钮，当用户单击按钮后，print_drawing()槽函数就会启动。

 # 2 在 print_drawing()槽函数中，我们将打印机对象传入 QPrinterDialog 打印对话框中，这样打印对话框和打印机对象就联系起来了，用户在对话框中的设置都将映射到该打印机对象上。接着调用 exec()方法显示对话框，如果该方法返回值是 1，则表示用户单击了对话框上的“打印”按钮；如果该方法返回值是 0，则表示用户单击了“撤销”按钮。

在实例化 QPainter 对象时，我们将打印机对象 printer 传入，表示将它当作绘制设备。最后在这个设备上绘制好 rect_list 列表中的各个矩形就可以了。

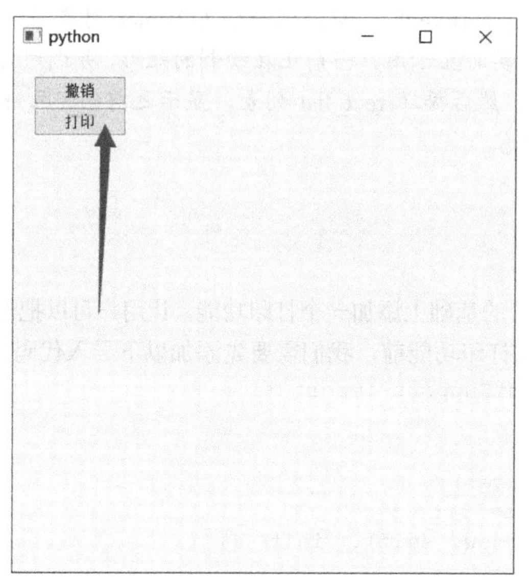

图 6-17 打印

有些文本类控件，如 QTextEdit 和 QTextBrowser，本身就提供了 print()方法，我们只需要往该方法中传入 QPrinter 对象就能够快速绘制要打印的文本内容，不需要使用 QPainter，详见示例代码 6-15。

示例代码 6-15

```
class Window(QWidget):
    def __init__(self):
        super(Window, self).__init__()
        self.edit = QTextEdit()
        self.print_btn = QPushButton('打印')
        self.print_btn.clicked.connect(self.print_text)

        self.printer = QPrinter()

        v_layout = QVBoxLayout()
        v_layout.addWidget(self.edit)
        v_layout.addWidget(self.print_btn)
        self.setLayout(v_layout)

    def print_text(self):
        print_dialog = QprintDialog(self.printer)
        if print_dialog.exec():
            self.edit.print(self.printer)
```

运行结果如图 6-18 所示。

图 6-18 使用 print()方法

6.4 动画

PyQt 提供的动画框架可以让我们给界面上的各个内容添加动态效果，这不仅能让界面变得更加丰富、有趣，而且能让开发游戏成为可能。本节我们会详细介绍动画框架中几个常用类的概念与使用方法。阅读完本节后，相信读者可以编写出有趣的动态界面。

6.4.1 属性动画类 QPropertyAnimation

大小、颜色或位置的变化在动画中是很常见的，使用 QPropertyAnimation 类可以帮助我们动态修改这些属性的值，从而实现动画效果，详见示例代码 6-16。

示例代码 6-16

```
class Window(QWidget):
    def __init__(self):
        super(Window, self).__init__()
        self.resize(500, 500)

        self.size_btn = QPushButton('大小', self)
        self.pos_btn = QPushButton('位置', self)
        self.color_btn = QPushButton('颜色', self)
        self.size_btn.move(100, 20)
        self.pos_btn.move(200, 20)
        self.color_btn.move(300, 20)
        self.size_btn.clicked.connect(self.start_anim)
        self.pos_btn.clicked.connect(self.start_anim)
        self.color_btn.clicked.connect(self.start_anim)
        self.size_anim = QPropertyAnimation(self.size_btn, b'size')#注释 1 开始
        self.size_anim.setDuration(6000)
        self.size_anim.setStartValue(QSize(10, 10))
        self.size_anim.setEndValue(QSize(100, 300))
        self.size_anim.setLoopCount(2)
        self.size_anim.finished.connect(self.delete)

        self.pos_anim = QPropertyAnimation(self.pos_btn, b'pos')
        self.pos_anim.setDuration(5000)
        self.pos_anim.setKeyValueAt(0.1, QPoint(200, 100))
        self.pos_anim.setKeyValueAt(0.5, QPoint(200, 200))
        self.pos_anim.setKeyValueAt(1.0, QPoint(200, 400))
        self.pos_anim.finished.connect(self.delete)

        self.color_anim = QPropertyAnimation(self.color_btn, b'color')
        self.color_anim.setDuration(5000)
        self.color_anim.setStartValue(QColor(0, 0, 0))
        self.color_anim.setEndValue(QColor(255, 255, 255))
        self.color_anim.finished.connect(self.delete)      #注释 1 结束
```

```
    def start_anim(self):                    # 2
        if self.sender() == self.size_btn:
            self.size_anim.start()
        elif self.sender() == self.pos_btn:
            self.pos_anim.start()
        else:
            self.color_anim.start()

    def delete(self):
        if self.sender() == self.size_anim:
            self.size_btn.deleteLater()
        elif self.sender() == self.pos_anim:
            self.pos_btn.deleteLater()
        else:
            self.color_btn.deleteLater()
```

运行结果如图 6-19 所示。

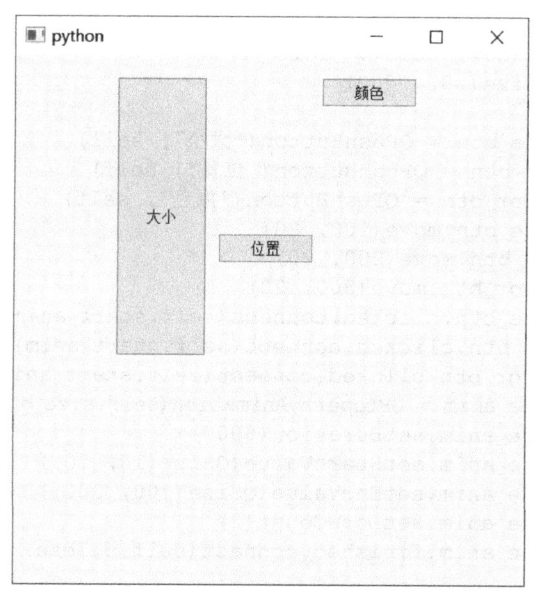

图 6-19 QPropertyAnimation

代码解释：

#1 在实例化 QPropertyAnimation 对象时，我们要传入动画作用的目标对象和属性名称。注意，属性名称要用字节类型数据，所以要在字符串前面添加 b。读者如果想要使用其他的属性，可以使用 Python 内置的 dir()方法，通过它我们能获取到某对象所有的属性和方法。

setDuration()方法用来设置动画时长（单位为毫秒）。setStartValue()和 setEndValue()方法分别用来设置动画作用对象的属性初始值和结束值。如果是改变大小，则传入 QSize 类型的值；如果是改变坐标位置，则传入 QPoint 类型的值；如果是改变颜色，则传入 QColor 类型的值。使用 setKeyValueAt()能够实现更细化的动画控制，第一个传入的参数值为浮点数，范围为 0.0 ~ 1.0，表示在动画的相应时刻插入一帧。假如动画时长为 5000ms，那传入 0.5 就表示在第 2500ms 时插入一帧，该帧的属性值就是我们传入的第二个参数值。

setLoopCount()方法用来设置动画的循环次数。当动画结束后，finished 信号就会发射出来。我们将这个信号与 delete()槽函数进行连接，相应按钮会在动画结束时被删除。

"大小"按钮和"位置"按钮被单击后都是正常运行动画的，但是对"颜色"按钮来说就不行，单击后控制台会提示"you're trying to animate a non-existing property color of your QObject"。这句话告诉我们 QPushButton 按钮控件没有颜色属性！我们可以用 print(dir(self.color_btn))这行代码输出"颜色"按钮的所有属性，会发现没有"color"。

#2 我们在窗口上实例化了 3 个按钮，单击后槽函数内部就会调用相应属性动画对象的 start()方法来开启动画，3 种动画分别会改变按钮本身的大小、位置和颜色。除了 start()，还有以下几种控制动画的方法。

- stop()：停止动画。
- pause()：暂停动画。
- resume()：继续动画。

要想动态改变按钮控件的颜色，我们需要先给它添加一个颜色属性，详见示例代码 6-17。

示例代码 6-17

```
class ColorButton(QPushButton):
    def __init__(self, text=None, parent=None):
        super(ColorButton, self).__init__(text, parent)
        self._color = QColor()

    @pyqtProperty(QColor)       # 1
    def color(self):
        return self._color

    @color.setter               # 2
    def color(self, value):
        self._color = value
        red = value.red()
        green = value.green()
        blue = value.blue()
        self.setStyleSheet(f'background-color: rgb({red}, {green}, {blue})')

class Window(QWidget):
    def __init__(self):
        super(Window, self).__init__()

        self.color_btn = ColorButton('颜色', self)
        self.color_btn.move(20, 20)
        self.color_btn.resize(100, 100)
```

```
        self.color_btn.clicked.connect(self.start_anim)

        self.color_anim = QPropertyAnimation(self.color_btn, b'color')
        self.color_anim.setDuration(5000)
        self.color_anim.setStartValue(QColor(0, 0, 0))
        self.color_anim.setEndValue(QColor(255, 255, 255))
        self.color_anim.finished.connect(self.delete)

    def start_anim(self):
        self.color_anim.start()

    def delete(self):
        self.color_btn.deleteLater()
```

运行结果如图 6-20 所示。

图 6-20 颜色属性动画

代码解释：

#1 在 PyQt 中自定义属性的方式与在 Python 类中自定义属性的方式很像，前者使用@pyqtProperty()，后者使用@property，区别就是我们要往@pyqtProperty()方法中传入属性类型。因为是返回 QColor 类型的值，所以我们就使用@pyqtProperty(QColor)。

#2 在颜色属性设置方法中，我们是通过 QSS 来改变按钮颜色的。有关 QSS 的内容会在 6.8 节中详细讲解。

6.4.2 串行动画组类 QSequentialAnimationGroup

串行动画组就是指按照动画添加顺序来执行动画。我们只用实例化 QSequentialAnimationGroup 类，然后调用 addAnimation()或者 insertAnimation()方法把各个属性动画添加到动画组里面就可以了，详见示例代码 6-18。

示例代码 6-18

```
class Window(QWidget):
    def __init__(self):
        super(Window, self).__init__()
        self.resize(500, 500)

        self.start_btn = QPushButton('开始', self)
        self.stop_btn = QPushButton('停止', self)
        self.pause_resume_btn = QPushButton('暂停/继续', self)
        self.start_btn.move(20, 20)
        self.stop_btn.move(20, 50)
        self.pause_resume_btn.move(20, 80)
        self.start_btn.clicked.connect(self.control_anim)
        self.stop_btn.clicked.connect(self.control_anim)
        self.pause_resume_btn.clicked.connect(self.control_anim)
```

```
        self.plane = QLabel(self)
        self.plane.move(200, 400)
        self.plane.setPixmap(QPixmap('plane.png'))
        self.plane.setScaledContents(True)

        self.anim1 = QPropertyAnimation(self.plane, b'pos')     #注释 1 开始
        self.anim1.setDuration(2000)
        self.anim1.setStartValue(QPoint(200, 400))
        self.anim1.setEndValue(QPoint(200, 300))
        self.anim2 = QPropertyAnimation(self.plane, b'pos')
        self.anim2.setDuration(3000)
        self.anim2.setStartValue(QPoint(200, 300))
        self.anim2.setEndValue(QPoint(100, 200))                #注释 1 结束

        self.anim_group = QSequentialAnimationGroup()           #注释 2 开始
        self.anim_group.addAnimation(self.anim1)
        self.anim_group.addPause(1000)
        self.anim_group.addAnimation(self.anim2)
        self.anim_group.stateChanged.connect(self.get_info)
        print(self.anim_group.totalDuration())                  #注释 2 结束

    def get_info(self):                                         # 3
        print(self.anim_group.currentAnimation())
        print(self.anim_group.currentTime())

    def control_anim(self):                                     # 4
        if self.sender() == self.start_btn:
            self.anim_group.start()
        elif self.sender() == self.stop_btn:
            self.anim_group.stop()
        else:
            if self.anim_group.state() == QAbstractAnimation.Paused:
                self.anim_group.resume()
            else:
                self.anim_group.pause()
```

运行结果如图 6-21 所示。

代码解释：

#1 该程序实例化了两个属性动画，即 anim1 和 anim2，这两个动画都用来动态改变飞机图片的位置。

#2 在添加 anim1 后，我们通过 addPause(1000)方法在两个动画之间添加了一个暂停 1000ms 的特殊动画。totalDuration()方法则用来获取所有动画的总时长。当动画播放状态发生改变后，stateChanged 信号就会发射。动画状态有 3 种，详见表 6-4。

表 6-4 动画状态

常 量	描 述
QAbstractAnimation.Stopped	停止状态
QAbstractAnimation.Paused	暂停状态
QAbstractAnimation.Running	播放状态

#3 在 get_info()槽函数中，我们可以通过 currentAnimation()和 currentTime()分别获取当前正在播放的动画对象和时间。

#4 在 control_anim()槽函数中，start()和 stop()分别用来开始播放和停止播放动画。state()则用来获取当前的动画状态，根据返回值调用 resume()或 pause()方法来继续或暂停播放动画。

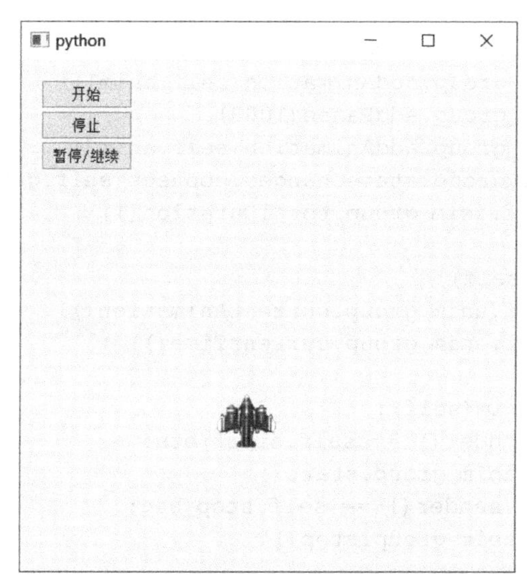

图 6-21 QSequentialAnimationGroup

6.4.3 并行动画组类 QParallelAnimationGroup

串行动画组按照添加顺序播放动画，而并行动画组则会同时播放组里面的所有动画。除此之外，两个动画组的差异并不大，很多常用的方法也是一样的。我们把示例代码 6-18 稍微修改一下，详见示例代码 6-19。

示例代码 6-19

```
class Window(QWidget):
    def __init__(self):
        super(Window, self).__init__()
        ...
```

```
        self.anim1 = QPropertyAnimation(self.plane, b'pos')#注释 1 开始
        self.anim1.setDuration(2000)
        self.anim1.setStartValue(QPoint(200, 400))
        self.anim1.setEndValue(QPoint(200, 300))
        self.anim2 = QPropertyAnimation(self.plane, b'size')
        self.anim2.setDuration(3000)
        self.anim2.setStartValue(QSize(200, 200))
        self.anim2.setEndValue(QSize(60, 60))

        self.anim_group = QParallelAnimationGroup()
        self.anim_group.addAnimation(self.anim1)
        self.anim_group.addAnimation(self.anim2)
        self.anim_group.stateChanged.connect(self.get_info)
        print(self.anim_group.totalDuration())

    def get_info(self):
        print(self.anim_group.currentTime())                #注释 1 结束

    ...
```

运行结果如图 6-22 所示。

图 6-22 QParallelAnimationGroup

代码解释：

 # 1 属性动画 anim1 和 anim2 分别用来修改飞机的位置和大小，但在并行动画组中，这两个动画会同时运行。

运行程序后，我们会发现飞机一边向前飞，一边变小。并行动画组没有 addPause()方法，因为不能让暂停动画和其他动画一起播放，这样没有意义。currentAnimation()方法也不适用，因为同一时间段总是有多个动画。

6.4.4 时间轴类 QTimeLine

一个动画由多张静态图片组成，每一张静态图片为一帧。如果每隔一定时间显示一帧，且时间间隔非常短的话，那这些静态图片就会构成一个连续影像，动画由此而来。QTimeLine 提供了用于控制动画的时间轴，我们可以用它来快速实现动画效果。示例代码 6-20 用 QTimeLine 给按钮添加了一段移动动画，同时用 QProgressBar 显示了动画进度。

示例代码 6-20

```
class Window(QWidget):
    def __init__(self):
        super(Window, self).__init__()
        self.resize(500, 130)

        self.btn = QPushButton('开始', self)
        self.btn.resize(100, 100)
        self.btn.move(0, 0)
        self.btn.clicked.connect(self.start_anim)

        self.progress_bar = QProgressBar(self)
        self.progress_bar.setRange(0, 100)
        self.progress_bar.resize(500, 20)
        self.progress_bar.move(0, 100)

        self.time_line = QTimeLine(1000)                        #注释 1 开始
        self.time_line.setFrameRange(0, 100)
        self.time_line.frameChanged.connect(self.move_btn)
        self.time_line.finished.connect(self.change_direction)#注释 1 结束

    def start_anim(self):
        if self.time_line.state() == QTimeLine.NotRunning:
            self.time_line.start()

    def move_btn(self):                             # 2
        frame = self.time_line.currentFrame()
        self.btn.move(frame*4, 0)
        self.progress_bar.setValue(frame)

    def change_direction(self):                     # 3
        if self.time_line.direction() == QTimeLine.Forward:
            self.time_line.setDirection(QTimeLine.Backward)
        else:
            self.time_line.setDirection(QTimeLine.Forward)
```

运行结果如图 6-23 所示。

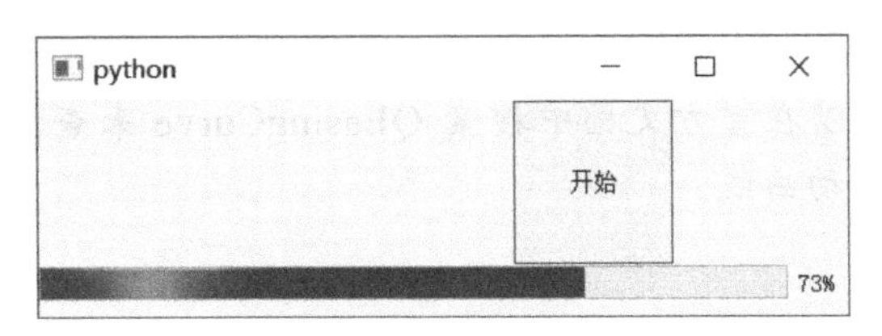

图 6-23 QTimeLine

代码解释：

#1 在实例化 QTimeLine 对象的时候我们需要传入一个时间值（单位是毫秒）作为动画的运行时长。setFrameRange()方法用来设置动画帧数范围，表示在动画运行时长内要播放多少帧。当帧数发生改变时，frameChanged 信号就会发射。

#2 在 move_btn()槽函数中，我们调用 currentFrame()方法获取动画当前的帧数，通过它来确定按钮的目标位置和进度条的进度。

#3 动画可以正向播放和反向播放，当前的播放方向可以通过 direction()方法获取，而 setDirection()方法则可以改变播放方向。QTimeLine 中的动画状态一共有 3 种，请看表 6-5。每当状态发生改变时，stateChanged 信号就会发射，动画播放结束则会发射 finished 信号。

表 6-5 QTimeLine 中的动画状态

常 量	描 述
QTimeLine.NoRunning	动画未开始或已结束
QTimeLine.Running	动画正在播放
QTimeLine.Paused	动画被暂停

如果仔细观看动画，我们会发现按钮移动是先慢，后快，再慢的（进度条上的进度变化也一样）。这是因为 QTimeLine 默认使用的缓动曲线（Easing Curve）为 QEasingCurve.InOutSine，如图 6-24 所示。

我们可以调用 setEasingCurve()方法来修改缓动曲线的类型，比如改成 QEasingCurve.OutQuart，如图 6-25 所示。在示例代码 6-20 的初始化函数中加入以下代码：

```
self.time_line.setEasingCurve(QEasingCurve.OutQuart)
```

此时再单击“开始”按钮就会发现，按钮的移动先是很快，然后突然慢下来。

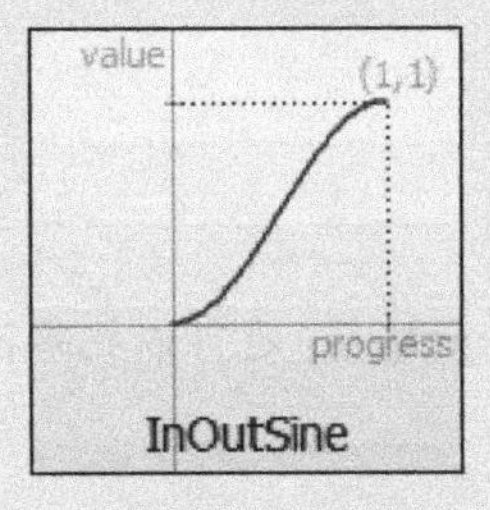

图 6-24 QEasingCurve.InOutSine

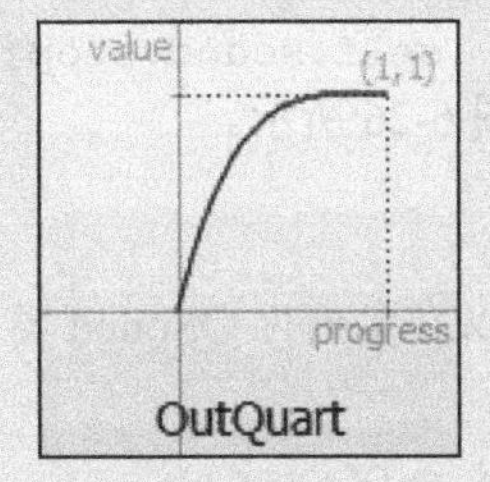

图 6-25 QEasingCurve.OutQuart

可以在官方文档中搜索 QEasingCurve 来查看所有的缓动曲线。

6.5 音频和视频

如今软件上的音视频播放和剪辑功能已经很常见，不过其开发难度还是不小的。幸好 PyQt 提供了许多处理音频和视频的类和方法，能够让我们方便、快速地开发一款音视频软件。本节将介绍 3 个常用的音视频类：QSound、QSoundEffect 和 QMediaPlayer。前两个类用来处理音频，而第三个类既能用来处理音频也能用来处理视频。使用这 3 个类前，我们需要先从 PyQt 的 QtMultimedia 模块中导入它们。

```
from PyQt5.QtMultimedia import *
```

6.5.1 声音类 QSound

如果只是想简单地播放一段音频，那用 QSound 类就够了，我们只需要调用它的 play()方法，不过它只能播放.wav 格式的音频文件，详见示例代码 6-21。

示例代码 6-21

```
class Window(QWidget):
    def __init__(self):
        super(Window, self).__init__()
        self.resize(100, 30)

        self.sound = QSound('audio.wav')    #注释 1 开始
        self.sound.setLoops(2)              #注释 1 结束

        self.btn = QPushButton('播放/停止', self)
        self.btn.clicked.connect(self.play_or_stop)

    def play_or_stop(self):                # 2
        if self.sound.isFinished():
            self.sound.play()
        else:
            self.sound.stop()
```

运行结果如图 6-26 所示。

图 6-26 QSound

代码解释：

#1 我们可以在实例化 QSound 类时传入音频文件的路径，也可以把路径传入 play()方法中，如下所示。

```
self.sound = QSound()
self.sound.play('audio.wav')
```

setLoops()方法用来设置播放音频的循环次数，如果想要无限循环，可以传入 QSound.Infinite。

#2 当"播放/停止"按钮被单击后，首先调用 QSound 对象的 isFinished()方法判断音频是否处于结束状态，是的话就调用 play()方法播放音频。如果音频正在播放，则调用 stop()方法停止。

6.5.2 音效类 QSoundEffect

QSoundEffect 可以用来播放无压缩的音频文件（典型的是.wav 文件），通过它我们不仅能够以低延迟的方式来播放音频，还能够对音频进行更进一步的操作（比如控制音量）。该类非常适合用来播放交互音效，如弹出框的提示音、游戏音效等，详见示例代码 6-22。

示例代码 6-22

```
class Window(QWidget):
    def __init__(self):
        super(Window, self).__init__()
        self.resize(80, 60)

        self.sound_effect = QSoundEffect()      #注释 1 开始
        self.sound_effect.setSource(QUrl.fromLocalFile('click.wav'))
        self.sound_effect.setLoopCount(1)
        self.sound_effect.setVolume(0.8)        #注释 1 结束

        self.btn1 = QPushButton('播放', self)
        self.btn2 = QPushButton('关闭声音', self)
        self.btn1.move(0, 0)
        self.btn2.move(0, 30)
        self.btn1.clicked.connect(self.play)
        self.btn2.clicked.connect(self.mute_unmute)

    def play(self):
        self.sound_effect.play()

    def mute_unmute(self):      # 2
        if self.sound_effect.isMuted():
            self.sound_effect.setMuted(False)
            self.btn2.setText('关闭声音')
        else:
            self.sound_effect.setMuted(True)
            self.btn2.setText('开启声音')
```

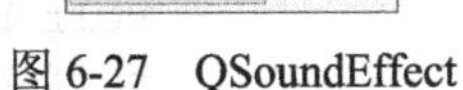

图 6-27 QSoundEffect

运行结果如图 6-27 所示。

代码解释：

#1 在实例化一个 QSoundEffect 对象后，调用它的 setSource()方法设置音频源，需要传入一个 QUrl 类型的参数。setLoopCount()用来设置音频播放的循环次数，如果想要无限循环，可以传入 QSoundEffect.Infinite。setVolume()方法用来设置声音的音量，范围为 0.0 ~ 1.0。

#2 当“关闭声音”按钮被单击后，QSoundEffect 对象先调用 isMuted()方法判断当前音频是否为静音，是的话则调用 setMuted(False)取消静音状态，否则传入 True，设为静音。

6.5.3 媒体播放机类 QMediaPlayer

QMediaPlayer 是一个高级的媒体播放机类，它的功能非常强大，通过它我们既可以播放音频（可以是.mp3 格式的文件），也可以播放视频。该类可以和播放列表类 QMediaPlayList 一同使用，播放列表用来存放待播放的音频和视频源，详见示例代码 6-23。

示例代码 6-23

```
class Window(QWidget):
    def __init__(self):
        super(Window, self).__init__()
        self.resize(260, 30)

        audio1 = QUrl.fromLocalFile('./audio1.wav')         #注释 1 开始
        audio2 = QUrl.fromLocalFile('./audio2.mp3')
        audio3 = QUrl.fromLocalFile('./audio3.mp3')

        self.playlist = QMediaPlaylist()
        self.playlist.addMedia(QMediaContent(audio1))
        self.playlist.addMedia(QMediaContent(audio2))
        self.playlist.addMedia(QMediaContent(audio3))
        self.playlist.setCurrentIndex(0)
        self.playlist.setPlaybackMode(QMediaPlaylist.Loop)
        self.playlist.currentMediaChanged.connect(self.show_info)#注释 1 结束

        self.player = QMediaPlayer()    #注释 2 开始
        self.player.setPlaylist(self.playlist)
        self.player.setVolume(90)       #注释 2 结束

        self.btn1 = QPushButton('上一个', self)
        self.btn2 = QPushButton('播放/停止', self)
        self.btn3 = QPushButton('下一个', self)
        self.btn1.move(0, 0)
        self.btn2.move(90, 0)
        self.btn3.move(190, 0)
        self.btn1.clicked.connect(self.control)
        self.btn2.clicked.connect(self.control)
        self.btn3.clicked.connect(self.control)

    def show_info(self):                    # 3
        print('当前媒体: ', self.playlist.currentMedia())
        print('索引: ', self.playlist.currentIndex())
```

```
    def control(self):                              # 4
        print('媒体状态: ', self.player.mediaStatus())

        if self.sender() == self.btn1:
            self.playlist.previous()
        elif self.sender() == self.btn2:
            if self.player.state() == QMediaPlayer.StoppedState:
                self.player.play()
            else:
                self.player.stop()
        else:
            self.playlist.next()
```

运行结果如图 6-28 所示。

图 6-28 用 QMediaPlayer 播放音频

代码解释：

#1 程序首先将音频源保存在 audio1、audio2 和 audio3 变量中，接着实例化一个 QMediaPlaylist 对象并调用 addMedia()将各个音频源添加到播放列表中，该方法接收一个 QMediaContent 类型的参数。setCurrentIndex()可以用来设置当前要播放的音频，传入 0 表示播放第一个音频。如果需要切换到上一个音频或下一个音频，我们可以直接调用 previous()或 next()来实现。setPlaybackMode()方法用来设置播放模式，一共有 5 种，详见表 6-6。

表 6-6 播放模式

常　量	描　述
QMediaPlaylist.CurrentItemOnce	当前音频只播放一次
QMediaPlaylist.CurrentItemInLoop	单曲循环
QMediaPlaylist.Sequential	顺序播放
QMediaPlaylist.Loop	列表循环
QMediaPlaylist.Random	随机播放

当一个音频播放完毕，要切换时，currentMediaChanged 信号会发射出来，这个信号 QMediaPlayer 也有（QMediaPlaylist 和 QMediaPlayer 两个类拥有很多相同的信号）。

#2 实例化一个 QMediaPlayer 对象，调用 setPlaylist()方法设置媒体播放机要播放的音频列表。setVolume()用来设置音量，范围为 0～100。

#3 在 show_info()槽函数中，我们通过 currentMedia()和 currentIndex()方法分别获取当前的媒体对象和它在播放列表中的索引。

#4 在按钮所连接的 control()槽函数中，我们通过 QMediaPlayer 的 mediaStatus()方法可以得知当前音频文件的加载状态，如果音频播放不出来，我们就可以通过这些状态来进行分析。一共有 9 种加载状态，详见表 6-7。

表 6-7 加载状态

常量	值	描述
QMediaPlayer.UnknownMediaStatus	0	未知媒体状态
QMediaPlayer.NoMedia	1	无媒体文件，QMediaPlayer 处于 StoppedState 播放状态
QMediaPlayer.LoadingMedia	2	正在加载媒体文件，QMediaPlayer 可以处于任何状态
QMediaPlayer.LoadedMedia	3	已加载媒体文件，QMediaPlayer 处于 StoppedState 播放状态
QMediaPlayer.StalledMedia	4	媒体文件由于缓冲不足或其他原因处于卡顿的加载状态，QMediaPlayer 处于 PlayingState（正在播放）或 PausedState（暂停播放）状态
QMediaPlayer.BufferingMedia	5	正在缓冲数据，QMediaPlayer 处于 PlayingState（正在播放）或 PausedState（暂停播放）状态
QMediaPlayer.BufferedMedia	6	已完成缓冲，QMediaPlayer 处于 PlayingState（正在播放）或 PausedState（暂停播放）状态
QMediaPlayer.EndOfMedia	7	媒体文件播放结束，QMediaPlayer 处于 StoppedState（停止播放）状态
QMediaPlayer.InvalidMedia	8	非法的媒体文件，QMediaPlayer 处于 StoppedState（停止播放）状态

QMediaPlayer 的播放状态有以下 3 种，详见表 6-8。

表 6-8 播放状态

常　量	描　述
QMediaPlayer.StoppedState	停止播放状态
QMediaPlayer.PlayingState	正在播放状态
QMediaPlayer.PausedState	暂停播放状态

现在用 QMediaPlayer 播放几个视频，详见示例代码 6-24。此时我们还会用到 QVideoWidget 这个类，它将作为视频输出的载体，使用前需要先从 Qt 模块中导入它：

```
from PyQt5.Qt import QVideoWidget
```

示例代码 6-24

```
class Window(QWidget):
    def __init__(self):
        super(Window, self).__init__()
        self.resize(600, 400)

        video1 = QUrl.fromLocalFile('./video1.mp4')
        video2 = QUrl.fromLocalFile('./video2.mp4')
        video3 = QUrl.fromLocalFile('./video3.mp4')
```

```
        self.playlist = QMediaPlaylist()          #注释 1 开始
        self.playlist.addMedia(QMediaContent(video1))
        self.playlist.addMedia(QMediaContent(video2))
        self.playlist.addMedia(QMediaContent(video3))
        self.playlist.setCurrentIndex(0)
        self.playlist.setPlaybackMode(QMediaPlaylist.Loop)
        self.playlist.currentMediaChanged.connect(self.show_info)

        self.video_widget = QVideoWidget()

        self.player = QMediaPlayer()
        self.player.setPlaylist(self.playlist)
        self.player.setVideoOutput(self.video_widget)#注释 1 结束

        self.btn1 = QPushButton('上一个', self)
        self.btn2 = QPushButton('播放/停止', self)
        self.btn3 = QPushButton('下一个', self)
        self.btn1.clicked.connect(self.control)
        self.btn2.clicked.connect(self.control)
        self.btn3.clicked.connect(self.control)

        btn_h_layout = QHBoxLayout()
        window_v_layout = QVBoxLayout()
        btn_h_layout.addWidget(self.btn1)
        btn_h_layout.addWidget(self.btn2)
        btn_h_layout.addWidget(self.btn3)
        window_v_layout.addWidget(self.video_widget)
        window_v_layout.addLayout(btn_h_layout)
        self.setLayout(window_v_layout)

    def show_info(self):
        print('索引: ', self.playlist.currentIndex())
        print('当前媒体: ', self.playlist.currentMedia())

    def control(self):
        print('媒体状态: ', self.player.mediaStatus())

        if self.sender() == self.btn1:
            self.playlist.previous()
        elif self.sender() == self.btn2:
            if self.player.state() == QMediaPlayer.StoppedState:
                self.player.play()
            else:
                self.player.stop()
        else:
            self.playlist.next()
```

运行结果如图 6-29 所示。

图 6-29 用 QMediaPlayer 播放视频

代码解释：

#1 程序首先实例化 QMediaPlayList 对象和 QVideoWidget 对象，然后分别调用 QMediaPlayer 的 setPlaylist()和 setVideoOutput()方法设置播放列表和视频输出载体。其他方法的使用跟播放音频时是一样的，笔者就不赘述了。

如果无法播放视频，可能是没有视频解码器，安装 LAV Filters 就可以了。读者可以在本书配置的资源包的第 6 章文件夹中找到 LAV Filters 的安装包。

6.6 网页交互

PyQt 给我们提供了一个用来处理网页的 Web 引擎，它是在 Chrome 浏览器内核的基础上开发的，功能非常强大。不过在版本号大于 5.11 的 PyQt 库中是没有这个 Web 引擎模块的，因为官方已经把它分离了出来，我们可以使用 pip 命令进行安装。

```
pip install PyQtWebEngine
```

安装完毕后，导入 QWebEngineView 这个类即可，我们会通过它来处理各种网页。在本节，笔者会带大家一起详细了解它。

```
from PyQt5.QtWebEngineWidgets import QWebEngineView
```

6.6.1 了解 QWebEngineView

现在我们使用 QWebEngineView 来显示一些网页，详见示例代码 6-25。

示例代码 6-25

```
class Window(QWidget):
    def __init__(self):
        super(Window, self).__init__()
```

```
        self.web_view = QWebEngineView()                #注释 1 开始
        self.web_view.load(QUrl('https://www.baidu.com'))
        self.web_view.loadStarted.connect(self.start)
        self.web_view.loadProgress.connect(self.progress)
        self.web_view.loadFinished.connect(self.finish)
        self.web_view.urlChanged.connect(self.show_url)#注释 1 结束

        self.btn = QPushButton('更改网址')               #注释 2 开始
        self.btn.clicked.connect(self.change_url)       #注释 2 结束

        v_layout = QVBoxLayout()
        v_layout.addWidget(self.web_view)
        v_layout.addWidget(self.btn)
        self.setLayout(v_layout)

    def start(self):
        print('开始加载')

    def progress(self, value):
        print(value)

    def finish(self):
        print('加载结束')
        print(self.web_view.title())
        print(self.web_view.icon())

    def show_url(self):
        print(self.web_view.url())

    def change_url(self):
        self.web_view.setUrl(QUrl('https://www.ptpress.com.cn/'))
```

运行结果如图 6-30 所示。

代码解释：

#1 在实例化一个 QWebEngineView 对象后，调用它的 load()方法可以加载一个网页，需要传入一个 QUrl 类型的参数。

程序还展示了 QWebEngineView 的 4 个信号: loadStarted 信号会在网页开始加载时发射；loadProgress 信号会在网页加载过程中不断发射，连接的 progress()槽函数会不断输出当前的加载进度，如果进度为 100，则表示加载完毕；loadFinished 信号会在网页加载结束后发射，在 finish()槽函数中，我们可以通过 title()获取网页的标题；最后一个 urlChanged 信号会在网页地址发生改变时发射。

#2 “更改网址”按钮被单击后，change_url()槽函数中的 QWebEngineView 对象就调用了 setUrl()方法显示出新的网页。如果想要显示自定义的 HTML 页面，可以调用 setHtml()方法。

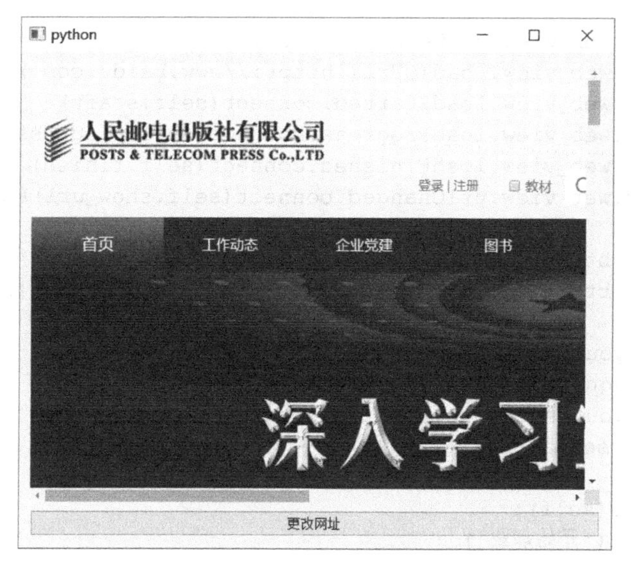

图 6-30　QWebEngineView

6.6.2　制作一款简单的浏览器

在本小节，我们将制作一款简单的浏览器来学习 QWebEngineView 控件的更多用法，详见示例代码 6-26。

示例代码 6-26

```
class Window(QWidget):
    def __init__(self):
        super(Window, self).__init__()
        self.resize(1000, 600)
        self.url_input = QLineEdit()          #注释 1 开始
        self.back_btn = QPushButton()
        self.forward_btn = QPushButton()
        self.refresh_btn = QPushButton()
        self.zoom_in_btn = QPushButton()
        self.zoom_out_btn = QPushButton()
        self.web_view = QWebEngineView()     #注释 1 结束

        self.init_ui()

    def init_ui(self):
        self.init_widgets()
        self.init_signals()
        self.init_layouts()

    def init_widgets(self):
        self.back_btn.setEnabled(False)
```

```
        self.forward_btn.setEnabled(False)
        self.back_btn.setIcon(QIcon('back.png'))
        self.forward_btn.setIcon(QIcon('forward.png'))
        self.refresh_btn.setIcon(QIcon('refresh.png'))
        self.zoom_in_btn.setIcon(QIcon('zoom-in.png'))
        self.zoom_out_btn.setIcon(QIcon('zoom-out.png'))
        self.url_input.setText('about:blank')
        self.url_input.setPlaceholderText('请输入网址')
        self.web_view.setUrl(QUrl('about:blank'))

    def init_signals(self):                    # 2
        self.back_btn.clicked.connect(self.web_view.back)
        self.forward_btn.clicked.connect(self.web_view.forward)
        self.refresh_btn.clicked.connect(self.web_view.reload)
        self.zoom_in_btn.clicked.connect(self.zoom_in)
        self.zoom_out_btn.clicked.connect(self.zoom_out)
        self.web_view.loadFinished.connect(self.update_state)

    def init_layouts(self):
        h_layout = QHBoxLayout()
        v_layout = QVBoxLayout()
        h_layout.addWidget(self.back_btn)
        h_layout.addWidget(self.forward_btn)
        h_layout.addWidget(self.refresh_btn)
        h_layout.addWidget(self.url_input)
        h_layout.addWidget(self.zoom_in_btn)
        h_layout.addWidget(self.zoom_out_btn)
        v_layout.addLayout(h_layout)
        v_layout.addWidget(self.web_view)
        v_layout.setContentsMargins(0, 8, 0, 0)
        self.setLayout(v_layout)

    def update_state(self):
        url = self.web_view.url().toString()
        self.url_input.setText(url)

        if self.web_view.history().canGoBack():
            self.back_btn.setEnabled(True)
        else:
            self.back_btn.setEnabled(False)

        if self.web_view.history().canGoForward():
            self.forward_btn.setEnabled(True)
        else:
            self.forward_btn.setEnabled(False)

    def zoom_in(self):
        zoom_factor = self.web_view.zoomFactor()
        self.web_view.setZoomFactor(zoom_factor + 0.1)
```

```
    def zoom_out(self):
        zoom_factor = self.web_view.zoomFactor()
        self.web_view.setZoomFactor(zoom_factor - 0.1)

    def keyPressEvent(self, event):      # 3
        if event.key() == Qt.Key_Enter:
            if not self.url_input.hasFocus():
                return

            url = self.url_input.text()
            if url.startswith('https://') or url.startswith('http://'):
                self.web_view.load(QUrl(url))
            else:
                url = 'https://' + url
                self.web_view.load(QUrl(url))

            self.url_input.setText(url)
```

运行结果如图 6-31 所示。

图 6-31 简单的浏览器

代码解释：

#1 窗口上除了 QWebEngineView 控件，还多了 5 个按钮和一个单行文本框。back_btn 和 forward_btn 代表的两个按钮分别用来后退和前进，refresh_btn 代表的按钮用来刷新，zoom_in 和 zoom_out 代表的按钮则分别用来放大和缩小网页。

#2 后退、前进和刷新的功能分别由 QWebEngineView 控件的 back()、forward()和 reload()方法实现。在放大和缩小网页时，先调用 zoomFactor()方法获取到当前网页的缩放值，在这个基础上再通过 setZoomFactor()方法设置新的缩放值（范围为 0.25 ~ 5.0）。

当网页加载完毕，loadFinished 信号就会发射。在 update_state()槽函数中，我们将 url_input 控件中的文本设置为当前所加载的网址。通过 QWebEngineView 的 history()方法可以获取到网页历史对象，它保留了当前用户的浏览记录。调用该对象的 canGoBack()和 canGoForward()方法就可以知道当前是否能够后退或前进。

#3 最后来看一下 keyPressEvent()事件函数。当用户在文本框中输完 URL 并按“Enter”键后，我们要先判断文本框是否有焦点（部分用户输入完毕后可能会先单击窗口其他地方，导致文本框失去焦点）。假如不进行判断，那每当用户在窗口上按“Enter”键后，网页就会直接重新加载。接着我们判断用户输入的 URL 是否以“https://”或“http://”开头，不是的话就先加上“https://”再进行加载。

6.7 网络应用

PyQt 提供了 QUdpSocket、QTcpSocket、QTcpServer 这 3 个类，它们封装了许多功能，能够帮助我们快速实现基于 UDP 和 TCP 的应用程序。它们相较于 Python 标准库中的 socket 模块使用起来也更加方便。这 3 个类都在 QtNetwork 模块中，使用前要先导入它们。

```
from PyQt5.QtNetwork import *
```

笔者会把重点放在这 3 个类的用法说明上，不会着重介绍 socket 编程或网络协议的相关基础知识，默认读者是了解的。

6.7.1 QUdpSocket

在本小节，我们将通过 QUdpSocket 来开发一款简单的多人聊天室应用，首先编写好客户端，详见示例代码 6-27。

示例代码 6-27 udp_client.py

```
class Client(QWidget):
    def __init__(self):
        super(Client, self).__init__()
        self.resize(600, 500)

        self.browser = QTextBrowser()             #注释 1 开始
        self.edit = QTextEdit()
        self.edit.setPlaceholderText('请输入消息')
        self.splitter = QSplitter(Qt.Vertical)
        self.splitter.addWidget(self.browser)
        self.splitter.addWidget(self.edit)
```

```
        self.splitter.setSizes([200, 100])

        self.send_btn = QPushButton('发送')
        self.send_btn.clicked.connect(self.send)

        v_layout = QVBoxLayout()
        v_layout.addWidget(self.splitter)
        v_layout.addWidget(self.send_btn)
        self.setLayout(v_layout)

        self.name = f'用户{id(self)}'
        print(f'我是{self.name}.')      #注释 1 结束

        self.udp = QUdpSocket()         #注释 2 开始
        data = f'{self.name}\n**%%加入%%**'
        self.udp.writeDatagram(data.encode(), QHostAddress('127.0.0.1'), 6666)
        self.udp.readyRead.connect(self.receive)
        self.browser.append('您已加入聊天。\n')  #注释 2 结束

    def send(self):
        if not self.edit.toPlainText():
            return

        message = self.edit.toPlainText()
        data = f'{self.name}\n{message}\n'

        self.edit.clear()
        self.browser.append(data)
        self.udp.writeDatagram(data.encode(), QHostAddress('127.0.0.1'), 6666)

    def receive(self):                          # 3
        while self.udp.hasPendingDatagrams():
            data_size = self.udp.pendingDatagramSize()
            data, host, port = self.udp.readDatagram(data_size)
            if data:
                data = data.decode()
                self.browser.append(data)

    def closeEvent(self, event):                # 4
        data = f'{self.name}\n**%%离开%%**'
        self.udp.writeDatagram(data.encode(), QHostAddress('127.0.0.1'), 6666)
        event.accept()
```

运行结果如图 6-32 所示。

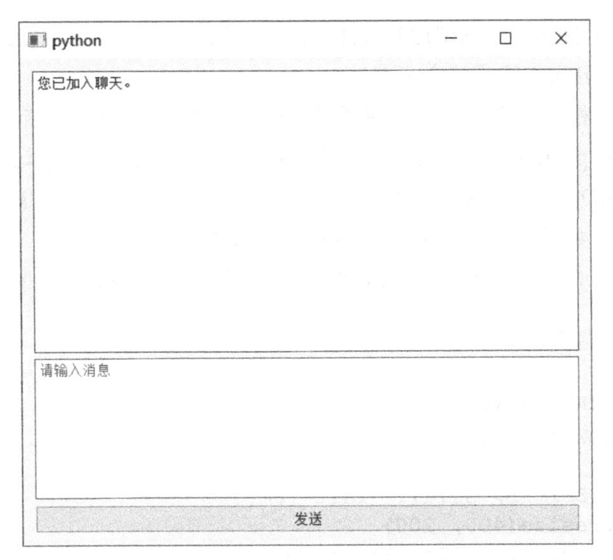

图 6-32　QUdpSocket 客户端

代码解释：

 # 1 QTextBrowser 控件用来显示当前用户发送和接收到的各种信息，QTextEdit 控件用来输入信息，QPushButton 控件则用来发送信息。我们通过 id(self)获取到当前窗口对象的内存地址后，将它作为用户名称保存到 name 变量中。

 # 2 在实例化一个 QUdpSocket 对象后，直接调用 writeDatagram()方法将数据报发送到服务端 IP 地址（为 QHostAddress 类型），告诉它用户已加入聊天。PyQt 提供了几种常用的 IP 地址，详见表 6-9。

表 6-9　PyQt 提供的几种常用 IP 地址

常　量	描　述
QHostAddress.Null	空地址，等同于 QHostAddress()
QHostAddress.LocalHost	IPv4 本地主机地址，等同于 QHostAddress("127.0.0.1")
QHostAddress.LocalHostIPv6	IPv6 本地主机地址，等同于 QHostAddress("::1")
QHostAddress.Broadcast	IPv4 广播地址，等同于 QHostAddress("255.255.255.255")
QHostAddress.AnyIPv4	任何 IPv4 地址，等同于 QHostAdress("0.0.0.0")，与该常量绑定的套接字只监听 IPv4 接口
QHostAddress.AnyIPv6	任何 IPv6 地址，等同于 QHostAdress("::")，与该常量绑定的套接字只监听 IPv6 接口
QHostAddress.Any	任何双协议栈地址，与该常量绑定的套接字可以监听 IPv4 接口和 IPv6 接口

所以代码中的 QHostAddress('127.0.0.1')也可以写成 QHostAddress.LocalHost。每当可以读取新数据时，readyRead 信号就会发射。

#3 在 receive()槽函数中，我们先调用 hasPendingDatagrams()判断是否存在任何待读取的数据报，然后调用 pendingDatagramSize()获取到数据报的大小，并通过 readDatagram()方法将其读取出来，readDatagram()方法返回 3 个值：数据报内容、发送者 IP 地址和发送者端口。最后我们将接收到的数据报进行解码并将其添加到文本浏览框上。

#4 在 closeEvent()事件函数中，我们发送一条信息到服务端，告诉它当前用户已下线。

接下来编写服务端代码，详见示例代码 6-28。

示例代码 6-28 udp_server.py

```
class Server(QWidget):
    def __init__(self):
        super(Server, self).__init__()
        self.resize(400, 200)
        self.browser = QTextBrowser()
        v_layout = QVBoxLayout()
        v_layout.addWidget(self.browser)
        self.setLayout(v_layout)

        self.udp = QUdpSocket()                            #注释 1 开始
        if self.udp.bind(QHostAddress.LocalHost, 6666):
            self.browser.append('已准备好接收数据。\n')
            self.udp.readyRead.connect(self.receive)       #注释 1 结束

        self.client_set = set()


    def receive(self):
        while self.udp.hasPendingDatagrams():
            data_size = self.udp.pendingDatagramSize()
            data, host, port = self.udp.readDatagram(data_size)

            host = host.toString()                         #注释 2 开始
            data = data.decode()
            message = data.split('\n')[1]
            if message == '**%%加入%%**':
                self.client_set.add((host, port))
                data = f'{host}:{port}已加入聊天。\n'
                self.browser.append(data)
            elif message == '**%%离开%%**':
                self.client_set.remove((host, port))
                data = f'{host}:{port}已离开。\n'
                self.browser.append(data)
            else:
                self.browser.append(f'收到一条来自{host}:{port}的消息。\n')
```

```
            self.send_to_other_clients((host, port), data.encode())#注释2结束

    def send_to_other_clients(self, current_client, data):
        for target in self.client_set:
            if target != current_client:
                host = target[0]
                port = target[1]
                self.udp.writeDatagram(data, QHostAddress(host), port)
                self.browser.append(f'已将消息发送给{host}:{port}。\n')

    def closeEvent(self,event):     # 3
        self.udp.close()
        event.accept()
```

运行结果如图 6-33 所示。

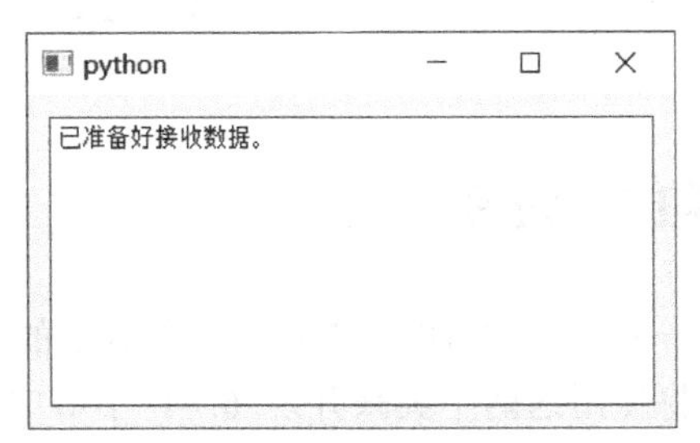

图 6-33 QUdpSocket 服务端

代码解释：

#1 在实例化一个 QUdpSocket 对象后，先调用 bind()方法进行绑定，如果绑定成功，则将 readyRead 信号和 receive()槽函数连接起来。

#2 当获取到客户端发送的数据报后，就可以解码并通过 split('\n')将其中的信息提取出来。如果信息是“**%%加入%%**”，就表示有用户加入了聊天，此时将该用户所在的客户端 IP 地址和端口加入 client_set 集合中，方便之后给该用户发送信息；如果信息是“**%%离开%%**”，就表示有用户下线了，此时就从 client_set 集合中删除这个用户；如果是正常的聊天信息，就在 QTextBrowser 控件上显示该信息的来源。send_to_other_clients()函数负责将某用户的信息发送给其他客户端。

#3 在 closeEvent()事件函数中，我们要关闭 QUdpSocket 对象，释放系统资源。

读者可以把客户端发送的“**%%加入%%**”或“**%%离开%%**”替换成其他字符串，确保不是聊天中常见的语句就可以。

我们现在来使用一下这个聊天室。打开两个命令行窗口，在其中一个命令行窗口中先运行服务端代码，再在第二个命令行窗口中运行客户端代码。此时我们可以从服务端窗口中得

知有用户加入了聊天，而客户端窗口显示了“您已加入聊天。”文本。

如果我们再打开一个命令行窗口运行客户端代码，服务端窗口就会将新用户加入聊天的信息发送给另一个客户端，如图6-34所示。

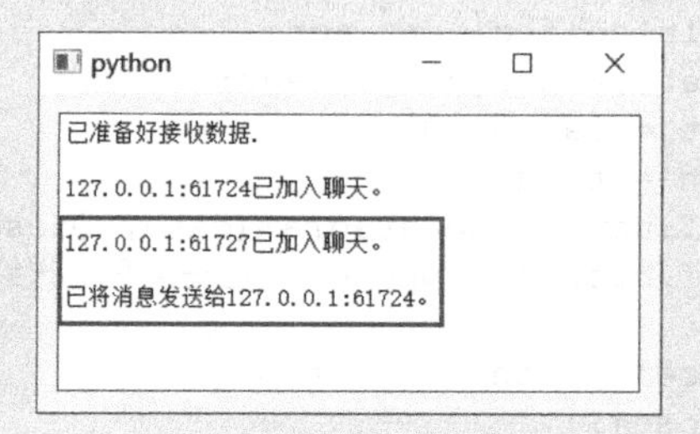

图6-34 通知其他用户有新用户加入聊天

我们在任意一个客户端窗口上发送一条信息，这条信息也会立即显示到另外一个客户端窗口上。

6.7.2 QTcpSocket和QTcpServer

QTcpSocket和QTcpServer这两个类可以用来开发基于TCP的应用，前者用来开发客户端，后者用来开发服务端。我们将使用这两个类来开发6.7.1小节中的多人聊天室应用。先使用QTcpSocket编写客户端，详见示例代码6-29。

示例代码6-29 tcp_client.py

```
class Client(QWidget):
    def __init__(self):
        super(Client, self).__init__()
        self.resize(600, 500)

        self.browser = QTextBrowser()
        self.edit = QTextEdit()
        self.edit.setPlaceholderText('请输入消息')
        self.splitter = QSplitter(Qt.Vertical)
        self.splitter.addWidget(self.browser)
        self.splitter.addWidget(self.edit)
        self.splitter.setSizes([200, 100])

        self.send_btn = QPushButton('发送')
        self.send_btn.clicked.connect(self.send)

        v_layout = QVBoxLayout()
        v_layout.addWidget(self.splitter)
        v_layout.addWidget(self.send_btn)
        self.setLayout(v_layout)

        self.name = f'用户{id(self)}'
```

```
        print(f'我是{self.name}.')

        self.tcp = QTcpSocket()                          #注释 1 开始
        self.tcp.connectToHost(QHostAddress.LocalHost, 6666)
        self.tcp.connected.connect(self.handle_connection)
        self.tcp.readyRead.connect(self.receive)    #注释 1 结束

    def handle_connection(self):
        self.browser.append('已连接到服务器! \n')
        self.browser.append('您已加入聊天。\n')

    def send(self):
        if not self.edit.toPlainText():
            return

        message = self.edit.toPlainText()
        data = f'{self.name}\n{message}\n'

        self.edit.clear()
        self.browser.append(data)
        self.tcp.write(data.encode())

    def receive(self):              # 2
        while self.tcp.bytesAvailable():
            data_size = self.tcp.bytesAvailable()
            data = self.tcp.read(data_size)
            if data:
                self.browser.append(data.decode())

    def closeEvent(self, event):    # 3
        self.tcp.close()
        event.accept()
```

运行结果如图 6-35 所示。

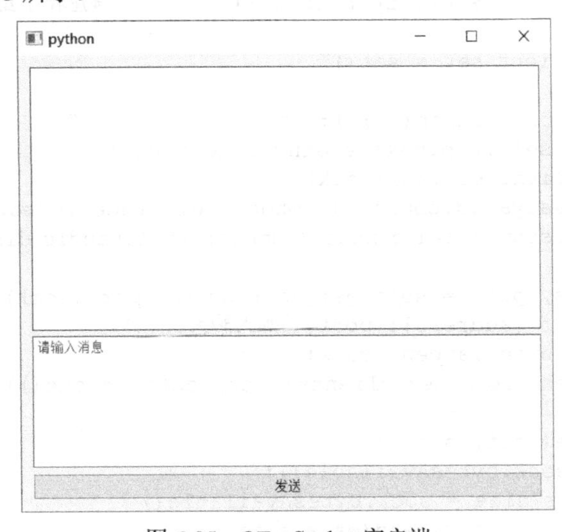

图 6-35 QTcpSocket 客户端

代码解释:

#1 实例化一个QTcpSockset对象，并调用connectToHost()方法连接服务端（三次握手）。如果客户端和服务端连接成功，connected信号就会发射出来。跟QUdpSocket一样，当有新数据等待读取时，readyRead信号就会发射。

#2 我们使用bytesAvailable()方法判断是否还有数据等待接收，如果有的话则调用read()方法将其读取出来。

#3 如果用户关闭了聊天窗口，则调用close()方法关闭连接，释放系统资源。

现在使用QTcpServer编写服务端，详见示例代码6-30。

示例代码6-30　tcp_server.py

```
class Server(QWidget):
    def __init__(self):
        super(Server, self).__init__()
        self.resize(400, 200)
        self.browser = QTextBrowser()
        v_layout = QVBoxLayout()
        v_layout.addWidget(self.browser)
        self.setLayout(v_layout)

        self.tcp = QTcpServer()                    #注释1开始
        if self.tcp.listen(QHostAddress.LocalHost, 6666):
            self.browser.append('已准备好与客户端进行连接。\n')
            self.tcp.newConnection.connect(self.handle_connection)
        else:
            error = self.tcp.errorString()
            self.browser.append(error)             #注释1结束

        self.client_set = set()

    def handle_connection(self):                   # 2
        sock = self.tcp.nextPendingConnection()
        self.client_set.add(sock)
        sock.readyRead.connect(lambda: self.receive(sock))
        sock.disconnected.connect(lambda: self.handle_disconnection(sock))

        address, port = self.get_address_and_port(sock)
        data = f'{address}:{port}已加入聊天。\n'
        self.browser.append(data)
        self.send_to_other_clients(sock, data.encode())

    def receive(self, sock):
        while sock.bytesAvailable():
            data_size = sock.bytesAvailable()
            data = sock.read(data_size)
            self.send_to_other_clients(sock, data)
```

```
    def handle_disconnection(self, sock):
        self.client_set.remove(sock)

        address, port = self.get_address_and_port(sock)
        data = f'{address}:{port}离开。\n'
        self.browser.append(data)
        self.send_to_other_clients(sock, data.encode())

    def send_to_other_clients(self, current_client, data):
        for target in self.client_set:
            if target != current_client:
                target.write(data)
                address, port = self.get_address_and_port(target)
                self.browser.append(f'已将消息发送给{address}:{port}。\n')

    def get_address_and_port(self, sock):# 3
        address = sock.peerAddress().toString()
        port = sock.peerPort()
        return address, port

    def closeEvent(self,event):
        self.tcp.close()
        event.accept()
```

运行结果如图 6-36 所示。

图 6-36 QTcpServer 服务端

代码解释：

 # 1 实例化一个 QTcpServer 对象，调用 listen()方法对指定 IP 地址和端口进行监听。如果监听正常，则返回 True，否则返回 False。可以调用 errorString()方法来获取监听失败的原因。

 # 2 每当有来自客户端的新的连接请求时，QTcpServer 就会发射 newConnection 信号。在它所连接的 handle_connection()槽函数中，我们调用 nextPendingConnection()方法来获取一个连接到客户端的 QTcpSocket 对象，通过它我们就可以和客户端通信了。如果客户端与服务端断开连接，disconnected 信号就会发射。

 # 3 在自定义的 get_address_and_port()函数中，我们通过 peerAddress()和 peerPort()方法分别获取到客户端使用的 IP 地址和端口。

这个修改后的多人聊天室应用的使用方法和 6.7.1 小节中的一样，也是先运行服务端代码，再运行客户端代码，笔者就不赘述了。

6.8 QSS

QSS 是一种用来自定义控件外观的强大机制。它的语法跟 CSS 非常相似，所以如果读者了解过 CSS 的话可以很快地掌握本章内容。

窗口或控件可以通过调用 setStyleSheet()方法来设置外观样式，该方法接收一个 QSS 样式字符串，样式内容可以保存在.qss 或者.css 格式的文件中。现在我们通过 QSS 来改变按钮控件上文本字体的大小，详见示例代码 6-31。

示例代码 6-31

```
class Window(QWidget):
    def __init__(self):
        super(Window, self).__init__()
        qss = "QPushButton {font-size: 50px;}"   # 1
        self.btn = QPushButton('button', self)
        self.btn.setStyleSheet(qss)
```

运行结果如图 6-37 所示。

图 6-37 用 QSS 改变按钮控件上的文本字体大小

代码解释：

#1 "QPushButton {font-size: 50px;}"这个 QSS 样式的作用是让 QPushButton 按钮控件上的文本字体大小变为 50 像素，它的语法是不是跟 CSS 的很像？

现在，我们在项目中新建一个 style.qss（或者 style.css）文件，然后将上述 QSS 样式复制到这个 style.qss 文件中，最后在程序中读取这个文件，详见示例代码 6-32。

示例代码 6-32

```
class Window(QWidget):
    def __init__(self):
        super(Window, self).__init__()

        with open('./style.qss', 'r') as f:
            qss = f.read()

        self.btn = QPushButton('button', self)
        self.btn.setStyleSheet(qss)
```

我们可以调用 QApplication 对象的 setStyleSheet()方法将样式作用于整个应用程序（笔者接下来都会这样操作），详见示例代码 6-33。

示例代码 6-33

```
class Window(QWidget):
    def __init__(self):
        super(Window, self).__init__()
        self.btn = QPushButton('button', self)
```

```
if __name__ == '__main__':
    with open('style.qss', 'r', encoding='utf-8') as f:
        qss = f.read()

    app = QApplication([])
    app.setStyleSheet(qss)

    window = Window()
    window.show()
    sys.exit(app.exec())
```

当然我们也可以使用 window.setStyleSheet(qss)让 QSS 样式只作用于 Window 窗口。

6.8.1 安装 QSS 高亮插件

在 PyCharm 中可以安装“Qt Style Sheet Highlighter”插件，它可对 QSS 代码提供高亮支持，让我们在编写 QSS 代码时更加得心应手。首先在 PyCharm 中单击“File”→“Settings”→“Plugins”打开插件下载窗口，并搜索“Qt Style Sheet Highlighter”，如图 6-38 所示。

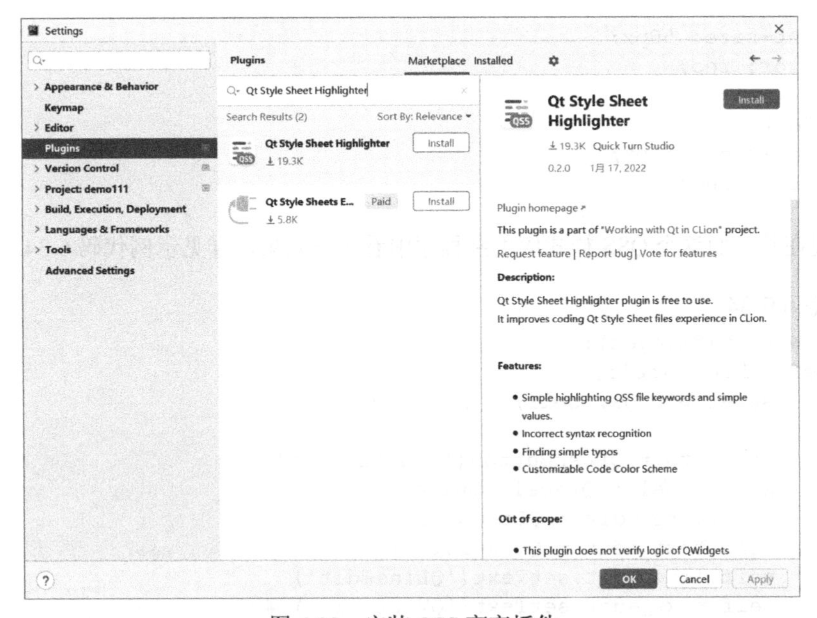

图 6-38 安装 QSS 高亮插件

接着单击“Install”按钮进行安装，安装完毕后单击“OK”按钮关闭窗口。

6.8.2 基本规则

每个 QSS 样式都由选择器和声明这两部分组成，前者用来指定样式所作用的控件对象，后者用来指定样式使用的属性和值。比方说“QPushButton {font-size: 50px;}”这个样式，选择器

“QPushButton”指定将样式作用于所有 QPushButton 按钮控件以及继承这个类的控件。声明部分则指定“font-size”文本字体大小属性，并将值设置成了 50 像素。我们可以声明多个属性和值，每对属性和值之间需要用英文分号间隔开来。

```
QPushButton {
    font-size: 50px;
    color: red;
}
```

当然也可以同时指定多个选择器。

```
QPushButton, QLabel, QLineEdit {
    font-size: 50px;
    color: red;
}
```

还可以把选择器部分拆开，像下面这样写。

```
QPushButton {
    font-size: 50px;
    color: red;
}
QLabel {
    font-size: 50px;
    color: red;
}
QLineEdit {
    font-size: 50px;
    color: red;
}
```

我们现在将上面这个 QSS 样式应用到程序中看一下效果，详见示例代码 6-34。

示例代码 6-34

```
class Window(QWidget):
    def __init__(self):
        super(Window, self).__init__()

        self.btn = QPushButton('QPushButton')
        self.label = QLabel('QLabel')
        self.line_edit = QLineEdit()
        self.text_edit = QTextEdit()
        self.line_edit.setText('QLineEdit')
        self.text_edit.setText('QTextEdit') # 1

        v_layout = QVBoxLayout()
        v_layout.addWidget(self.btn)
        v_layout.addWidget(self.label)
        v_layout.addWidget(self.line_edit)
        v_layout.addWidget(self.text_edit)
        self.setLayout(v_layout)
```

运行结果如图 6-39 所示。

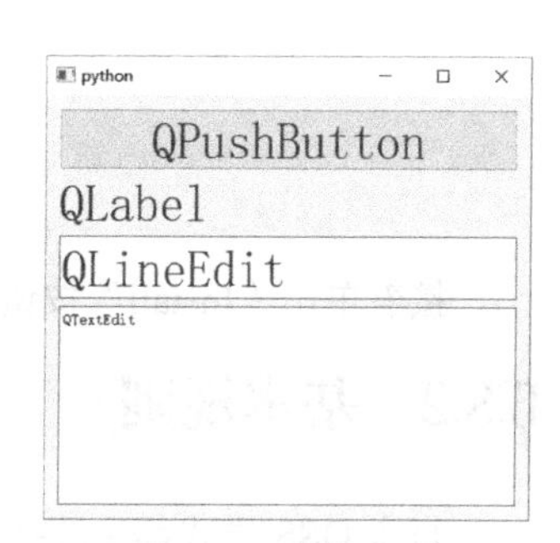

图 6-39 基本规则

代码解释：

#1 由于 QTextEdit 没有在 QSS 样式的选择器中出现，所以它的文本字体大小和颜色是不会改变的。

6.8.3 选择器的类型

选择器的类型有很多种，下面总结了几种常用的选择器，详见表 6-10。

表 6-10 选择器

类　型	示　例	描　述
通用选择器	*	匹配所有控件
类型选择器	QPushButton	匹配所有 QPushButton 控件及其子类（即上文中演示的那种）
属性选择器	QPushButton[name="btn"] QPushButton[name~="btn"]	匹配所有 name 属性的值为“btn”的 QPushButton 控件。~=代表匹配所有 name 属性的值中包含“btn”的 QPushButton 控件。可以通过 setProperty()方法设置属性以及对应的值，而如果要获取某属性值，使用 property()方法，传入属性名就可以了
类名选择器	.QPushButton	匹配所有 QPushButton 控件，但不匹配其子类。也可以这样写： *[class~="QPushButton"]
ID 选择器	QPushButton#btn	匹配所有对象名称（Object Name）为“btn”的 QPushButton 控件，可以调用 setObjectName()方法设置对象名称。虽然不同的控件可以设置相同的对象名称，但是不建议这样做
后代选择器	QWidget QPushButton	匹配所有 QWidget 控件中包含（无论是直接包含还是间接包含）的 QPushButton 控件
子选择器	QWidget > QPushButton	匹配所有 QWidget 控件中直接包含的 QPushButton 控件

现在通过示例代码 6-35 来实际演示一下，请大家先将下面的 QSS 样式输入 style.qss 文件中。

```
/* 把所有文本的颜色都设为红色 */
* {color: red;}

/* 把所有 QPushButton 控件及其子类的背景颜色设为蓝色 */
QPushButton {background-color: blue;}

/* 把所有 name 属性为“btn”的 QPushButton 控件的背景颜色设为绿色 */
QPushButton[name="btn"] {background-color: green;}

/* 把所有 QLineEdit 控件(不包括子类)的文本字体加粗，大小设为 20 像素 */
.QLineEdit {font: bold 20px;}
```

```
/* 选择所有对象名称为“cb”的 QComboBox 控件，将它们的文本颜色设为蓝色 */
QComboBox#cb {color: blue;}

/* 把所有直接包含和间接包含在 QGroupBox 中的 QLabel 控件的文本颜色设为蓝色 */
QGroupBox QLabel {color: blue;}

/* 把所有直接包含在 QGroupBox 中的 QLabel 控件文本字体大小设为 30 像素 */
QGroupBox > QLabel {font: 30px;}
```

示例代码 6-35

```
class Window(QWidget):
    def __init__(self):
        super(Window, self).__init__()

        self.btn1 = QPushButton('button1', self)
        self.btn2 = QPushButton('button2', self)
        self.btn2.setProperty('name', 'btn')          #注释 1 开始
        print(self.btn2.property('name'))             #注释 1 结束

        self.line_edit1 = QLineEdit(self)
        self.line_edit1.setPlaceholderText('line edit')
        self.line_edit2 = SubLineEdit()

        self.combo_box = QComboBox(self)              #注释 2 开始
        self.combo_box.addItems(['A', 'B', 'C', 'D'])
        self.combo_box.setObjectName('cb')            #注释 2 结束

        self.group_box = QGroupBox()                  #注释 3 开始
        self.label1 = QLabel('label1')
        self.label2 = QLabel('label2')
        self.stack = QStackedWidget()
        self.stack.addWidget(self.label2)             #注释 3 结束

        gb_layout = QVBoxLayout()
        v_layout = QVBoxLayout()
        gb_layout.addWidget(self.label1)
        gb_layout.addWidget(self.stack)
        self.group_box.setLayout(gb_layout)
        v_layout.addWidget(self.btn1)
        v_layout.addWidget(self.btn2)
        v_layout.addWidget(self.line_edit1)
        v_layout.addWidget(self.line_edit2)
        v_layout.addWidget(self.combo_box)
        v_layout.addWidget(self.group_box)
        self.setLayout(v_layout)

class SubLineEdit(QLineEdit):
    def __init__(self):
        super(SubLineEdit, self).__init__()
        self.setPlaceholderText('sub line edit')
```

运行结果如图 6-40 所示。

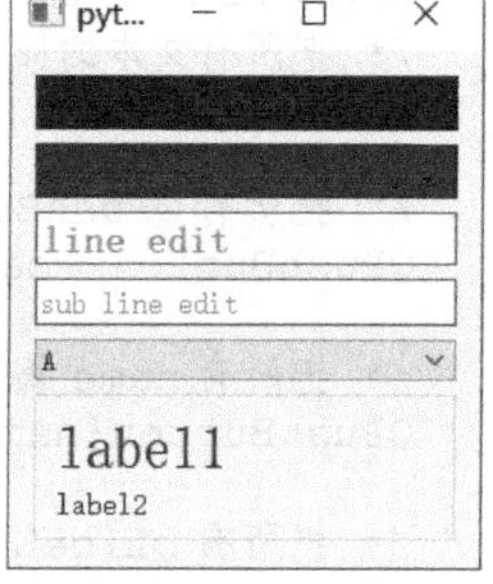

图 6-40　各种选择器类型

代码解释：

#1 “button2”按钮调用了 setProperty()方法设置了一个自定义属性 name，并将该属性的值设为“btn”，所以 property('name')输出的值就是“btn”，“button2”按钮的背景颜色就为绿色。

#2 combo_box 代表的下拉列表框则调用了 setObjectName()方法将对象名称设置为“cb”，这样就匹配到了 QComboBox#cb {color: blue;}。

#3 label1 是直接被添加到 QGroupBox 中的，匹配的是“QGroupBox QLabel {color:blue;}”和“QGroupBox > QLabel {font: 30px;}”这两个样式，而 label2 则是通过一个 QStackWidget 被添加到 QGroupBox 中的，所以算是间接包含，只匹配前者。剩余部分的匹配规则相信读者通过 style.qss 文件中的注释也能够理解，笔者就不赘述了。

大家可能会觉得奇怪，明明“* {color: red}”这个样式是把所有的文本颜色设为红色，但是有些控件的文本颜色并没有改变，比如 QComboBox 上的文本颜色就是蓝色。

这里就涉及“具体与笼统”的概念，当选择器写得越具体时，选择器的优先程度就越高。通配符*这一选择器写法非常笼统，而之后几个样式的选择器都是指定了控件名称的，比通配符更加具体，所以优先程度更高。再比如这两个样式：

```
QPushButton {background-color: blue;}
QPushButton[name='btn'] {background-color: green;}
```

第一个样式规定所有 QPushButton 控件及其子类的背景颜色变为蓝色，但第二个样式指定了 name 属性，比第一个样式更加具体，所以匹配到该选择器的按钮控件背景颜色为绿色，不会遵循第一个样式。

6.8.4 子控制器

PyQt 提供的原生控件其实可以被细分成不同的子控件，比如 QSpinBox 数字调节框控件，它就包含一个单行文本框控件、向上调节按钮控件和向下调节按钮控件。QSS 中有丰富的属性用来修改输入框样式或其中的文本样式，但是这两个调节按钮控件似乎不那么容易被获取到。此时就应该使用子控制器，它是 QSS 中独有的（CSS 中没有子控制器这一概念），用来设置窗口或控件的子控件样式。子控制器的出现能够让 QSS 更深入地改变界面样式。

QSpinBox 的向上调节按钮控件和向下调节按钮控件可以分别通过::up-button 和::down-button 获取到（子控制器用两个冒号::获取）。示例代码 6-36 通过子控制器改变了这两个按钮控件的样式，首先我们在 style.qss 中输入以下内容。

```
/* 给向上调节按钮控件添加一张图片 */
QSpinBox::up-button {
    image: url(up.png);
}

/* 给向下调节按钮控件添加一张图片 */
QSpinBox::down-button {
    image: url(down.png);
}
```

示例代码 6-36

```
class Window(QWidget):
    def __init__(self):
        super(Window, self).__init__()
        self.spin_box = QSpinBox(self)
        self.spin_box.resize(100, 30)
```

运行结果如图 6-41 所示。

图 6-41　子控制器

6.8.5　伪状态

控件会根据用户的不同操作呈现出不同的状态，这些状态也被称为“伪状态”。比方说 QPushButton 按钮控件，当我们单击按钮时，它处于被按下的状态（pressed）。如果调用 setEnabled(False)禁用按钮，那它就处于禁用状态（disabled）。PyQt 提供了很多伪状态选择器以方便我们对不同状态下的控件样式进行修改，比如要修改按钮被禁用时的样式，就可以先用:disabled 获取到禁用状态（伪状态用一个冒号:获取）。示例代码 6-37 通过伪状态选择器改变了按钮在不同状态下的样式，现在我们首先在 style.qss 中输入以下内容。

```
/* 鼠标指针悬停在按钮上 */
QPushButton:hover {
    background-color: red;
}
/* 按钮被按下 */
QPushButton:pressed {
    background-color: green;
}
/* 按钮被禁用 */
QPushButton:disabled {
    background-color: blue;
}
```

示例代码 6-37

```
class Window(QWidget):
    def __init__(self):
        super(Window, self).__init__()
        self.btn = QPushButton('button', self)
        self.btn.clicked.connect(lambda: self.btn.setEnabled(False))
```

运行结果如图 6-42 所示。

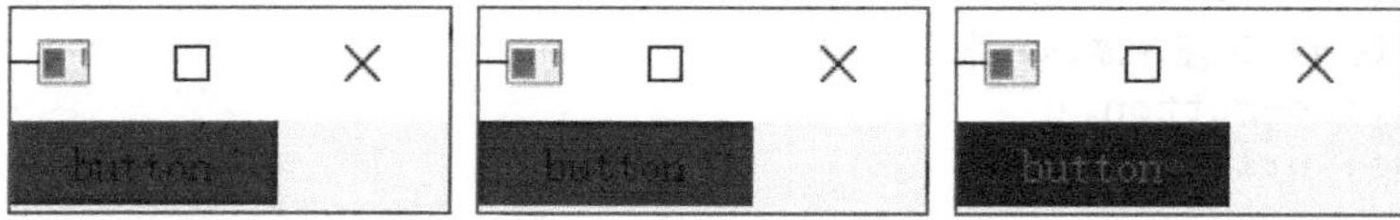

图 6-42　伪状态

我们可以在伪状态前加一个英文格式的感叹号“!”来表示相反的状态，比方说在悬停状态前加一个“!”，像下面这样。

```
QPushButton:!hover {
    background-color: red;
}
```

那么当鼠标指针没有悬停在 QPushButton 控件或其子类上时，其背景颜色是红色的。

6.8.6 QSS 第三方库

QSS 学习起来是非常容易的，但是要设计出好看的界面样式，还需要一定的设计能力。当然，我们也可以使用一些“大神”已经编写好的 QSS 样式来美化自己的程序界面。笔者在这里介绍两个非常不错的 QSS 第三方库。

1. Qt-Material

第一个 QSS 第三方库是 Qt-Material，它提供了许多仿 Material 的界面样式，如图 6-43 所示。

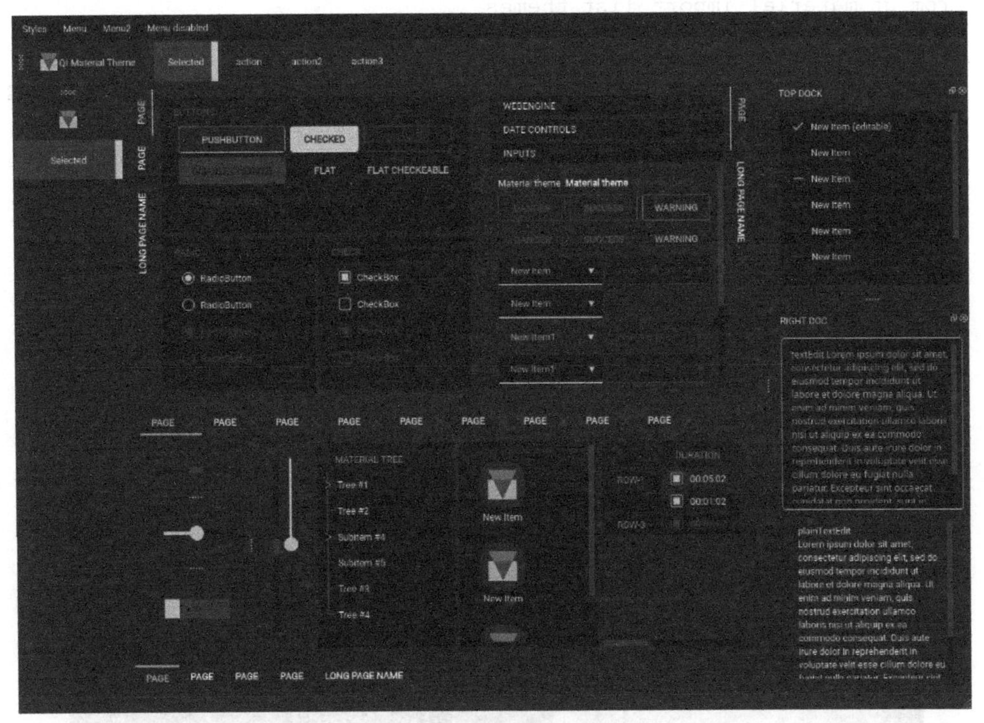

图 6-43 Qt-Material

这个库的 pip 下载命令如下。

```
pip install qt-material
```

示例代码 6-38 演示了这个库的基本用法。使用 Qt-Material 样式库前，我们先添加以下导入代码，注意要在导入 PyQt 模块后再导入它。

```
from qt_material import apply_stylesheet
```

示例代码 6-38

```
class Window(QWidget):
    def __init__(self):
        super(Window, self).__init__()
        self.btn = QPushButton('BUTTON', self)

if __name__ == '__main__':
    app = QApplication([])
    apply_stylesheet(app, theme='dark_teal.xml')# 1

    window = Window()
    window.show()
    sys.exit(app.exec())
```

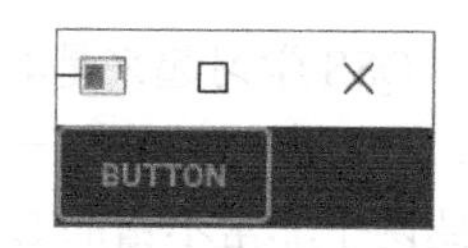

图 6-44 使用 Qt-Material

运行结果如图 6-44 所示。

程序此时设置的是 dark_teal.xml 样式，如果要查看 Qt-Material 库提供的所有主题样式，可以使用 list_themes()方法。

```
from qt_material import list_themes

list_themes()
```

如果要使用 light 主题，我们需要给 invert_secondary 参数传入 True，如下方代码所示。

```
apply_stylesheet(app, theme='light_red.xml', invert_secondary=True)
```

可以从 GitHub 了解有关 Qt-Material 的更多用法。

2. QDarkStyleSheet

第二个第三方库是 QDarkStyleSheet，它提供了完整的明暗系列主题，如图 6-45 所示。

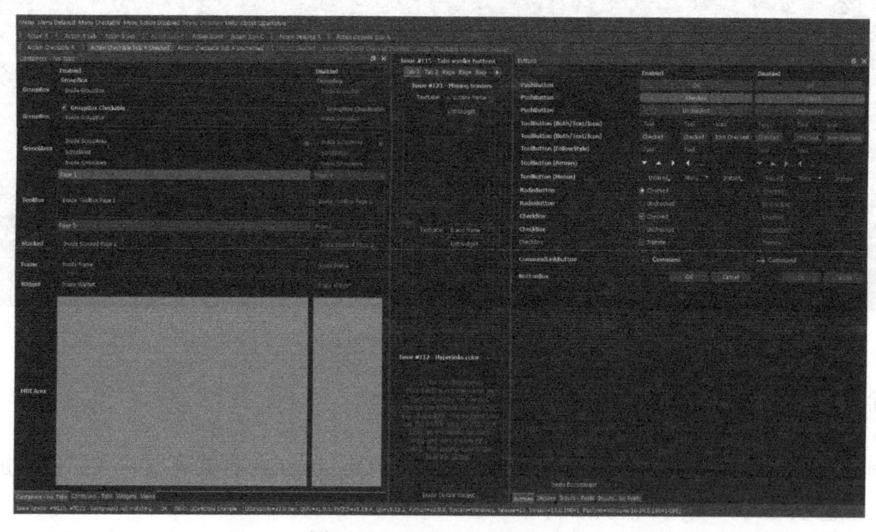
图 6-45 QDarkStyleSheet

这个库的 pip 下载命令如下。

```
pip install qdarkstyle
```

示例代码 6-39 演示了这个库的基本用法。使用这个库前，先添加以下导入代码。

```
import qdarkstyle
```

示例代码 6-39

```
class Window(QWidget):
    def __init__(self):
        super(Window, self).__init__()
        self.btn = QPushButton('button', self)

if __name__ == '__main__':
    app = QApplication([])
    qss = qdarkstyle.load_stylesheet()  #注释 1 开始
    app.setStyleSheet(qss)              #注释 1 结束

    window = Window()
    window.show()
    sys.exit(app.exec())
```

运行结果如图 6-46 所示。

图 6-46 使用 QDarkStyleSheet

代码解释：

#1 程序首先调用 load_stylesheet()方法获取 QSS 样式，然后将它传入 QApplication 对象的 setStyleSheet()方法中。如果要切换为明亮主题，只需要往 load_stylesheet()方法中传入 qdarkstyle.LightPalette，该方法默认使用的是黑暗主题 qdarkstyle.DarkPalette。

6.9 国际化

如果要扩大软件的用户群体，我们就需要使它能切换不同的语言。PyQt 为开发者提供了 Qt Linguist 工具，我们可以用它来翻译代码中的各个文本并生成.qm 格式的文件，之后可以在代码中导入该文件实现语言切换的功能。

6.9.1 使用 translate()方法

当我们给控件设置文本时，会调用 setText()方法并传入相应的文本。为了能让 PyQt 提取出要翻译的文本，我们要先对各个文本字符串使用 QCoreApplication.translate()方法，详见示例代码 6-40。

示例代码 6-40

```
class Window(QWidget):
    def __init__(self):
```

```
        super(Window, self).__init__()
        self.combo_box = QComboBox()
        self.combo_box.addItems(['English', '中文'])
        self.button = QPushButton()
        self.label = QLabel()
        self.label.setAlignment(Qt.AlignCenter)

        v_layout = QVBoxLayout()
        v_layout.addWidget(self.combo_box)
        v_layout.addWidget(self.button)
        v_layout.addWidget(self.label)
        self.setLayout(v_layout)

        self.retranslateUi()

    def retranslateUi(self):                # 1
        _translate = QCoreApplication.translate
        self.setWindowTitle(_translate('Window', 'Switch'))
        self.button.setText(_translate('Window', 'Start'))
        self.label.setText(_translate('Window', 'Hello World!'))
```

运行结果如图 6-47 所示。

图 6-47 语言切换功能

代码解释：

#1 我们专门定义了一个 retranslateUi()函数来更新控件的文本。在切换语言时，我们会再次调用这个函数。将 QCoreApplication.translate 保存到_translate 变量中，这样可以让我们更加方便使用它。_translate()方法接收的第一个参数是待翻译文本所在的类名称，第二个参数是待翻译文本。

当我们将设计师生成的.ui 文件转换为.py 文件后，其实也可以看到这个名称为 retranslateUi 的函数，它是专门用来更新界面上的文本的。

6.9.2 制作.ts 文件

接下来我们要用 pylupdate5 工具从.py 文件中提取出要翻译的文本，这个工具是随 PyQt 一同安装的，位置在 Python 安装目录下的 Scripts 文件夹中。我们先在 PyCharm 中配置这个工具。

1. 第一步

打开 PyCharm 中的“Settings”对话框（macOS 上为“Preferences”），单击“Tools”→“External Tools”。

2. 第二步

单击上方“+”号后，会出现“Create Tool”对话框，在输入框中按要求输入相应内容，如图 6-48 所示。

图 6-48 配置 pylupdate5

在“Name”输入框中可以输入任意名称，在“Program”输入框中要输入 pylupdate5 可执行文件的路径。在“Arguments”文本框中输入“$FileName$ -ts $Prompt$.ts”，表示从×××.py 文件中提取出要翻译的文本，将其保存在×××.ts 文件中。在“Working directory”输入框中输入“$FileDir$”。输入完毕后单击“OK”按钮保存。

3. 第三步

右击要提取翻译文本的.py 文件，然后在“External Tools”菜单中单击配置好的 pylupdate5 工具，此时 PyCharm 会弹出一个对话框要求我们输入生成的.ts 文件的名称。输入“Chinese”并单击“OK”后就可以在当前路径下看到一个 Chinese.ts 文件了，文件内容如下所示。

```
<?xml version="1.0" encoding="utf-8"?>
<!DOCTYPE TS><TS version="2.0">
<context>
    <name>Window</name>
    <message>
        <location filename="main.py" line="26"/>
        <source>Switch</source>
        <translation type="unfinished"></translation>
    </message>
    <message>
```

```
        <location filename="main.py" line="27"/>
        <source>Start</source>
        <translation type="unfinished"></translation>
    </message>
    <message>
        <location filename="main.py" line="28"/>
        <source>Hello World!</source>
        <translation type="unfinished"></translation>
    </message>
</context>
</TS>
```

6.9.3 使用 Qt Linguist

得到.ts 文件后，我们就可以在 Qt Linguist 中翻译其文本了。Qt Linguist 和 Qt Designer 处在同一路径下，只有安装了 pyqt5-tools 后才会有。如果读者还没有安装这个库，可以先阅读 5.1.1 小节的内容。安装好这个库后，我们在 PyCharm 中对它进行配置。

1. 第一步

在 PyCharm 中配置 Qt Linguist，按要求输入以下内容，如图 6-49 所示。在“Name”输入框中可以输入任意名称，在“Program”输入框中要输入 Qt Linguist 可执行文件的路径。在“Arguments”和“Working directory”两个输入框中则分别输入“$FileName$”和“$FileDir$”。输入完毕后单击“OK”按钮保存。

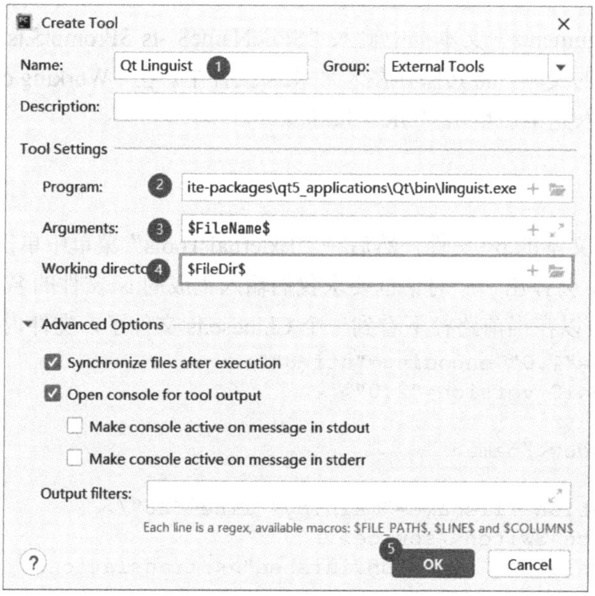

图 6-49 配置 Qt Linguist

2. 第二步

在 English.ts 文件上右击，然后在“External Tools”菜单中单击配置好的 Qt Linguist 工具，接着就会打开 Qt Linguist 的窗口了，此时会出现一个对话框。源文是英文，目标是将其翻译成中文。

3. 第三步

单击“OK”按钮后，窗口内容如图 6-50 所示。我们来看一下 Qt Linguist 窗口中每个子窗口的作用。

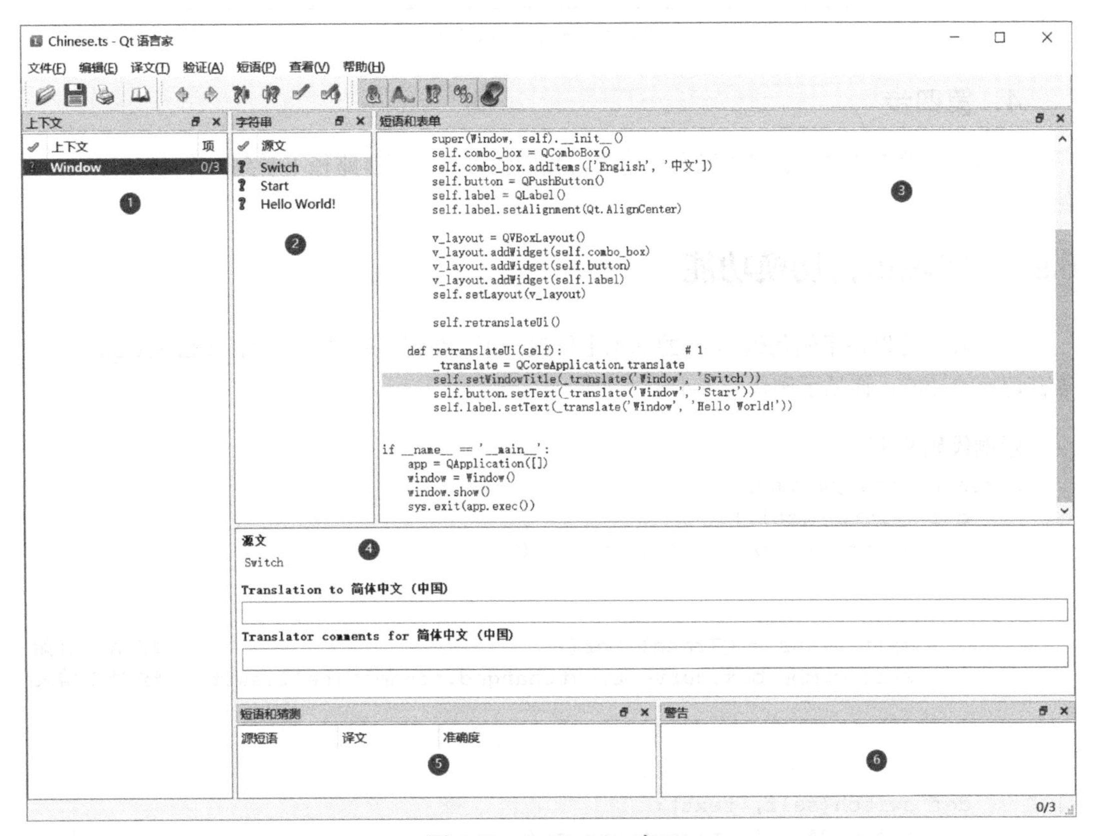

图 6-50 Qt Linguist 窗口

①“上下文”区域：其中每个上下文中都包含一个或多个要翻译的源文，从“源文”区域我们看出 Window 上下文中包含 3 个源文。

②“字符串”区域：显示要翻译的源文。

③“短语和表单”区域：显示代码。

④“源文”区域：翻译在这里进行。一共有两个输入框，上面的输入框用于输入翻译后的

文本，下面的用于输入译文注释。

⑤ 短语和猜测窗口：如果从外部导入词汇的话，这个窗口可以自动显示可能的翻译结果，从而帮助翻译人员更快速地翻译文本。

⑥ 警告窗口：用于显示翻译时出现的错误警告。

每翻译好一个源文，确认无误后就单击窗口上方的绿色打钩按钮，如图 6-51 所示。

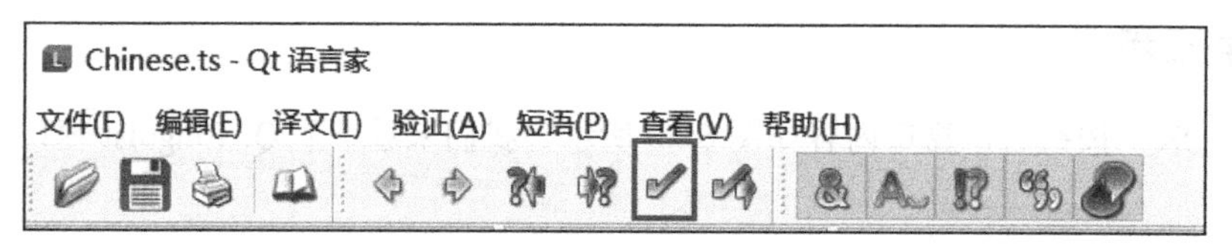

图 6-51 绿色打钩按钮

4. 第四步

单击“文件”菜单，选择“发布”选项后我们就可以在项目路径下看到一个 Chinese.qm 文件了。

6.9.4 实现语言切换功能

现在我们可以在示例代码 6-40 的基础上修改一下，在程序中导入并使用 Chinese.qm，实现语言切换的功能，详见示例代码 6-41。

示例代码 6-41

```
class Window(QWidget):
    def __init__(self):
        super(Window, self).__init__()
        ...

        self.trans = QTranslator()                                    #注释 1 开始
        self.combo_box.currentTextChanged.connect(self.switch) #注释 1 结束

    ...

    def switch(self, text):
        app = QApplication.instance()
        if text == '中文':
            self.trans.load('Chinese.qm')
            app.installTranslator(self.trans)
        else:
            app.removeTranslator(self.trans)
        self.retranslateUi()
```

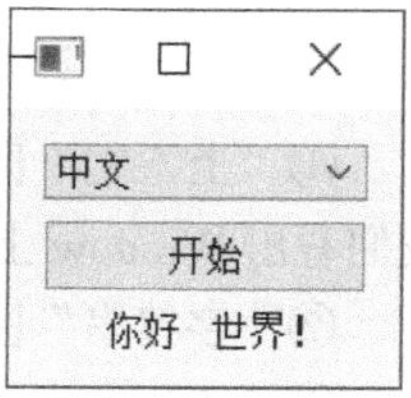

运行结果如图 6-52 所示。

图 6-52 语言切换功能

代码解释：

#1 程序实例化了一个 QTranslator 翻译器对象，我们会调用它的 load()方法导入 Chinese.qm 文件。因为要改变整个程序界面的语言，所以在 switch()槽函数中我们要先通过 QApplication.instance()方法获得一个全局实例，再调用 installTranslator()方法并传入翻译器对象，最后调用 retranslateUi()方法更新界面文本。如果要重新切换回英文界面，我们只需要调用 removeTranslator()方法将翻译器对象删除掉就可以了。

6.10 本章小结

本章的内容比较多，相对于前面章节的内容也更加复杂。通过学习本章，我们首先了解到如何在 PyQt 中使用数据库，PyQt 为各种数据库提供了驱动支持以及数据模型，使用起来是很方便的。

6.2 节的知识点非常重要。PyQt 的界面更新通过主线程完成，我们把这个线程称作 UI 线程。耗时任务的代码不能通过 UI 线程执行，否则会导致界面无响应。我们应该通过 QThread 类创建一个子线程，并通过该子线程执行耗时任务的代码。子线程在实例化的时候可以接收一个窗口类实例，这样我们就能在子线程中获取到窗口上的数据了。

在 6.3 节，我们学习了如何使用画笔和画刷，并通过在窗口上绘制矩形这一个实例进一步巩固了 paintEvent()事件函数以及 QPainter 类的用法。在窗口上绘制完毕后，我们可以使用 QPrinter 类将内容打印出来。

我们可以通过 QPropertyAnimation 属性动画类给控件添加动态效果。如果有多个属性动画，可以使用串行动画组与并行动画组，前者按顺序执行各个属性动画，后者则同时执行。除了属性动画类，我们也可以用时间轴类 QTimeLine 给控件添加动态效果。

QSound 类和 QSoundEffect 类都可以用来播放.wav 格式的音频文件，后者能对音频进行更多操作，比如控制音量。QMediaPlayer 搭配 QMediaPlayList 一起使用，既能够播放.mp3 格式的音频文件又能够播放视频文件，播放视频文件时还需要将 QVideoWidget 作为输出控件。

QWebEngineView 用来开发浏览器，QUdpSocket、QTcpSocket 和 QTcpServer 这几个类用来开发网络应用。本章通过一些实例对这几个类的常用方法进行了简单的介绍，对平日里的一些常见需求开发应该会有帮助，它们的更多用法可以通过官方文档进行了解。

软件的功能固然重要，但也不建议把外观简陋的软件拿给客户使用，可能会导致体验感不好，所以用 QSS 对界面进行美化是非常有必要的。如果涉及海外用户，我们也可以使用 Qt Linguist 将软件源文翻译成其他目标语言，并为软件添加动态切换语言的功能。

第7章 图形视图框架

PyQt 提供的图形视图框架可以让我们方便地管理大量的自定义 2D 图元并与之进行交互。该框架使用 BSP（Binary Space Partitioning，二叉空间剖分）树，能够快速查找图形元素。因此，就算视图中包含大量的内容，我们也可以在界面上快速地操作它们。除此之外，该框架还提供了图元放大、缩小、旋转和碰撞检测的相关方法，非常适合用来开发游戏。

图形视图框架主要包含 3 个类：图形图元类 QGraphicsItem、图形场景类 QGraphicsScene 和图形视图类 QGraphicsView。用简单的一句话来概括一下三者的关系：图元是放在场景上的，而场景内容则是通过视图显示出来的。

7.1 图形图元类 QGraphicsItem

图元是图形视图中的基本单位，它可以是文本、图片、规则几何图形或者任意自定义图形。用户在界面上的操作都是针对图元进行的。

7.1.1 标准图元

我们可以通过继承 QGraphicsItem 类来自定义一个显示特定内容的图元，不过针对常见的图形，PyQt 已经提供了相应的标准图元，方便我们快速呈现和操作，罗列如下。

- 椭圆图元 QGraphicsEllipseItem。
- 直线图元 QGraphicsLineItem。
- 路径图元 QGraphicsPathItem。
- 图片图元 QGraphicsPixmapItem。
- 多边形图元 QGraphicsPolygonItem。
- 矩形图元 QGraphicsRectItem。
- 纯文本图元 QGraphicsSimpleTextItem。
- 富文本图元 QGraphicsTextItem。

现在实例化各个图元，将它们显示在一起，详见示例代码 7-1。

示例代码 7-1

```
class Window(QGraphicsView):
    def __init__(self):
        super(Window, self).__init__()
        self.ellipse = QGraphicsEllipseItem()
        self.ellipse.setRect(0, 100, 50, 100)

        self.line = QGraphicsLineItem()
        self.line.setLine(100, 100, 100, 200)

        self.path = QGraphicsPathItem()
        tri_path = QPainterPath()
        tri_path.moveTo(150, 100)
        tri_path.lineTo(200, 100)
        tri_path.lineTo(200, 200)
        tri_path.lineTo(150, 100)
        tri_path.closeSubpath()
        self.path.setPath(tri_path)

        self.pixmap = QGraphicsPixmapItem()    #注释 1 开始
        self.pixmap.setPixmap(QPixmap('qt.png').scaled(100, 100))
        self.pixmap.setPos(250, 100)
        self.pixmap.setFlags(QGraphicsItem.ItemIsMovable)    #注释 1 结束

        self.polygon = QGraphicsPolygonItem()
        point1 = QPointF(400.0, 100.0)
        point2 = QPointF(420.0, 150.0)
        point3 = QPointF(430.0, 200.0)
        point4 = QPointF(380.0, 110.0)
        point5 = QPointF(350.0, 110.0)
        point6 = QPointF(400.0, 100.0)
        self.polygon.setPolygon(QPolygonF([point1, point2, point3,
                                           point4, point5, point6]))

        self.rect = QGraphicsRectItem()
        self.rect.setRect(450, 100, 50, 100)

        self.simple_text = QGraphicsSimpleTextItem()
        self.simple_text.setText('Hello PyQt!')
        self.simple_text.setPos(550, 100)

        self.rich_text = QGraphicsTextItem()
        self.rich_text.setHtml('<p style="font-size:10px">Hello PyQt!</p>')
        self.rich_text.setPos(650, 100)
        self.rich_text.setTextInteractionFlags(Qt.TextEditorInteraction) # 2
        self.rich_text.setDefaultTextColor(QColor(100, 100, 100)) # 3

        self.graphics_scene = QGraphicsScene()              #注释 4 开始
        self.graphics_scene.setSceneRect(0, 0, 750, 300)
        self.graphics_scene.addItem(self.ellipse)
        self.graphics_scene.addItem(self.line)
```

```
        self.graphics_scene.addItem(self.path)
        self.graphics_scene.addItem(self.pixmap)
        self.graphics_scene.addItem(self.polygon)
        self.graphics_scene.addItem(self.rect)
        self.graphics_scene.addItem(self.simple_text)
        self.graphics_scene.addItem(self.rich_text)      #注释 4 结束

        self.resize(750, 300)                            #注释 5 开始
        self.setScene(self.graphics_scene)               #注释 5 结束
```

运行结果如图 7-1 所示。

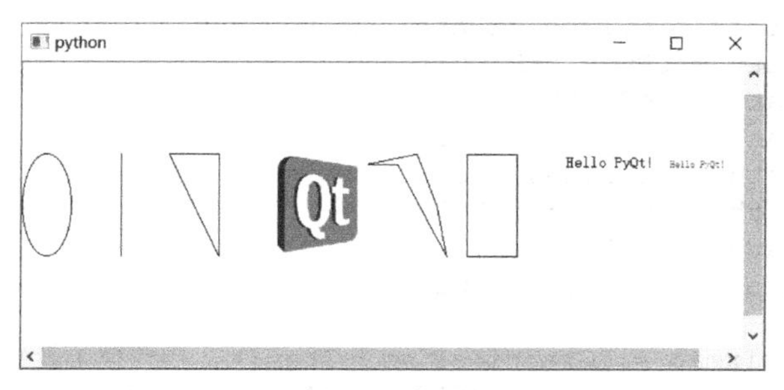

图 7-1 图元

代码解释：

#1 从代码中可以看出，每个图元在实例化之后都调用了各自的方法来设置内容，比如图片图元就调用了 setPixmap()方法设置图片内容，该图元还调用了 setFlags()设置图元特征，传入参数 QGraphicsItem.ItemIsMovable 表示图元能够用鼠标来移动。所有图元都可以使用 setFlags()来设置特征，表 7-1 罗列了该方法接收的几种常用参数。

表 7-1 setFlags()接收的几种常用参数

常 量	描 述
QGraphicsItem.ItemIsMovable	可以移动图元
QGraphicsItem.ItemIsSelectable	可以选择图元，选择时图元周围会有一圈虚线
QGraphicsItem.ItemIsFocusable	图元可以接收焦点
QGraphicsItem.ItemClipsToShape	根据图元形状进行裁剪，形状区域之外的区域无法被绘制，也不会触发鼠标事件、拖放事件
QGraphicsItem.ItemClipsChildrenToShape	根据当前图元的形状进行裁剪，该图元的直接或间接子图元都将限制在该形状区域内，无法在形状区域之外的区域进行绘制
QGraphicsItem.ItemIgnoresParentOpacity	忽略父图元的透明度
QGraphicsItem.ItemStacksBehindParent	当一个父图元添加子图元时，子图元会被放置在父图元下面（默认是置于父图元上面的）。该特征很适合用来制作阴影效果

#2 文本图元有一个独有的 setTextInteractionFlags()方法，它用来设置文本的交互特征，传入 Qt.TextEditorInteraction 表示用户能够直接通过双击来编辑文本。它的更多参数详见表 7-2。

表 7-2 setTextInteractionFlags()接收的几种常用参数

常　量	描　述
Qt.NoTextInteraction	无任何交互
Qt.TextSelectableByMouse	文本可以通过鼠标或键盘选择和复制
Qt.TextSelectableByKeyboard	文本可以通过键盘上的方向键选择
Qt.LinksAccessibleByMouse	可以通过单击访问超链接
Qt.LinksAccessibleByKeyboard	可以通过“Tab”键获取焦点并用“Enter”键访问超链接
Qt.TextEditable	文本能够被完全编辑
Qt.TextEditorInteraction	行为与 QTextEdit 控件相同
Qt.TextBrowserInteraction	行为与 QTextBrowser 控件相同

#3 setDefaultTextColor()方法用来设置文本颜色，传入一个 QColor 对象即可，不过该方法只有富文本图元才拥有，纯文本图元无法设置文本颜色。

#4 图元是要放到场景中的，所以需要实例化一个 QGraphicsScene 对象，它的 setSceneRect()方法用来设置场景大小，addItem()方法用来添加图元。

#5 场景内容通过视图显示出来，所以我们直接继承 QGraphicsView 来开发这个窗口，resize()方法用来设置视图大小，而 setScene()则用来确定要显示的场景。

7.1.2 图元层级

再次运行示例代码 7-1，将 pixmap 图片图元对象往左边移动，可以发现它遮挡住了左边几个图元，再将它往右边移动，发现它被右边几个图元遮挡住了，如图 7-2 所示。

图 7-2 图元遮挡

图元的遮挡关系默认是由图元被添加到场景中的先后顺序决定的，先被添加到场景中的图元会被后添加的图元遮挡。不过我们可以通过 setZValue()方法修改图元的层级大小（默认都是 0），层级大的图元会遮挡住层级小的图元，详见示例代码 7-2。

示例代码 7-2

```
class Window(QGraphicsView):
    def __init__(self):
        super(Window, self).__init__()
        self.rect1 = QGraphicsRectItem()           #注释 1 开始
        self.rect1.setRect(0, 0, 200, 200)
```

```
        self.rect1.setBrush(QBrush(QColor(255, 0, 0)))
        self.rect1.setFlags(QGraphicsItem.ItemIsMovable)
        self.rect1.setZValue(1.0)

        self.rect2 = QGraphicsRectItem()
        self.rect2.setRect(0, 0, 100, 100)
        self.rect2.setBrush(QBrush(QColor(0, 255, 0)))
        self.rect2.setFlags(QGraphicsItem.ItemIsMovable)

        self.rect3 = QGraphicsRectItem()
        self.rect3.setRect(0, 0, 50, 50)
        self.rect3.setBrush(QBrush(QColor(0, 0, 255)))
        self.rect3.setFlags(QGraphicsItem.ItemIsMovable)    #注释 1 结束

        print(self.rect1.zValue())  #注释 2 开始
        print(self.rect2.zValue())
        print(self.rect3.zValue())  #注释 2 结束

        self.graphics_scene = QGraphicsScene()
        self.graphics_scene.setSceneRect(0, 0, 500,500)
        self.graphics_scene.addItem(self.rect1)
        self.graphics_scene.addItem(self.rect2)
        self.graphics_scene.addItem(self.rect3)

        self.resize(500, 500)
        self.setScene(self.graphics_scene)
```

图 7-3 rect1、rect2 和 rect3 的遮挡关系

运行结果如图 7-3 所示。

代码解释：

#1 程序实例化了 3 个矩形图元，添加到场景中的顺序为 rect1、rect2、rect3，所以默认 rect3 会遮挡 rect2，rect2 会遮挡 rect1。但是 rect1 矩形图元对象调用了 setZValue()方法改变了自身的层级大小，且层级大于 rect2 和 rect3，也就是 rect1 会遮挡住 rect2 和 rect3。

#2 zValue()方法用来获取一个图元的层级大小。

父图元会被子图元遮挡，而且父图元无法通过 setZValue()方法改变这种遮挡情况，详见示例代码 7-3。

示例代码 7-3

```
class Window(QGraphicsView):
    def __init__(self):
        super(Window, self).__init__()
        self.rect1 = QGraphicsRectItem()
        self.rect1.setRect(0, 0, 200, 200)
        self.rect1.setBrush(QBrush(QColor(255, 0, 0)))
        self.rect1.setFlags(QGraphicsItem.ItemIsMovable)
        self.rect1.setZValue(2.0)
```

```
        self.rect2 = QGraphicsRectItem()
        self.rect2.setRect(0, 0, 100, 100)
        self.rect2.setBrush(QBrush(QColor(0, 255, 0)))
        self.rect2.setFlags(QGraphicsItem.ItemIsMovable)
        self.rect2.setParentItem(self.rect1)    # 1
        self.rect2.setZValue(1.0)

        self.rect3 = QGraphicsRectItem()
        self.rect3.setRect(0, 0, 50, 50)
        self.rect3.setBrush(QBrush(QColor(0, 0, 255)))
        self.rect3.setFlags(QGraphicsItem.ItemIsMovable)
        self.rect3.setParentItem(self.rect1)    # 1

        print(self.rect1.zValue())
        print(self.rect2.zValue())
        print(self.rect3.zValue())

        self.graphics_scene = QGraphicsScene()
        self.graphics_scene.setSceneRect(0, 0, 500,500)
        self.graphics_scene.addItem(self.rect1)# 2

        self.resize(500, 500)
        self.setScene(self.graphics_scene)
```

运行结果如图 7-4 所示。

图 7-4 rect1、rect2 和 rect3 的遮挡关系

代码解释：

#1 程序实例化了 3 个矩形图元对象，rect2 和 rect3 通过 setParentItem()方法确定 rect1 为它们的父图元，rect2 比 rect3 先被添加到父图元上，所以目前的遮挡情况是：rect3 遮挡 rect2，rect2 遮挡 rect1。

rect2 调用 setZValue()方法将自己的层级大小设为 1，那么 rect2 的层级就比 rect3 大，rect2 就会遮挡 rect3。由于 rect1 是父图元，所以无法通过 setZValue()方法改变父子图元的遮挡情况。目前的遮挡情况变成了这样：rect2 遮挡 rect3，rect3 遮挡 rect1。

#2 在往场景中添加图元时，我们只需要添加 rect1 即可，剩下的几个矩形图元都会根据父子关系自动被添加到场景中。

可以通过 QGraphicsItem.ItemStacksBehindParent 来改变父子图元的遮挡情况。

7.1.3 图元变换

在本小节，我们会学习如何将平移、缩放和旋转这 3 种变换应用到图元上，详见示例代

码 7-4。

示例代码 7-4

```
class Window(QGraphicsView):
    def __init__(self):
        super(Window, self).__init__()
        self.rect1 = QGraphicsRectItem()
        self.rect1.setRect(0, 0, 200, 200)
        self.rect1.setBrush(QBrush(QColor(255, 0, 0)))
        self.rect1.moveBy(100, 100)     # 1
        self.rect1.setScale(1.5)        # 2
        self.rect1.setRotation(45)      # 3
        self.rect1.setTransformOriginPoint(100,100)
                                        # 4

        self.graphics_scene = QGraphicsScene()
        self.graphics_scene.setSceneRect(0, 0, 500, 500)
        self.graphics_scene.addItem(self.rect1)

        self.resize(500, 500)
        self.setScene(self.graphics_scene)
```

运行结果如图 7-5 所示。

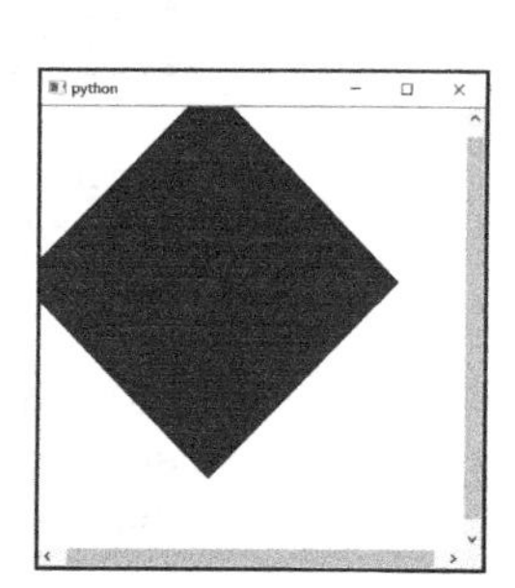

图 7-5 图元变换

代码解释：

#1 平移图元通过 moveBy()方法完成，传入的值分别是图元在场景的 *x* 轴和 *y* 轴上的移动距离。

#2 setScale()方法用来缩放图元，传入 0 会将图元缩小成一个点，传入负数则会返回图元翻转和镜像化后的样子。

#3 setRotation()方法用来旋转图元，传入值的范围通常为[-360, 360]，如果传入 370，其实就是旋转 10°。传入正数会按顺时针旋转图元，传入负数则会按逆时针旋转图元。

#4 缩放和旋转的中心点默认为(0, 0)，也就是图元的左上角。我们可以通过 setTransformOriginPoint()方法改变图元的中心点。因为这个矩形图元的宽和高都是 200 像素，所以传入(100, 100)就表示将缩放和旋转的中心点设置在图元的中心。

setTransformOriginPoint()方法是根据图元的原始大小来设置中心点的，缩放操作不会对该方法产生影响。

7.1.4 图元分组

分组就是指对各个图元进行分类，分到一起的图元会共同行动（选中、移动或复制等），详见示例代码 7-5。

示例代码 7-5

```
class Window(QGraphicsView):
    def __init__(self):
        super(Window, self).__init__()
        self.rect1 = QGraphicsRectItem()
        self.rect2 = QGraphicsRectItem()
        self.ellipse1 = QGraphicsEllipseItem()
        self.ellipse2 = QGraphicsEllipseItem()
        self.rect1.setRect(10, 10, 100, 100)
        self.rect1.setBrush(QBrush(QColor(255, 0, 0)))
        self.rect2.setRect(150, 10, 100, 100)
        self.rect2.setBrush(QBrush(QColor(0, 0, 255)))
        self.ellipse1.setRect(10, 150, 100, 50)
        self.ellipse1.setBrush(QBrush(QColor(255, 0, 0)))
        self.ellipse2.setRect(150, 150, 100, 50)
        self.ellipse2.setBrush(QBrush(QColor(0, 0, 255)))

        self.group1 = QGraphicsItemGroup()                    #注释 1 开始
        self.group2 = QGraphicsItemGroup()
        self.group1.addToGroup(self.rect1)
        self.group1.addToGroup(self.ellipse1)
        self.group1.setFlags(QGraphicsItem.ItemIsSelectable |
                             QGraphicsItem.ItemIsMovable)
        self.group2.addToGroup(self.rect2)
        self.group2.addToGroup(self.ellipse2)
        self.group2.setFlags(QGraphicsItem.ItemIsSelectable |
                             QGraphicsItem.ItemIsMovable) #注释 1 结束

        print(self.group1.boundingRect())                     #注释 2 开始
        print(self.group2.boundingRect())                     #注释 2 结束

        self.graphics_scene = QGraphicsScene()
        self.graphics_scene.setSceneRect(0, 0, 500, 500)
        self.graphics_scene.addItem(self.group1)
                                    #注释 3 开始
        self.graphics_scene.addItem(self.group2)
                                    #注释 3 结束

        self.resize(500, 500)
        self.setScene(self.graphics_scene)
```

运行结果如图 7-6 所示。

图 7-6 图元分组

代码解释：

#1 我们一共实例化了两个矩形图元和两个椭圆图元，让 rect1 和 ellipse1 为一组，rect2 和 ellipse2 为另一组。在实例化两个 QGraphicsItemGroup 分组对象后，我们调用分组对象的 addToGroup()方法将共为一组的图元添加进来。

#2 运行程序后我们发现，rect1 和 ellipse1 可以被同时选中和移动，rect2 和 ellipse2 同样也可以。选中时，分组边界的大小是由组内的图元整体决定的，边界的位置和大小可以通过 boundingRect()方法获取到。

#3 调用场景对象的 addItem()方法将分组添加到场景中。

7.1.5 碰撞检测

碰撞检测通常会在游戏中出现，比如在《飞机大战》游戏中，程序会对子弹和敌机进行碰撞检测。下面通过示例代码 7-6 来带大家了解一下如何对图元进行碰撞检测。

示例代码 7-6

```
class Window(QGraphicsView):
    def __init__(self):
        super(Window, self).__init__()
        self.rect = QGraphicsRectItem()                            #注释 1 开始
        self.ellipse = QGraphicsEllipseItem()
        self.rect.setRect(100, 100, 150, 130)
        self.rect.setFlags(QGraphicsItem.ItemIsMovable |
                           QGraphicsItem.ItemIsSelectable)
        self.ellipse.setRect(100, 300, 150, 100)
        self.ellipse.setFlags(QGraphicsItem.ItemIsMovable |
                              QGraphicsItem.ItemIsSelectable)#注释 1 结束

        self.graphics_scene = QGraphicsScene()
        self.graphics_scene.setSceneRect(0, 0, 500, 500)
        self.graphics_scene.addItem(self.rect)
        self.graphics_scene.addItem(self.ellipse)

        self.resize(500, 500)
        self.setScene(self.graphics_scene)

    def mouseMoveEvent(self, event):        # 2
        super(Window, self).mouseMoveEvent(event)
        if self.ellipse.collidesWithItem(self.rect, Qt.IntersectsItemShape):
            print(self.ellipse.collidingItems(Qt.IntersectsItemShape))
```

运行结果如图 7-7 所示。

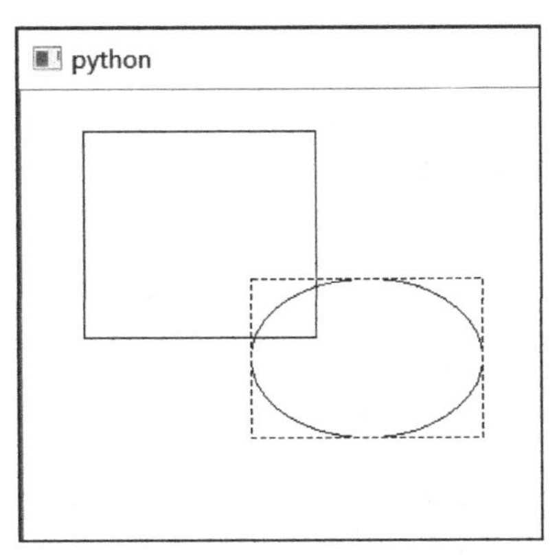

图 7-7 碰撞检测

代码解释：

#1 界面上有一个矩形图元和一个椭圆图元，两者都可以被移动和选中。

#2 我们重点来看一下鼠标移动事件函数中的 collidesWithItem()和 collidingItems()方法。ellipse 椭圆图元对象调用了 collidesWithItem()方法，查看自己是否和 rect 矩形图元对象有碰撞，而碰撞的检测方式为 Qt.IntersectsItemShape，对该参数的解释请看表 7-3。

表 7-3 碰撞检测参数

常量	描述
Qt.ContainsItemShape	以形状为范围，当前图元被其他图元完全包含
Qt.IntersectsItemShape	以形状为范围，当前图元被完全包含或者与其他图元有重叠
Qt.ContainsItemBoundingRect	以矩形边界为范围，当前图元被其他图元完全包含
Qt.IntersectsItemBoundingRect	以矩形边界为范围，当前图元被完全包含或者与其他图元有重叠

从表 7-3 我们得知，碰撞检测可选择以形状或矩形边界为范围。矩形边界就是当我们选中某图元时周围显示的矩形虚线，可以用 boundingRect()方法获取到；而形状就是图元本身的轮廓，可以用 shape()方法获取到。

因此，当 ellipse 本身的轮廓与 rect 的轮廓相交时，collidesWithItem()方法就会返回 True。collidingItems()方法会返回与 ellipse 图元发生碰撞的图元列表。读者可以尝试往窗口上添加更多图元来熟悉这两个方法。

7.1.6 给图元添加信号和动画

QGraphicsItem 不继承 QObject，所以本身并不能使用信号和槽机制，我们也无法给它添加动画，不过 PyQt 提供了 QGraphicsObject 类好让我们解决这一问题，详见示例代码 7-7。

示例代码 7-7

```
class MyRectItem(QGraphicsObject):                      # 1
    my_signal = pyqtSignal()

    def __init__(self):
        super(MyRectItem, self).__init__()

    def boundingRect(self):                             # 2
        return QRectF(0, 0, 100, 30)

    def paint(self, painter, styles, widget=None):      # 3
        painter.drawRect(self.boundingRect())

class Window(QGraphicsView):
    def __init__(self):
        super(Window, self).__init__()
        self.rect = MyRectItem()                        #注释 4 开始
        self.rect.my_signal.connect(lambda: print('signal and slot'))
        self.rect.my_signal.emit()

        self.animation = QPropertyAnimation(self.rect, b'pos')
        self.animation.setDuration(3000)
        self.animation.setStartValue(QPointF(100, 30))
        self.animation.setEndValue(QPointF(100, 200))
        self.animation.setLoopCount(-1)
        self.animation.start()  #注释 4 结束

        self.graphics_scene = QGraphicsScene()
        self.graphics_scene.setSceneRect(0, 0, 500, 500)
        self.graphics_scene.addItem(self.rect)

        self.resize(500, 500)
        self.setScene(self.graphics_scene)
```


图 7-8 矩形图元从上往下移动

运行结果如图 7-8 所示。

代码解释：

#1 通过继承 QGraphicsObject，我们编写了一个自定义的矩形图元类。需要对 boundingRect()和 paint()方法进行重写。

#2 在 boundingRect()中我们返回一个 QRectF 类型的值来确定矩形图元的初始位置和大小。

#3 在 paint()中调用 drawRect()方法将矩形画到界面上。

#4 实例化一个 MyRectItem 对象，并应用信号和动画。

7.2 图形场景类 QGraphicsScene

我们可以把场景看作一个大容器，它能够容纳大量的图元，并提供相应的方法来对图元进行管理。

7.2.1 管理图元

QGraphicsScene 类提供了快速添加、查找和删除图元的相关方法，详见示例代码 7-8。

示例代码 7-8

```
class Window(QGraphicsView):
    def __init__(self):
        super(Window, self).__init__()
        self.graphics_scene = QGraphicsScene()
        self.graphics_scene.setSceneRect(0, 0, 300, 300)
        self.graphics_scene.focusItemChanged.connect(self.show_item)# 1

        self.ellipse = self.graphics_scene.addEllipse(50, 100, 50, 100)
                                                             #注释 2 开始
        self.ellipse.setFlags(QGraphicsItem.ItemIsFocusable)
        self.rect = self.graphics_scene.addRect(150, 100, 100, 100)
        self.rect.setFlags(QGraphicsItem.ItemIsFocusable)   #注释 2 结束

        print(self.graphics_scene.items())                  # 3
        print(self.graphics_scene.itemsBoundingRect())      # 4

        self.resize(300, 300)
        self.setScene(self.graphics_scene)

    def show_item(self, new_item, old_item):
        print(f'new item: {new_item}')
        print(f'old item: {old_item}')

    def mousePressEvent(self, event):                       # 5
        super(Window, self).mousePressEvent(event)
        pos = event.pos()
        item = self.graphics_scene.itemAt(pos, QTransform())
        print(item)

    def mouseDoubleClickEvent(self, event):                 # 6
        super(Window, self).mouseDoubleClickEvent(event)
        pos = event.pos()
        item = self.graphics_scene.itemAt(pos, QTransform())
        if item:
            self.graphics_scene.removeItem(item)
```

运行结果如图 7-9 所示。

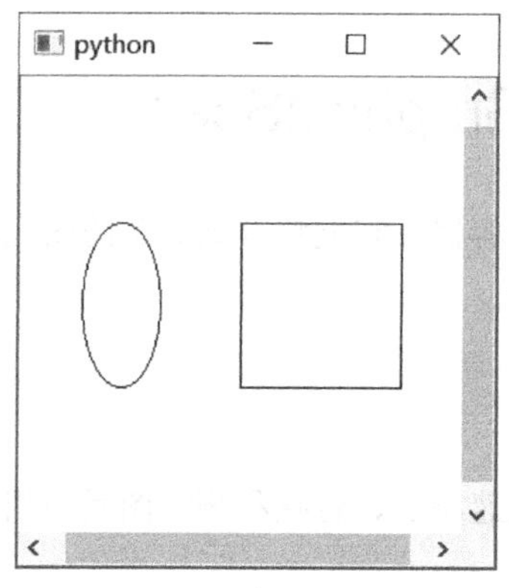

图 7-9　管理图元

代码解释：

#1 场景有一个 focusItemChanged 信号，当我们选中不同的图元时，该信号就会发射，并传递两个值：第一个是新选中的图元，第二个是之前选中的图元。注意，该信号只针对设置了 ItemIsFocusable 特征的图元。场景也提供了 focusItem()方法让我们直接获取到当前新选中的图元。

#2 在之前的程序中，我们都是先实例化各个图元，然后调用场景的 addItem()方法将图元添加到场景中，但其实我们可以直接调用场景的相应方法来添加不同类型的图元。本程序通过 addEllipse()和 addRect()添加了一个椭圆图元和矩形图元。

#3 items()方法会以列表形式返回场景中的所有图元，且默认按照降序方式（Qt.DescendingOrder）进行排列，即最顶层的图元排在列表最前面。如果要按照升序方式进行排列，只需要往 items()方法中传入 Qt.AscendingOrder 这个值。

#4 itemsBoundingRect()方法会返回包含所有图元的最小矩形边界。

#5 在鼠标按下事件函数中，我们首先获取单击时鼠标指针的位置，然后将其传入 itemAt()方法获取到当前单击的图元。该方法接收的第二个参数是 QTransform 类型的值，表示应用到视图上的变换，目前只需要传入 QTranform()（也就是不应用任何变换）。

#6 在鼠标双击事件函数中，我们先用 itemAt()获取到当前双击的图元，再调用 removeItem()方法将其删除。

7.2.2　嵌入控件

我们还可以向场景中添加不同类型的控件，QGraphicsScene 场景类专门提供了 addWidget()方法用于实现此功能，详见示例代码 7-9。

示例代码 7-9

```
class Window(QGraphicsView):
    def __init__(self):
```

```
        super(Window, self).__init__()
        self.graphics_scene = QGraphicsScene()
        self.graphics_scene.setSceneRect(0, 0, 220, 100)

        self.label = QLabel('label')
        self.button = QPushButton('button')

        self.label_proxy = self.graphics_scene.addWidget(self.label) # 1
        self.button_proxy = self.graphics_scene.addWidget(self.button)
        self.label_proxy.setPos(10, 20)
        self.button_proxy.setPos(50, 20)

        self.resize(220, 80)
        self.setScene(self.graphics_scene)
```

运行结果如图 7-10 所示。

图 7-10 嵌入控件

代码解释：

#1 程序调用了 addWidget()方法将 QLabel 和 QPushButton 控件添加到场景中。该方法返回一个 QGraphicsProxyWidget 控件代理对象，它可以被看作场景中的一个图元，而我们可以通过控制代理对象来操作控件。

从运行结果中我们发现，控件的背景是灰色的，与场景的白色背景不搭。可以在程序中添加以下两行代码使控件背景透明化。

```
self.label.setAttribute(Qt.WA_TranslucentBackground)
self.button.setAttribute(Qt.WA_TranslucentBackground)
```

运行结果如图 7-11 所示。

我们还可以在场景中使用布局管理器来排列控件，详见示例代码 7-10。

图 7-11 使控件背景变透明

示例代码 7-10

```
class Window(QGraphicsView):
    def __init__(self):
        super(Window, self).__init__()
        self.graphics_scene = QGraphicsScene()
        self.graphics_scene.setSceneRect(0, 0, 260, 80)

        self.user_label = QLabel('Username:')
        self.pass_label = QLabel('Password:')
        self.user_line = QLineEdit()
        self.pass_line = QLineEdit()
        self.user_label.setAttribute(Qt.WA_TranslucentBackground)
        self.pass_label.setAttribute(Qt.WA_TranslucentBackground)
        self.user_line.setAttribute(Qt.WA_TranslucentBackground)
        self.pass_line.setAttribute(Qt.WA_TranslucentBackground)
```

```
        self.user_label_proxy = self.graphics_scene.addWidget(self.user_label)
        self.pass_label_proxy = self.graphics_scene.addWidget(self.pass_label)
        self.user_line_proxy = self.graphics_scene.addWidget(self.user_line)
        self.pass_line_proxy = self.graphics_scene.addWidget(self.pass_line)

        linear_layout1 = QGraphicsLinearLayout()    #注释 1 开始
        linear_layout2 = QGraphicsLinearLayout()
        linear_layout3 = QGraphicsLinearLayout()
        linear_layout3.setOrientation(Qt.Vertical) #注释 1 结束
        linear_layout1.addItem(self.user_label_proxy)
        linear_layout1.addItem(self.user_line_proxy)
        linear_layout2.addItem(self.pass_label_proxy)
        linear_layout2.addItem(self.pass_line_proxy)
        linear_layout3.addItem(linear_layout1)
        linear_layout3.addItem(linear_layout2)

        graphics_widget = QGraphicsWidget()         #注释 2 开始
        graphics_widget.setLayout(linear_layout3)
        self.graphics_scene.addItem(graphics_widget)  #注释 2 结束

        self.resize(260, 80)
        self.setScene(self.graphics_scene)
```

运行结果如图 7-12 所示。

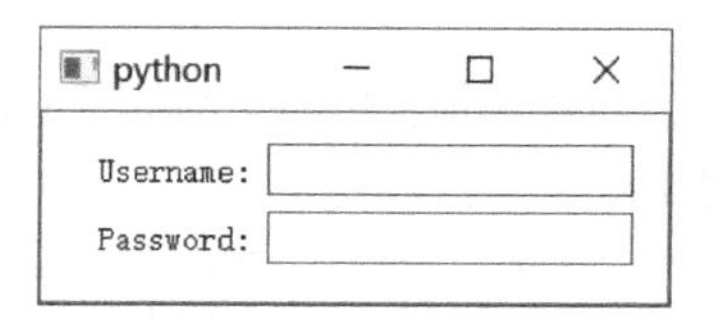

图 7-12 在场景中使用布局管理器

代码解释：

#1 图形视图框架拥有自己的一套布局管理器，在程序中我们使用的是线性布局管理器，默认布局方向是水平方向，可以通过 setOrientation()方法改变布局方向。图形视图框架还提供了 QGraphicsGridLayout 网格布局管理器和 QGraphicsAnchorLayout 锚点布局管理器。

#2 将各个图元添加到布局管理器中后，我们就可以将布局设置到 QGraphicsWidget 对象上，最后将 QGraphicsWidget 对象添加到场景中就可以了。

7.3 图形视图类 QGraphicsView

QGraphicsView 用来显示场景内容，它是一个提供了滚动条的视窗。多个场景可以通过同一个图形视图来切换显示，而同一个场景也可以应用多个图形视图，让我们能够从不同的角度同时进行观察。

7.3.1 视图和场景的大小关系

在之前的示例代码中，场景和视图的大小都是一样的。如果场景大小大于等于视图大小，视图则会显示垂直或水平滚动条供用户浏览剩余场景内容，详见示例代码 7-11。

在 macOS 系统上，如果场景大小等于视图大小，视图不会显示滚动条。

示例代码 7-11

```
class Window(QGraphicsView):
    def __init__(self):
        super(Window, self).__init__()
        self.graphics_scene = QGraphicsScene()
        self.graphics_scene.setSceneRect(0, 0, 300, 300)# 1

        self.rect = QGraphicsRectItem()
        self.rect.setRect(220, 220, 50, 50)
        self.graphics_scene.addItem(self.rect)

        self.resize(200, 200)                           # 2
        self.setScene(self.graphics_scene)
```

运行结果如图 7-13 所示。

图 7-13 场景大小大于视图大小

代码解释：

#1 场景的大小为 300×300 像素。

#2 视图的大小为 200×200 像素，视图无法显示全部的场景内容，所以提供了滚动条。

当场景大小等于视图大小时，如果我们想要去掉滚动条，只需要用 QSS 把 QGraphicsView 的边框 border 属性的值设置为 0 即可，详见示例代码 7-12。

示例代码 7-12

```
class Window(QWidget):
    def __init__(self):
        super(Window, self).__init__()
        self.graphics_scene = QGraphicsScene()
        self.graphics_scene.setSceneRect(0, 0, 200, 200)

        self.rect = QGraphicsRectItem()
        self.rect.setRect(0, 0, 50, 50)
        self.graphics_scene.addItem(self.rect)

        self.graphics_view = QGraphicsView(self)
        self.graphics_view.resize(200, 200)
```

```
        self.graphics_view.setScene(self.graphics_scene)

        qss = "QGraphicsView { border: 0px; }"
        self.graphics_view.setStyleSheet(qss)
```

运行结果如图 7-14 所示。

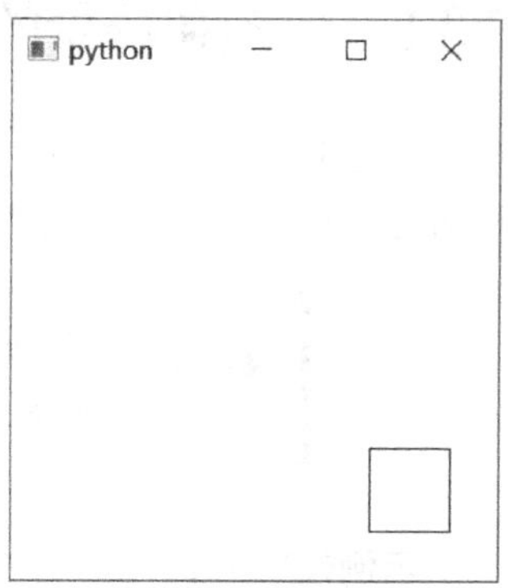

图 7-14 去掉滚动条

如果场景大小小于视图大小，那视图就会默认居中显示场景内容。示例代码 7-13 实例化了 4 个矩形图元，用它们标出了场景的各个区域，方便我们观察场景在视图中的位置。

示例代码 7-13

```
class Window(QGraphicsView):
    def __init__(self):
        super(Window, self).__init__()
        self.graphics_scene = QGraphicsScene()
        self.graphics_scene.setSceneRect(0, 0, 100, 100)

        self.rect1 = QGraphicsRectItem()
        self.rect1.setRect(0, 0, 50, 50)
        self.rect1.setBrush(QBrush(QColor(255, 0, 0)))
        self.rect2 = QGraphicsRectItem()
        self.rect2.setRect(0, 50, 50, 50)
        self.rect2.setBrush(QBrush(QColor(0, 255, 0)))
        self.rect3 = QGraphicsRectItem()
        self.rect3.setRect(50, 0, 50, 50)
        self.rect3.setBrush(QBrush(QColor(0, 0, 255)))
        self.rect4 = QGraphicsRectItem()
        self.rect4.setRect(50, 50, 50, 50)
        self.rect4.setBrush(QBrush(QColor(255, 0, 255)))

        self.graphics_scene.addItem(self.rect1)
        self.graphics_scene.addItem(self.rect2)
        self.graphics_scene.addItem(self.rect3)
        self.graphics_scene.addItem(self.rect4)

        self.resize(200, 200)
        self.setScene(self.graphics_scene)
```

运行结果如图 7-15 所示。

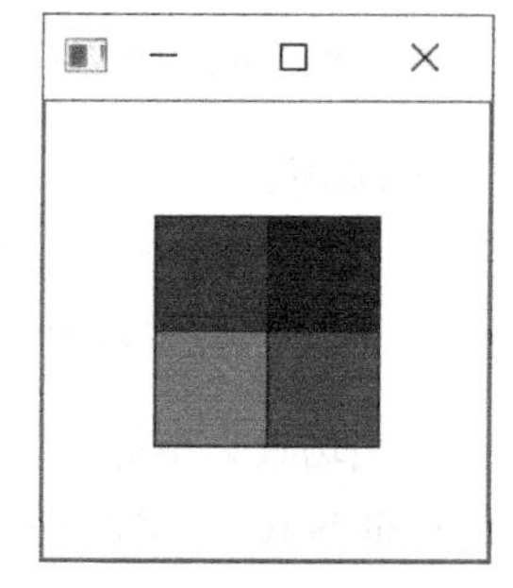

图 7-15 视图居中显示场景内容

7.3.2 视图变换

在视图上执行的平移、缩放和旋转变换会作用在所有图元上，详见示例代码 7-14。

示例代码 7-14

```
class Window(QGraphicsView):
    def __init__(self):
        super(Window, self).__init__()
```

```
        self.graphics_scene = QGraphicsScene()
        self.graphics_scene.setSceneRect(0, 0, 300, 300)

        self.rect = QGraphicsRectItem()
        self.rect.setRect(50, 50, 50, 50)
        self.rect.setBrush(QBrush(QColor(255, 0, 0)))
        self.ellipse = QGraphicsEllipseItem()
        self.ellipse.setRect(100, 100, 50, 50)
        self.ellipse.setBrush(QBrush(QColor(0, 255, 0)))

        self.graphics_scene.addItem(self.rect)
        self.graphics_scene.addItem(self.ellipse)

        self.move(10, 10)
        self.resize(300, 300)
        self.setScene(self.graphics_scene)

    def mousePressEvent(self, event):         # 1
        self.rotate(10)

    def wheelEvent(self, event):              # 2
        if event.angleDelta().y() < 0:
            self.scale(0.9, 0.9)
        else:
            self.scale(1.1, 1.1)
```

运行结果如图 7-16 所示。

图 7-16 视图变换

代码解释：

#1 在 mousePressEvent()事件函数中，我们调用 rotate(10)将视图顺时针旋转 10°。

#2 wheelEvent()是鼠标滚轮事件函数，在该函数中我们通过 scale()方法改变视图大小。另外，平移视图可以使用 move()方法，平移视图也就是指改变窗口在计算机屏幕上的位置。

7.4 事件传递与坐标转换

为了更好地应用图形视图框架，我们最好了解一下视图、场景和图元之间的事件传递顺序和它们的坐标体系。

7.4.1 事件传递顺序

现在编写 3 个类，让它们分别继承 QGraphicsView、QGraphicsScene 和 QGraphicsItem，然后重写 mousePressEvent()事件函数，观察一下事件的传递顺序是怎么样的，详见示例代码 7-15。

示例代码 7-15

```
class ParentItem(QGraphicsRectItem):
    def __init__(self):
```

```
        super(ParentItem, self).__init__()
        self.setRect(100, 30, 100, 50)

    def mousePressEvent(self, event):      # 1
        print('event from parent QGraphicsItem')
        super().mousePressEvent(event)

class ChildItem(QGraphicsRectItem):
    def __init__(self):
        super(ChildItem, self).__init__()
        self.setRect(100, 30, 50, 30)

    def mousePressEvent(self, event):      # 1
        print('event from child QGraphicsItem')
        super().mousePressEvent(event)

class Scene(QGraphicsScene):
    def __init__(self):
        super(Scene, self).__init__()
        self.setSceneRect(0, 0, 300, 300)

    def mousePressEvent(self, event):      # 1
        print('event from QGraphicsScene')
        super().mousePressEvent(event)

class Window(QGraphicsView):
    def __init__(self):
        super(Window, self).__init__()
        self.resize(300, 300)

        self.scene = Scene()
        self.setScene(self.scene)

        self.parent_item = ParentItem()
        self.child_item = ChildItem()
        self.child_item.setParentItem(self.parent_item)
        self.scene.addItem(self.parent_item)

    def mousePressEvent(self, event):      # 1
        print('event from QGraphicsView')
        super().mousePressEvent(event)
```

运行结果如图 7-17 所示。

代码解释：

#1 单击 child_item 图元对象后，控制台输出的结果告诉我们事件的传递顺序是视图→场景→子图元→父图元。需要注意的一点是：调用父类的事件处理接口不能省略，否则事件就会停止传递。比如删掉 Window 类下 mousePressEvent()事件函数中的 super().mousePressEvent(event)，那么控制台就只会输出“event from QGraphicsView”文本了。

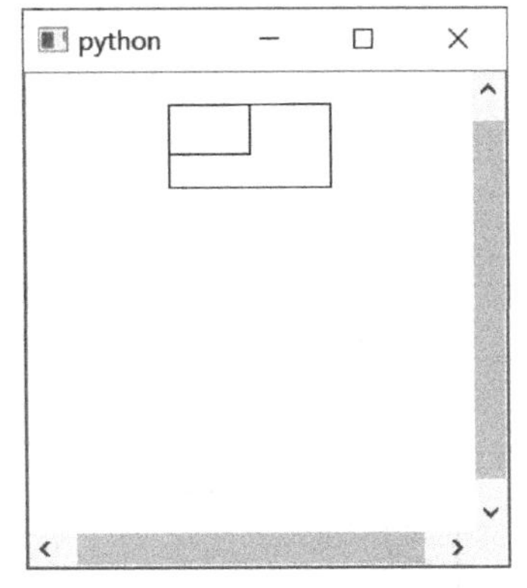


```
E:\python\python.exe C:/Users/us
event from QGraphicsView
event from QGraphicsScene
event from child QGraphicsItem
event from parent QGraphicsItem
```

图 7-17 事件传递顺序

7.4.2 坐标转换

图形视图框架采用笛卡儿坐标系。视图、场景和图元坐标系都一样——左上角为原点，向右为 x 正轴，向下为 y 正轴，如图 7-18 所示。

我们需要明确的一点是：在窗口上单击时，我们通过 event.pos()获取到的坐标是视图内的坐标。如果场景大小和视图大小一样的话，那么 event.pos()获取到的坐标也可以被看作场景内的坐标。但是如果它们的大小不一样，那我们就需要把 event.pos()获取到的视图内的坐标转换成场景内的坐标，否则我们无法通过 QGraphicsScene.itemAt()方法正确获取到场景中的图元，详见示例代码 7-16。

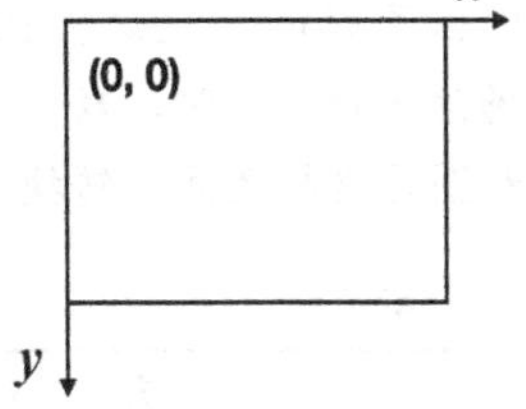

图 7-18 坐标系

示例代码 7-16

```
class Window(QGraphicsView):
    def __init__(self):
        super(Window, self).__init__()
        self.graphics_scene = QGraphicsScene()
        self.graphics_scene.setSceneRect(0, 0, 300, 300)

        self.ellipse = self.graphics_scene.addEllipse(50, 100, 50, 100)
        self.rect = self.graphics_scene.addRect(150, 100, 100, 100)

        self.resize(500, 500)
        self.setScene(self.graphics_scene)

    def mousePressEvent(self, event):
        super(Window, self).mousePressEvent(event)              #注释 1 开始
        pos = event.pos()
        item = self.graphics_scene.itemAt(pos, QTransform())#注释 1 结束
        print(item)
```

运行结果如图 7-19 所示。

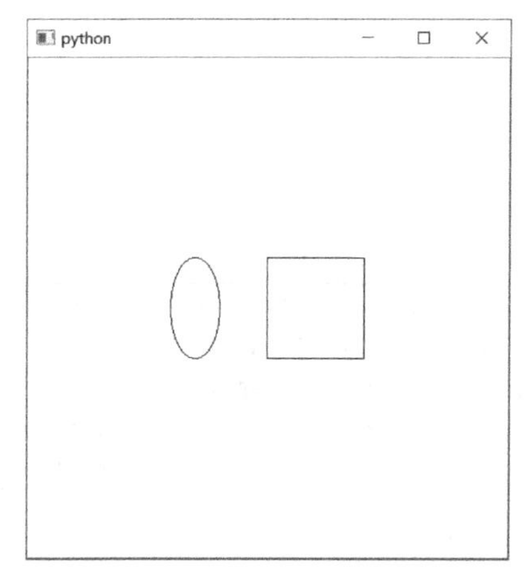


```
E:\python\python.exe
None
None
```

图 7-19　不能获取到图元

代码解释：

#1 在这个程序中，场景大小和视图大小不一样。单击椭圆图元或矩形图元后，控制台输出了 None，这说明 itemAt()方法无法通过传给它的视图坐标找到这两个图元，它需要一个场景坐标。此时，我们应该将这个视图坐标映射到场景中。图形视图框架提供了视图、场景和图元坐标之间的转换方法，以及图元与图元坐标之间的转换方法，详见表 7-4。

表 7-4　坐标转换方法

方　法	描　述
QGraphicsView.mapToScene()	将视图内的坐标转换为场景内的坐标
QGraphicsView.mapFromScene()	将场景内的坐标转换为视图内的坐标
QGraphicsItem.mapFromScene()	将场景内的坐标转换为图元内的坐标
QGraphicsItem.mapToScene()	将图元内的坐标转换为场景内的坐标
QGraphicsItem.mapToParent()	将子图元内的坐标转换为父图元内的坐标
QGraphicsItem.mapFromParent()	将父图元内的坐标转换为子图元内的坐标
QGraphicsItem.mapToItem()	将当前图元内的坐标转换为其他图元内的坐标
QGraphicsItem.mapFromItem()	将其他图元内的坐标转换为当前图元内的坐标

所以我们只需要修改一下 mousePressEvent()事件函数就可以了。

```
def mousePressEvent(self, event):
    super(Window, self).mousePressEvent(event)
    pos = self.mapToScene(event.pos())
    item = self.graphics_scene.itemAt(pos, QTransform())
    print(item)
```

现在就算场景大小和视图大小不一样，我们也能够正确选中图元。

GraphicsView 也提供了 itemAt()方法，我们只需要给该方法传入视图内的坐标就能获取到图元，不需要传入第二个 QTransform 类型的参数。

7.5 本章小结

本章详细讲解了图元、场景和视图，并通过一些示例代码展示了三者的关系。针对图元，我们学习了 PyQt 内置的几个标准图元，了解了图元的层级关系、如何变换图元、如何分组以及如何进行碰撞检测。针对场景，我们学习了如何获取场景上的图元，也学习了如何在场景中嵌入控件并进行布局。针对视图，我们了解了视图与场景的大小关系以及如何变换视图。本章还讲解了图形视图框架中的事件传递顺序和坐标转换。当视图大小和场景大小不一样时，需要对单击时鼠标指针的坐标进行转换才能准确获取到场景中的各个图元。

第8章
打包

程序编写完成并成功运行之后，我们就可以将其打包成可执行文件发送给朋友或者客户。他们可以直接通过双击来运行这个可执行文件，不需要安装Python环境，这是打包带来的好处之一。另外，我们还可以通过打包来加密程序，以提高程序安全性。

PyInstaller和Nuitka是目前十分流行的两个打包库，笔者会在本章详细讲解这两个库的使用方法并介绍实用的打包技巧，最后也会用它们来演示如何打包PyQt程序。

请读者在桌面新建一个名为“demo”的文件夹，并在这个文件夹中新建一个名为“hello”的.py文件，如图8-1所示。我们会在hello.py文件中写入要打包的程序代码。

图8-1　新建hello.py文件

8.1　PyInstaller

PyInstaller的用法非常简单，而且它的打包速度很快。通过它我们能够将程序打包成Windows、macOS和Linux上的可执行文件。PyInstaller已经成功运用在一些不常见的系统上，比如AIX、Solaris、FreeBSD和OpenBSD。PyInstaller官方也在不断更新，所以能够被PyInstaller打包的第三方库也越来越多，“坑”也越来越少。

读者可以访问官方文档来了解PyInstaller的最新情况。

8.1.1　环境配置

只需要使用pip命令安装PyInstaller这个库就可以了，无须进行其他方面的配置。

```
pip install pyinstaller
```

笔者在本章使用的PyInstaller的版本为5.0.1。

安装完毕后，在命令提示符窗口中执行“pyinstaller -v”命令。如果出现版本号，则表示配置成功，如图 8-2 所示。

命令提示符
C:\Users\user>pyinstaller -v
5.0.1

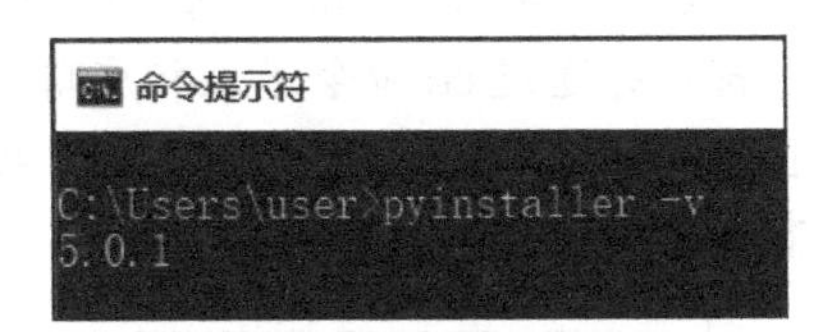

图 8-2 验证安装

8.1.2 两种打包模式

PyInstaller 有多文件打包和单文件打包两种模式。前者打包程序后输出多个文件并将其放入一个文件夹中，后者只输出一个可执行文件。

1. 多文件打包模式

我们在 hello.py 中编写一段简单的程序，详见示例代码 8-1。

示例代码 8-1

```
import os
print('Hello World')
os.system('pause')   # 暂停程序，方便看清输出内容
```

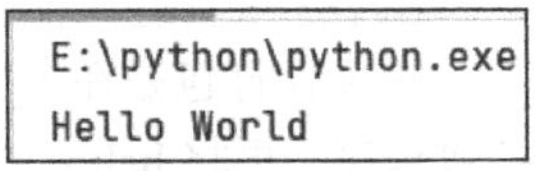

E:\python\python.exe
Hello World

图 8-3 运行结果

运行结果如图 8-3 所示。

接着，打开 demo 文件夹，在路径栏中输入“cmd”并按“Enter”键。在出现的命令提示符窗口中输入以下命令。

```
pyinstaller hello.py
```

按“Enter”键后打包就开始了。如果最后出现“Building ××× completed successfully.”，就表示可执行文件已成功生成，如图 8-4 所示。

打包结束后，demo 文件夹下出现了 build 和 dist 两个文件夹，以及一个.spec 文件。build 文件夹中存放着一些编译文件，可以直接删除。hello.spec 是一个打包配置文件，我们也可以通过该文件来打包程序，但效果与命令提示符窗口中执行命令是一样的。本章不会介绍.spec 配置文件，将其删除即可。dist 文件夹中有一个 hello 文件夹，在里面我们可以发现一个 hello.exe 可执行文件。双击 hello.exe，若出现“Hello World”文本，则表示打包成功，如图 8-5 所示。

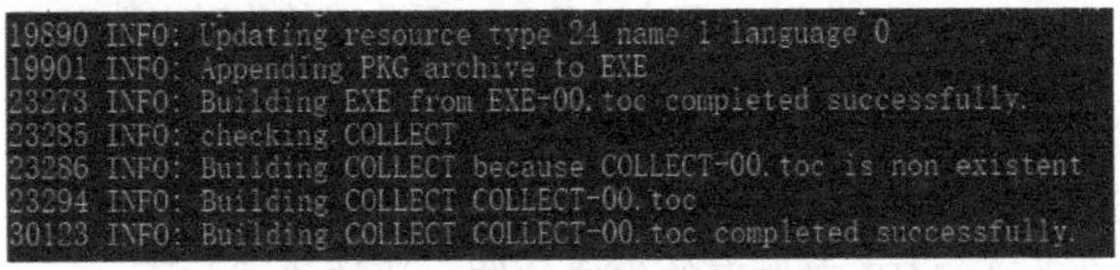

19890 INFO: Updating resource type 24 name 1 language 0
19901 INFO: Appending PKG archive to EXE
23273 INFO: Building EXE from EXE-00.toc completed successfully.
23285 INFO: checking COLLECT
23286 INFO: Building COLLECT because COLLECT-00.toc is non existent
23294 INFO: Building COLLECT COLLECT-00.toc
30123 INFO: Building COLLECT COLLECT-00.toc completed successfully.

图 8-4 成功生成可执行文件

C:\Users\user\Desktop\demo\dist\hello\hello.exe
Hello World
请按任意键继续. . .

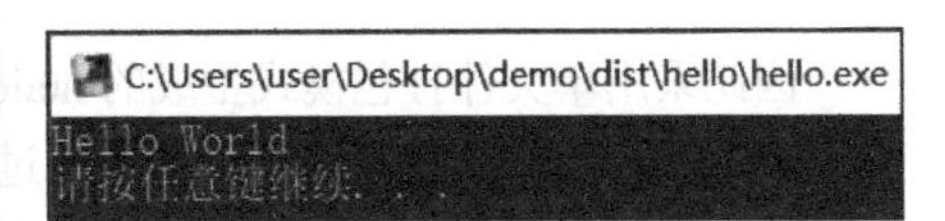

图 8-5 打包成功

如果读者使用的是Windows系统，那么在文件夹路径栏中输入“cmd”再按“Enter”键就可以快速打开命令提示符窗口并通过cd命令进入相应路径下，如图8-6所示。在本章，笔者会一直使用这种方式来打开命令提示符窗口并进行打包操作。

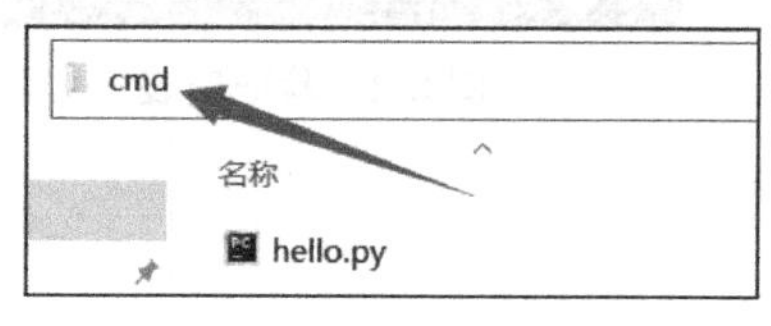

图8-6　打开命令提示符窗口

2．单文件打包模式

使用单文件打包模式打包后，dist文件夹中只会生成一个hello.exe可执行文件，全部的依赖文件都已经被打包到这个文件中了。我们只需要添加一个“-F”就可以使用单文件打包模式。

```
pyinstaller -F hello.py
```

单文件打包是在多文件打包的基础上进行的。也就是说，PyInstaller先以多文件打包模式打包程序，再将hello文件夹中的依赖文件编译到hello.exe可执行文件中。

我们来验证一下。请读者先按键盘上的“Win+R”键，并在“运行”对话框的“打开”文本框中输入“%temp%”，单击“确定”按钮打开Temp临时文件夹，如图8-7所示。

现在用单文件打包模式再次打包示例代码8-1。打包结束后，双击dist文件夹中的hello.exe，我们会发现在Temp临时文件夹中出现了一个名称以_MEI开头的文件夹（下文称为_MEI方件夹或_MEI临时文件夹），里面包含所有的依赖文件，如图8-8所示。

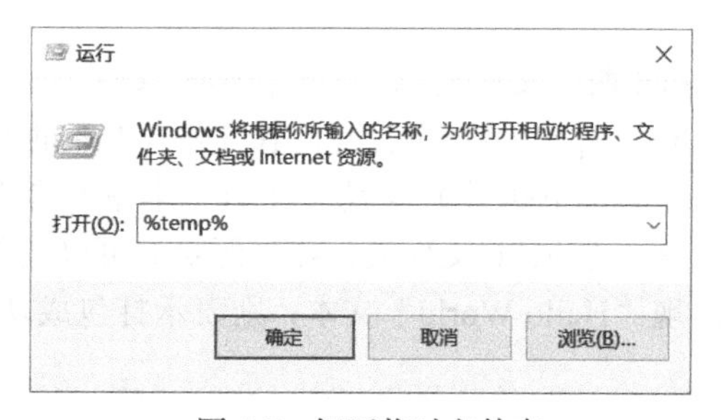

图8-7　打开临时文件夹

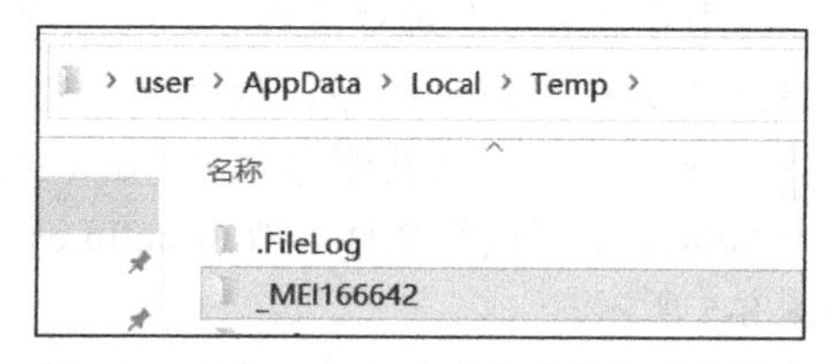

图8-8　双击hello.exe后生成的临时文件夹

因此采用单文件打包模式生成的hello.exe在运行时，会先花费一点儿时间把依赖文件解压出来，再显示运行结果。这就是为什么通过单文件打包模式打包出来的程序在运行时会比较慢。

我们可以使用“--runtime-tmpdir”命令改变_MEI文件夹的生成位置，语法格式如下。

```
pyinstaller -F --runtime-tmpdir=/another/path/ hello.py
```

> _MEI 文件夹会在程序关闭时自动被删除掉。但是如果程序运行崩溃或者被强制退出（比如使用任务管理器强制退出）的话，那么这个文件夹是不会自动被删除的！这就会导致磁盘内存被占用，需要我们手动进行删除。

8.1.3 黑框的调试作用

黑框指的是命令提示符窗口。当我们运行可执行文件后，黑框中会显示程序的输出内容。但是如果可执行文件运行失败，那么黑框中就会显示报错信息。通过这个信息，我们就能知道如何调试程序。

笔者使用 Python 标准库中的 tkinter 模块编写了一个简单的程序界面，详见示例代码 8-2。

示例代码 8-2

```
import tkinter

win = tkinter.Tk()
win.iconbitmap('./icon.ico')  # 设置窗口图标
win.mainloop()
```

运行结果如图 8-9 所示。

图 8-9 用 tkinter 编写的简单界面

现在我们使用“pyinstaller hello.py”命令打包该程序。成功生成 hello.exe 后双击打开。此时我们发现黑框一闪而过，而且没有任何界面显示出来，这说明可执行文件没有运行成功。

如果你手速较快，可以通过截图的方式查看黑框中的报错信息。有一个更简单的办法：打开一个新的命令提示符窗口，然后将 hello.exe 拖入，按“Enter”键运行，如图 8-10 所示。

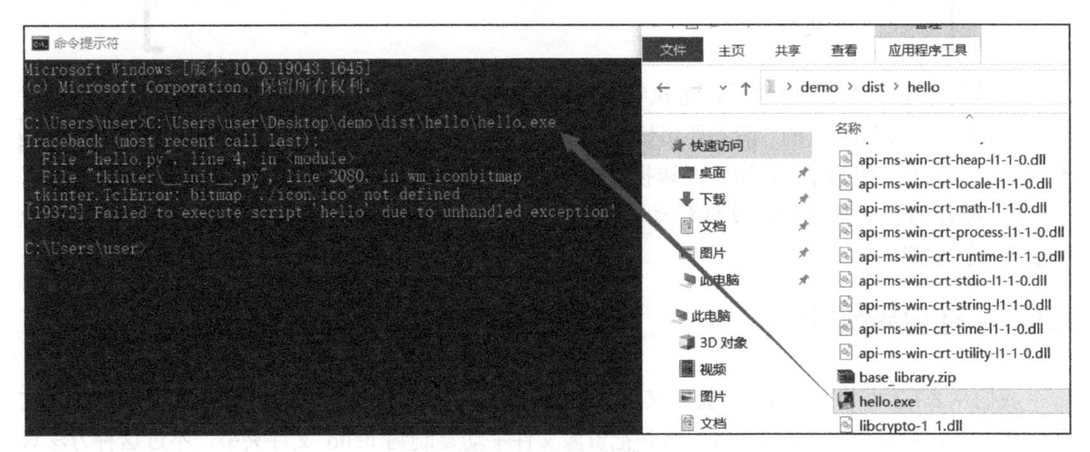

图 8-10 运行报错

报错内容是“bitmap “./icon.ico” not defined”。当 hello.exe 运行时，同路径下并没有 icon.ico 图标文件，解决方法就是把这个图标文件复制到和 hello.exe 相同的路径下，这样就可以成功运行了，如图 8-11 所示。

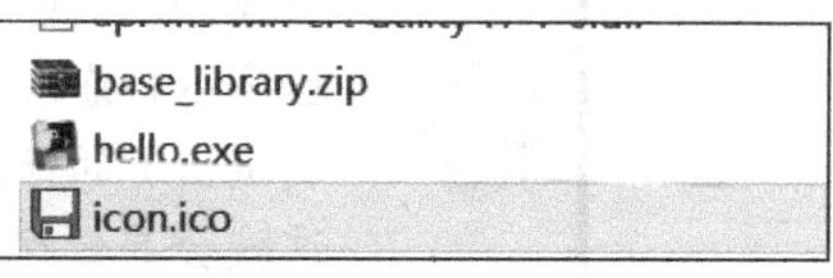

图 8-11　将 icon.ico 复制到 hello.exe 所在的路径下

因为运行 hello.exe 程序显示了一个窗口，如果要准备发布，即我们肯定是不希望有黑框存在的。在确保程序运行无误后，我们可以在打包命令中加上“-w”来去掉黑框。

```
pyinstaller -w hello.py
```

笔者在这里再强调一下：当我们在打包一个程序时，先不要加“-w”，因为黑框能够告诉我们报错信息。若可执行文件运行成功，且内部功能正常，再加上“-w”重新打包。

如果程序本身就需要用到命令提示符窗口来输入或输出一些内容，那就不用加“-w”了。

8.1.4　给可执行文件加上图标

如果要给可执行文件添加图标，我们可以在打包时加上“-i”命令，并在“-i”后面加上图标文件的路径，使用格式如下。

```
pyinstaller -i /path/to/xxx.ico hello.py
```

现在我们使用“pyinstaller -i ./icon.ico hello.py”命令打包示例代码 8-2。打包结束后可以发现 hello.exe 的图标改变了，如图 8-12 所示。

图 8-12　添加图标

如果 icon.ico 只作为可执行文件的图标，并没有在程序中使用的话，那在打包结束后我们就可以删掉它。
在 macOS 系统上打包时，必须要使用.icns 格式的图标文件。

一些读者用了“-i”命令后，可执行文件的图标并没有发生改变，可能原因有以下两点。

① 图标文件是无效的。请不要用修改扩展名的方式来获取.ico 格式的文件，比如直接把.png 改成.ico，我们应该使用专业的格式转换软件（如格式工厂）来改变格式。

② 缓存原因。把可执行文件移动到其他路径下后，就会发现图标是正常显示的。当然也可以重启计算机。

8.1.5　打包资源文件

我们从 8.1.3 小节中了解到，资源文件（即 icon.ico）相对于可执行文件的路径必须要正确，这样程序才能正常运行。当时的解决方法是把资源文件手动复制到 hello 文件夹中，不过这种方法只适用于多文件打包模式。如果用单文件打包模式打包，包含依赖文件的文件夹只有在可执行文件运行后才被解压出来，而程序会因为找不到资源文件立即报错，所以我们是没有时间去复制的。

那有没有办法在打包时直接把资源文件添加到生成的 hello 文件夹（单文件打包模式下是_MEI 文件夹）中呢？答案是使用“--add-data”命令，使用格式如下。

```
pyinstaller --add-data=SRC;DEST hello.py
```

SRC 表示资源文件所在的路径（绝对路径和相对路径都可以），DEST 表示在打包后资源文件在 hello 文件夹中的相对路径，在 Windows 系统上两个路径之间用英文分号“;”隔开，在 macOS 和 Linux 系统上两个路径之间用英文冒号“:”隔开。我们现在用多文件打包模式重新打包示例代码 8-2，使用如下打包命令。

```
pyinstaller --add-data=./icon.ico;. hello.py
```

icon.ico 在当前路径下，所以在 SRC 处填写“./icon.ico”的话就可以让 PyIsntaller 找到它。我们要在打包后将 icon.ico 放在 hello 文件夹中，所以在 DEST 处填写“.”。打包结束后，可以发现 icon.ico 出现在了 hello 文件夹中，程序运行也没有问题，如图 8-13 所示。

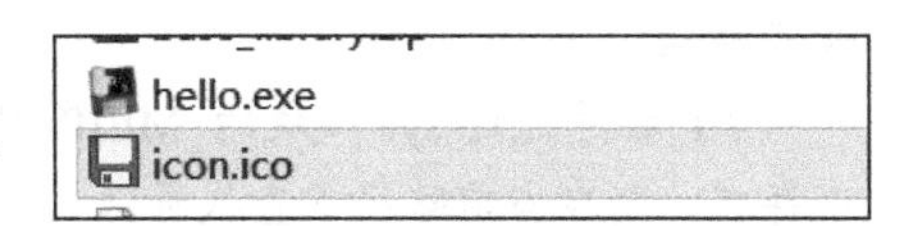

图 8-13　打包资源文件

我们可以使用通配符“*”来添加多个资源文件。比如“--add-data=*;./folder/”就表示将当前路径下的所有文件放在 hello 文件夹下名为 folder 的文件夹中。我们也可以添加同种格式的多个文件，比如“--add-data=*.jpg;./image/”就表示将当前路径下的所有.jpg 格式的文件放到 hello 文件夹下名为 image 的文件夹中。

现在使用单文件打包模式打包 hello.py 文件，命令如下。

```
pyinstaller -F --add-data=./icon.ico;. hello.py
```

打包结束后，我们运行 hello.exe，发现报错了，但是解压出来的_MEI 临时文件夹中确实有 icon.ico！这是怎么回事？先来看一下这行代码。

```
win.iconbitmap('./icon.ico')  #设置窗口图标
```

程序会在当前路径下寻找 icon.ico 文件，但是 hello.exe 在 dist 文件夹中，而 icon.ico 在_MEI 文件夹中，所以才会报错。可以将示例代码 8-2 修改一下，让程序能够找到_MEI 文件夹中的 icon.ico，详见示例代码 8-3。

示例代码 8-3

```
import tkinter
import sys
import os

def res_path(relative_path):    # 1
    """获取资源路径"""
```

```
    try:
        # 获取_MEI 文件夹所在路径
        base_path = sys._MEIPASS
    except Exception:
        # 没有_MEI 文件夹的话使用当前路径
        base_path = os.path.abspath(".")

    return os.path.join(base_path, relative_path)

win = tkinter.Tk()
win.iconbitmap(res_path('./icon.ico'))  # 设置窗口图标
win.mainloop()
```

代码解释：

#1 程序通过 sys 模块的_MEIPASS 属性来获取_MEI 文件夹的位置。如果_MEI 文件夹不存在，则在当前路径下查找资源文件。此时再用单文件打包模式打包就不会出现问题了。

在用单文件打包模式打包前，需要修改程序代码，将 res_path()函数套在各个路径上。

8.1.6 减小打包后的文件大小

读者可能会对打包后的文件大小感到非常沮丧。明明代码很少，但打包后的文件竟然也很大。PyInstaller 会把 Python 环境和程序使用到的库打包进来，有时候还会打包一些明明没有用到的第三方库，导致打包所花的时间越来越多，包也越来越大。

因此，第一个减小包体的方法就是使用干净的打包环境。所谓干净，指的是计算机上只安装了程序运行所必需的库。通常，我们会使用虚拟环境，或者在虚拟机中打包。

如果目前无法在干净的环境中打包，那么可以使用“--exclude-module”命令（第二个方法），它的作用是在打包时排除指定的库或模块，这样就不会把无关的文件包含进来了，使用格式如下。

```
pyinstaller --exclude-module=NAME hello.py
```

在 NAME 处填写要排除的库或模块名称。比方说我们现在要打包一个程序，该程序仅仅使用到了操作 Excel 文件的 openpyxl 库，详见示例代码 8-4。

示例代码 8-4

```
from openpyxl import Workbook

# 创建文件对象
wb = Workbook()

# 获取当前正使用的工作表
```

```
ws = wb.active

# 为工作表添加一些字段
ws.append(['test1', 'test2', 'test3'])

# 保存为 test.xlsx
wb.save('test.xlsx')
```

假如我们计算机上还装有 NumPy 和 pandas，那这两个没有用到的库也可能会被打包进来。所以我们应该用“--exclude-module”命令排除这两个库，使用以下命令打包。

```
pyinstaller --exclude-module=numpy --exclude-module=pandas hello.py
```

第三个方法就是使用 UPX 工具，它可以进一步压缩可执行文件。我们首先去 UPX 官网下载对应系统版本的 UPX 工具。笔者使用的是 Windows 10 64 位的计算机，所以需要下载 win64 版本的 UPX。如图 8-14 和图 8-15 所示。

图 8-14 UPX 官网

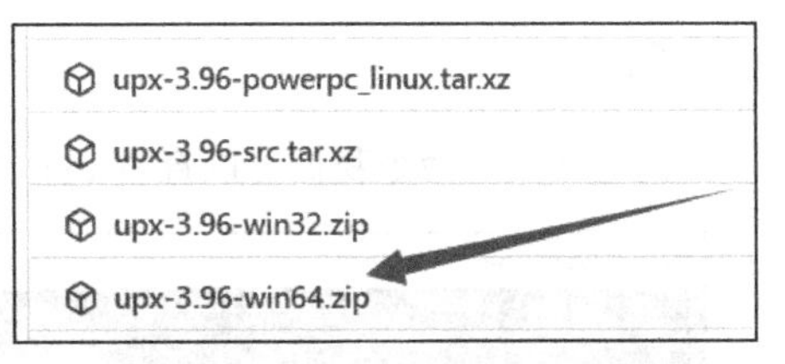

图 8-15 下载 win64 版本的 UPX

将压缩包下载下来之后，将其解压到 demo 文件夹中，如图 8-16 所示。

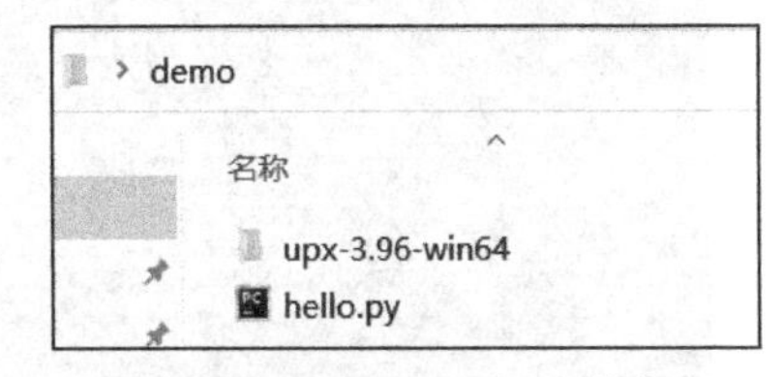

图 8-16 解压到 demo 文件夹中

打开 upx-3.96-win64 文件夹，就可以看到 UPX 工具了。现在打包示例代码 8-1，在打包命令中添加“--upx-dir”，指定要使用的 UPX 工具。

```
pyinstaller --upx-dir=./upx-3.96-win64 hello.py
```

我们也可以把 UPX 工具所在的路径添加到环境变量中，这样 PyInstaller 在打包时就会自动识别并使用它了。

打包结束后，我们可以发现可执行文件变小了。文件越大的话，UPX 压缩的效果也会显得越好。

在使用版本较低（如 3.5 版本）的 PyInstaller 打包时，使用 UPX 压缩后会报错：VCRUNTIME140.dll 没有被指定在 Windows 上运行，如图 8-17 所示。

C:\Users\ADMINI~1\AppData\Local\Temp_MEI78202\VCRUNTIME140.dll 没有被指定在 Windows 上运行，或者它包含错误。请尝试使用原始安装介质重新安装程序，或联系你的系统管理员或软件供应商以获取支持。错误状态 0xc000007b。

图 8-17 报错

这是因为 UPX 把 vcruntime140.dll 这个文件也压缩了，导致 Python 无法正常使用它。此时我们应该使用“--upx-exclude”，不压缩这个.dll 文件。

```
pyinstaller --upx-dir=./upx-3.96-win64 --upx-exclude=vcruntime140.dll
hello.py
```

8.1.7 其他常用的命令

1. -h

通过“-h”命令我们可以查看 PyInstaller 所有命令的解释和用法，如图 8-18 所示。

```
C:\Windows\System32\cmd.exe
C:\Users\user\Desktop\demo>pyinstaller -h
usage: pyinstaller [-h] [-v] [-D] [-F] [--specpath DIR] [-n NAME] [--add-data <SRC:DEST or SRC:DEST>]
                   [--add-binary <SRC:DEST or SRC:DEST>] [-p DIR] [--hidden-import MODULENAME]
                   [--collect-submodules MODULENAME] [--collect-data MODULENAME] [--collect-binaries MODULENAME]
                   [--collect-all MODULENAME] [--copy-metadata PACKAGENAME] [--recursive-copy-metadata PACKAGENAME]
                   [--additional-hooks-dir HOOKSPATH] [--runtime-hook RUNTIME_HOOKS] [--exclude-module EXCLUDES]
                   [--key KEY] [--splash IMAGE_FILE] [-d {all,imports,bootloader,noarchive}]
                   [--python-option PYTHON_OPTION] [-s] [--noupx] [--upx-exclude FILE] [-c] [-w]
                   [-i <FILE.ico or FILE.exe,ID or FILE.icns or Image or "NONE">] [--disable-windowed-traceback]
                   [--version-file FILE] [-m <FILE or XML>] [--no-embed-manifest] [-r RESOURCE] [--uac-admin]
                   [--uac-uiaccess] [--win-private-assemblies] [--win-no-prefer-redirects] [--argv-emulation]
                   [--osx-bundle-identifier BUNDLE_IDENTIFIER] [--target-architecture ARCH]
                   [--codesign-identity IDENTITY] [--osx-entitlements-file FILENAME] [--runtime-tmpdir PATH]
                   [--bootloader-ignore-signals] [--distpath DIR] [--workpath WORKPATH] [-y] [--upx-dir UPX_DIR] [-a]
                   [--clean] [--log-level LEVEL]
                   scriptname [scriptname ...]

positional arguments:
  scriptname            Name of scriptfiles to be processed or exactly one .spec file. If a .spec file is specified,
                        most options are unnecessary and are ignored.

optional arguments:
  -h, --help            show this help message and exit
  -v, --version         Show program version info and exit.
  --distpath DIR        Where to put the bundled app (default: ./dist)
  --workpath WORKPATH   Where to put all the temporary work files, .log, .pyz and etc. (default: ./build)
  -y, --noconfirm       Replace output directory (default: SPECPATH\dist\SPECNAME) without asking for confirmation
  --upx-dir UPX_DIR     Path to UPX utility (default: search the execution path)
  -a, --ascii           Do not include unicode encoding support (default: included if available)
  --clean               Clean PyInstaller cache and remove temporary files before building.
```

图 8-18 “-h”命令

2. -n

“-n”命令可以用来修改生成的可执行文件名称，使用格式如下。

```
pyinstaller -n=good hello.py
```

原来生成的可执行文件名称为 hello.exe，现在就变成 good.exe 了。

3. -y

当打包完毕后，我们可能会想修改一下源码然后重新打包。那么第二次打包时 PyInstaller 会询问是否要删除之前打包生成的文件，此时需要我们往命令提示符窗口中输入 y 或者 N，如图 8-19 所示。如果在打包命令中加上“-y”，那 PyInstaller 会直接删除上次打包遗留下的文件，不会询问。

```
WARNING: The output directory "C:\Users\user\Desktop\demo\dist\hello" and ALL ITS CONTENTS will be REMOVED! Continue? (y
/N)
```

图 8-19 “-y”命令

4. --clean

“--clean”命令用来删除前一次打包留下的缓存文件，不过在删除前 PyInstaller 会先询问是否确认执行，所以我们可以加上“-y”命令。

```
pyinstaller --clean -y hello.py
```

5. --hidden-import

我们经常会碰到“ModuleNotFoundError: No module named xxx”这种报错。出现这种报错的原因无非就两种。

① 没有安装相应的库或模块。

② 已经安装相应的库或模块了，代码中也导入了，但是 PyInstaller 在打包时没有找到。

如果是第一种原因，我们用 pip 命令下载相应库或模块就可以解决了。如果是第二种原因，在打包时添加“--hidden-import”命令就可以解决了，其使用格式如下（xxx 就是库或模块的名称）。

```
pyinstaller --hidden-import=xxx hello.py
```

6. --noupx

代表不使用 UPX 工具。

7. --runtime-hook

当我们双击可执行文件后，程序就会执行。“--runtime-hook”命令能够让我们在程序运行前先执行一段代码，非常有用。

举一个例子，我们先在 demo 文件夹中新建一个 data.txt 文件，在里面写入“Hello World”。然后将它放入 data.zip 压缩文件中，如图 8-20 所示。

在示例代码 8-5 中，extract_data.py 会在打包后先运行，解压出 data.txt，然后示例代码 8-6 中的 hello.py 会读取该文本文件中的内容。现在新建一个 extract_data.py 文件，在其中输入以下代码。

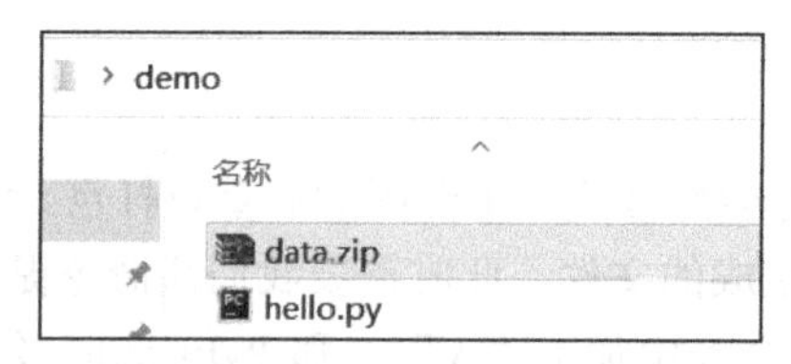

图 8-20　创建 data.zip 压缩文件

示例代码 8-5　extract_data.py

```
import sys
import zipfile

# 解压 data.txt 到当前路径下
pic_zip = zipfile.ZipFile('data.zip')
pic_zip.extractall('.')
```

在 hello.py 文件中输入以下代码。

示例代码 8-6　hello.py

```
import os

data_path = './data.txt'
with open(data_path, 'r') as f:
    print(f.read())

os.system('pause')  # 暂停程序，好看清输出内容
```

在 hello.py 中，我们想要读取 data.txt 的文本内容。但是 data.txt 在 data.zip 压缩文件中，所以必须先执行 extract_data.py 中的程序将 data.txt 解压出来。打包命令如下所示。

```
pyinstaller --runtime-hook=extract_data.py --add-data=data.zip;. hello.py
```

打包完毕，双击 hello.exe，发现 hello 文件夹中出现了 data.txt 文件，而且命令提示符窗口中输出了“Hello World”，如图 8-21 所示。

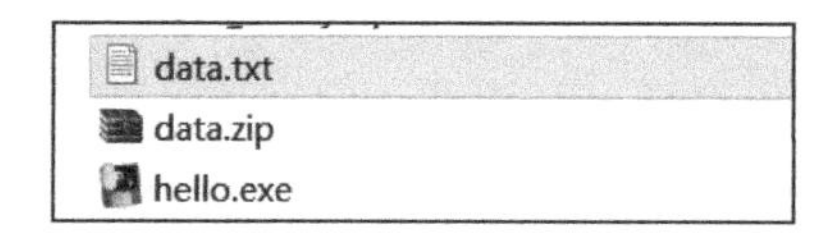

图 8-21　运行结果

8.1.8　用 PyInstaller 打包用 PyQt 开发的程序

在本小节，笔者将以一个用 PyQt 开发的简易记事本程序为例，演示如何将其成功打包为可执行文件。请读者在资源包中找到示例代码 8-6。

1．第一步：确定打包命令

项目中只有 hello.py 这一个.py 文件，所以要打包的目标就是它了。另外，该程序使用到了一些图标，且图标文件全部都存放在 images 文件夹下，所以我们还要用到“--add-data”命令。

当然，为了减小包体，我们还会使用 UPX 工具进行压缩。可执行文件需要一个图标，所以我们要加上“-i”命令。最终确定好的打包命令展示如下。

```
pyinstaller --add-data=./images/*;./images --upx-dir=./upx-3.96-win64 -i ./icon.ico hello.py
```

如果有多个.py 文件，我们只需要打包程序入口文件即可，PyInstaller 会自动分析各个.py 文件之间的模块导入关系，将它们打包。如果有遗漏的，则通过“--hidden-import”命令添加进来。

2. 第二步：开始打包

在 hello.py 所在文件夹的路径栏中输入“cmd”并按“Enter”键，然后在打开的命令提示符窗口中输入确定好的打包命令。

3. 第三步：解决报错并重新打包

运行可执行文件后，没有出现任何报错，而且程序的功能全部正常，如图 8-22 所示。如果出现报错，则在根据报错内容修改代码或打包命令后，重新打包。

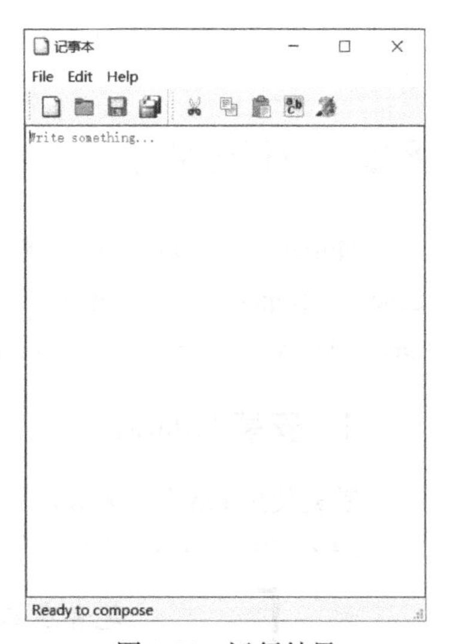

图 8-22 运行结果

4. 第四步：查看是否有多余文件

打开 dist 文件夹中的 hello 文件夹，如果发现里面多了一些在程序中没有引入的库或模块，则需要在打包命令中加上“--exclude-module”命令删除它们。在笔者的打包环境下，PyInstaller 打包了 NumPy 和 pandas 这两个无关的库，所以修改命令如下。

```
pyinstaller --add-data=./images/*;./images --upx-dir=./upx-3.96-win64 --exclude-module=numpy --exclude-module=pandas -i ./icon.ico hello.py
```

某些库或模块看似无关，但实际上在程序内部是有引用到的，删除之后可能会导致程序报错。读者可以先一个个手动删除这些库或模块，同时看一下程序是否报错。确保它们对程序没有任何作用后，再在打包命令中使用“--exclude-module”。

5. 第五步：去掉黑框

当以上几个步骤都没有问题之后，再加上“-w”命令去掉黑框，修改打包命令如下。

```
pyinstaller -w --add-data=./images/*;./images --upx-dir=./upx-3.96-win64
--exclude-module=numpy --exclude-module=pandas -i ./icon.ico hello.py
```

如果使用单文件打包模式打包，则需要在程序中的各个路径旁边加上 res_path()函数，再在打包命令中添加“-F”命令，详见 8.1.5 小节。

8.2 Nuitka

Nuitka 会把要打包的代码编译成 C 语言版本，这样不仅可提升程序的运行效率，也可加强代码安全性。这个打包库使用起来也很简单，而且有很多打包逻辑跟 PyInstaller 的打包逻辑是类似的，比如 Nuitka 也有单文件打包模式和多文件打包模式，也需要通过黑框来查看报错信息，等等。

8.2.1 环境配置

Nuitka 对打包环境的要求会比较高，除了要下载 Nuitka 这个库，还需要 MinGW-w64、ccache、Dependency Walker。笔者已经将适用于 Windows（64 位）的 MinGW-w 64、ccache 和 Dependency Walker 放在一起，读者可以从本书配套资源中获取。

1. 安装 Nuitka

首先使用 pip 命令安装。

```
pip install nuitka
```

笔者在本章使用的 Nuitka 的版本为 0.6.19.1，其他版本的 Nuitka 可能会在打包时出现不一样的提示或结果。建议读者先根据本节内容下载 0.6.19.1 版本的 Nuitka，等熟悉后，再去使用其他版本。

安装完毕后，执行“nuitka --version”命令来验证安装是否成功。如果出现以下版本信息，则表示安装成功，如图 8-23 所示。

```
命令提示符
C:\Users\user>nuitka --version
0.6.19.1
Commercial: None
Python: 3.9.11 (tags/v3.9.11:2de452f, Mar 16 2022, 14:33:45) [MSC v.1929 64 bit (AMD64)]
Flavor: Unknown
Executable: E:\python\python.exe
OS: Windows
Arch: x86_64
WindowsRelease: 10
```

图 8-23 验证安装

2. 配置 MinGW-w64 和 GCC

在 Windows 系统上，Nuitka 需要使用 MinGW-w64 和 GCC 来将代码编译成可执行文件。

读者也可以下载其他版本的 MinGW-w64 和 GCC。不过注意 0.6.19.1 版本的 Nuitka 所使用的 GCC 的版本号要大于等于 11.2，否则在打包时会出现版本过低提示。

将下载下来的压缩包解压到任意位置，单击进入 mingw64 文件夹中的 bin 文件夹，将该路径添加到计算机环境变量中，如图 8-24 所示。

图 8-24 配置 MinGW-w64 的环境变量

最后我们在命令提示符窗口中执行“gcc --version”命令，如果出现 GCC 的版本号，则表明配置成功，如图 8-25 所示。

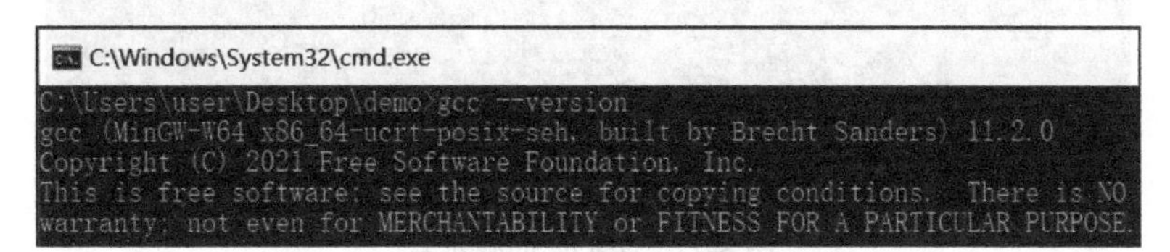

图 8-25 GCC 的版本号

3. 配置 ccache

ccache 用来缓存编译时生成的信息，可以让 Nuitka 在下一次编译时利用缓存加快编译的速度。

将下载下来的压缩包解压到任意位置，双击进入解压出来的文件夹，并将该路径添加到环境变量中，如图 8-26 所示。

编辑环境变量
C:\Program Files (x86)\NVIDIA Corporation\PhysX\Common
E:\python\Scripts\
E:\python\
C:\WINDOWS\system32
C:\WINDOWS
C:\WINDOWS\System32\Wbem
C:\WINDOWS\System32\WindowsPowerShell\v1.0\
C:\WINDOWS\System32\OpenSSH\
C:\Users\Administrator\AppData\Local\Microsoft\WindowsApps
C:\Recovery\OEM\Backup\
C:\Recovery\OEM\Backup\
E:\node.js\
C:\Program Files (x86)\Windows Kits\8.1\Windows Performance T...
C:\mingw64\bin
C:\ccache-4.5.1-windows-64
新建(N)
编辑(E)
浏览(B)...
删除(D)
上移(U)
下移(O)
编辑文本(T)...
确定
取消

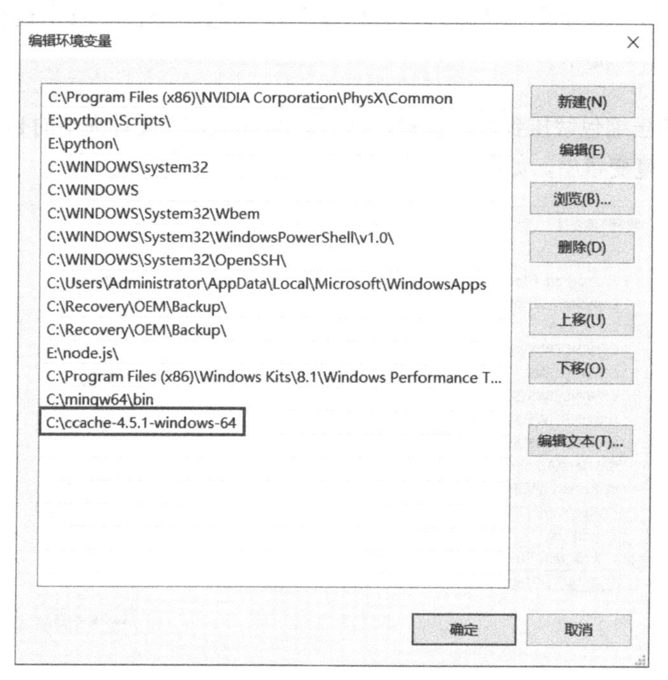

图 8-26 配置 ccache 的环境变量

最后我们在命令提示符窗口中执行“ccache --version”命令，如果出现 ccache 的版本号，则表明配置成功，如图 8-27 所示。

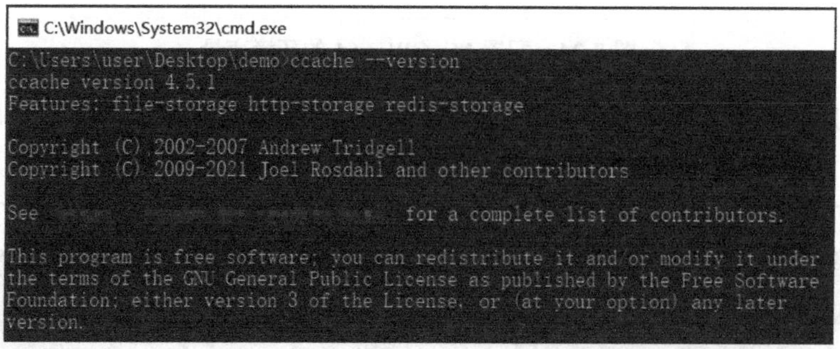

C:\Windows\System32\cmd.exe
C:\Users\user\Desktop\demo>ccache --version
ccache version 4.5.1
Features: file-storage http-storage redis-storage
Copyright (C) 2002-2007 Andrew Tridgell
Copyright (C) 2009-2021 Joel Rosdahl and other contributors
See for a complete list of contributors.
This program is free software; you can redistribute it and/or modify it under
the terms of the GNU General Public License as published by the Free Software
Foundation; either version 3 of the License, or (at your option) any later
version.

图 8-27 ccache 的版本号

4．配置 Dependency Walker

Nuitka 会使用 Dependency Walker 来获取 Python 扩展模块的依赖文件，在使用“--standalone”和“--onefile”命令时会用到。

将下载下来的压缩包解压到任意位置，双击进入解压出来的文件夹（其中有 depends.exe），当笔者将 depends.exe 的路径配置到环境变量中后，会发现 Nuitka 在打包时并没有识别到 Dependency Walker。为解决这个 bug，我们需要修改一下 Nuitka 安装包中的 DependsExe.py 文件，其中有查找 depends.exe 的相关代码。图 8-28 显示了 DependsExe.py 这个源码文件在笔者计算机上的位置。

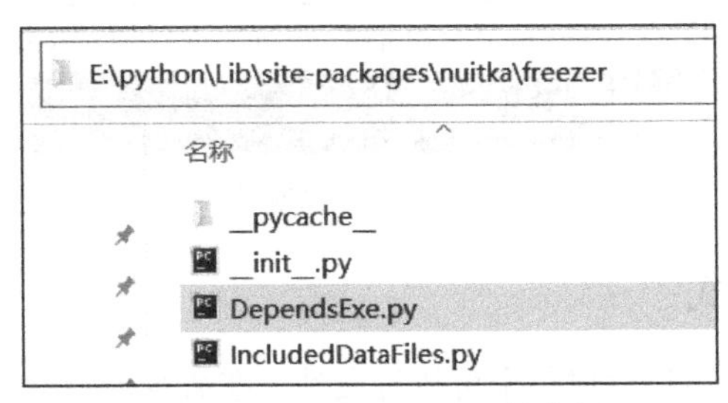

图 8-28　DependsExe.py 的位置

更高版本的 Nuitka 可能会修复这个 bug，那在配置好 Dependency Walker 的环境变量后就不需要像笔者这样修改 DependsExe.py 这个源码文件了。

打开 DependsExe.py，注释掉原先 141 行的代码，然后让 depends_exe 变量的值等于 depends.exe 所在的路径，如图 8-29 所示。修改过后，就无须将 depends.exe 的路径配置到环境变量中了。

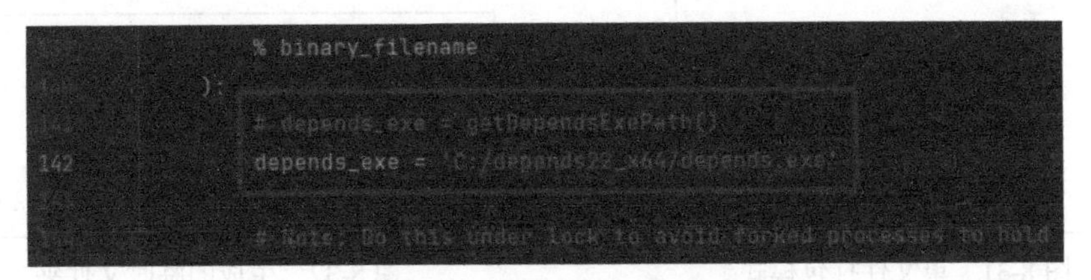

图 8-29　修改 DependsExe.py

8.2.2　两种打包模式

Nuitka 同样有多文件打包和单文件打包两种打包模式，分别通过“--standalone”和“--onefile”命令实现。

1. 多文件打包模式

我们拿示例代码 8-1 进行演示。在 demo 文件夹中打开命令提示符窗口，执行以下打包命令。

```
nuitka --standalone hello.py
```

按“Enter”键并等待一小段时间后，命令提示符窗口最后会显示“Successfully created hello.dist\\hello.exe”，这表示可执行文件已经成功生成了。此时我们可以在 demo 文件夹中看到 hello.build 和 hello.dist 这两个文件夹。前者存放着一些编译文件，可以直接删除；后者包含可执行文件 hello.exe 以及相关依赖文件。

现在我们双击 hello.exe，若出现“Hello World”文本，则表示打包成功，如图 8-30 所示。

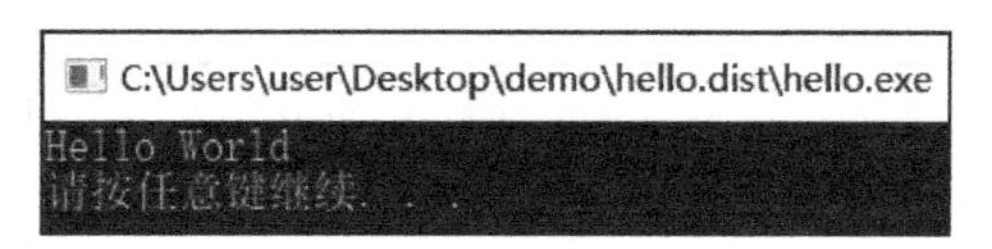

图 8-30 打包成功

2. 单文件打包模式

使用“--onefile”命令可以生成单个可执行文件，在命令提示符窗口中执行以下命令即可。

```
nuitka --onefile hello.py
```

打包结束后，除了之前提到的 hello.build 和 hello.dist，我们在 demo 文件夹中还可以看到 hello.onefile-build 文件夹（可删除）和 hello.exe 可执行文件，如图 8-31 所示。

Nuitka 的单文件打包也是在多文件打包的基础上进行的，直白点讲就是当使用“--onefile”命令打包时，Nuitka 先调用了“--standalone”命令的打包逻辑。在生成 hello.dist 文件夹后，再把这个文件夹中的所有文件编译到 hello.exe 中。双击 hello.exe 后，我们可以在 Temp 临时文件夹中看到一个名称以 onefile 开头的文件夹（下文称为 onefile 临时文件夹），如图 8-32 所示。

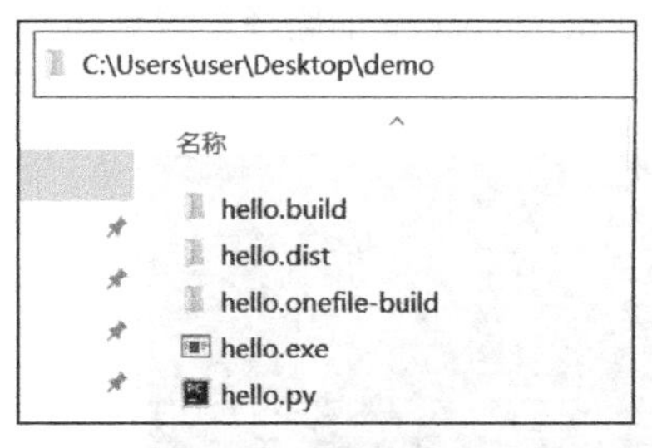

图 8-31 单文件打包模式

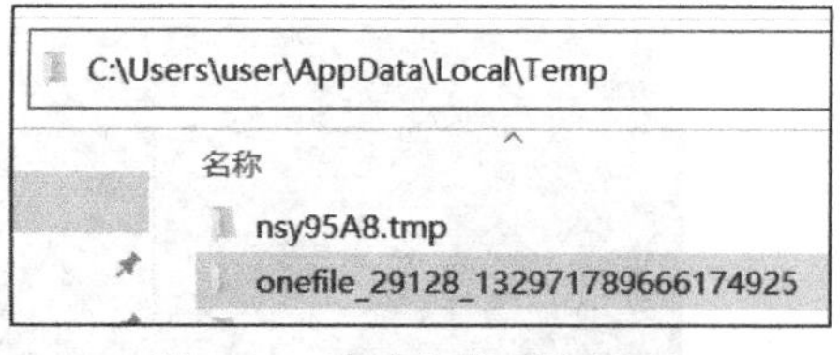

图 8-32 生成的临时文件夹

所以通过单文件打包模式打包出来的 hello.exe 文件其实就是个“壳”，实际上运行的是解压出来后的.exe 文件。当我们关闭程序后，这个 onefile 临时文件夹就会被自动删除（但如果程序在运行过程中因出现报错而闪退，该临时文件夹可能会遗留在系统中，需要手动删除）。

因为要花费时间去执行解压操作，所以使用 Nuitka 单文件打包模式生成的 hello.exe 在启动时是会稍微慢点的。

8.2.3 给可执行文件加上图标

Nuitka 可以通过“--windows-icon-from-ico”命令给可执行文件加上.png 或.ico 格式的图标，其使用格式如下。

```
nuitka --standalone --windows-icon-from-ico=/path/to/xxx.ico hello.py
```

我们只需要在该命令后加一个“=”，再加上图标路径即可。在 demo 文件夹中放一个 icon.ico 图标文件，然后使用以下命令打包示例代码 8-1。

```
nuitka --standalone --windows-icon-from-ico=./icon.ico hello.py
```

打包结束后，就会发现 hello.exe 有图标了，如图 8-33 所示。

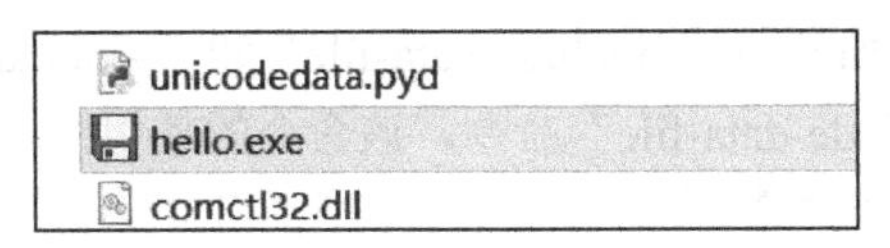

图 8-33　给可执行文件加上图标

在 macOS 系统上需要使用“--macos-onefile-icon”命令给可执行文件添加图标。

Nuitka 还提供了“--windows-icon-from-exe”命令让我们能够从现有的.exe 文件中提取图标，其使用格式如下。

```
nuitka --standalone --windows-icon-from-exe=/path/to/exe hello.py
```

我们来试验一下把桌面版微信的图标用在 hello.exe 上。先在计算机中找到桌面版微信的可执行文件 WeChat.exe。在笔者的计算机上，这个可执行文件的路径为“D:\微信\WeChat\WeChat.exe”，所以使用以下命令打包。

```
nuitka --standalone --windows-icon-from-exe=D:\微信\WeChat\WeChat.exe
hello.py
```

打包结束后，就可以看到 hello.exe 拥有了桌面版微信的图标，如图 8-34 所示。

图 8-34　从 WeChat.exe 中提取图标

如果碰见图标不显示的问题，可以查看 8.1.4 小节中的解决方案。

8.2.4 打包资源文件

我们可以选择在打包完毕之后手动复制资源文件，但这只对“--standalone”多文件打包模式有效。如果使用“--onefile”命令将程序打包成单个可执行文件，那么手动复制资源文件是不可行的。因为程序只有在双击后，才会解压出包含依赖文件的临时文件夹，所以我们无法在程序运行前将资源文件复制到临时文件夹中，那程序也会因无法定位到资源文件而报错。

在本小节，我们将学习如何用“--include-data-file”和“--include-data-dir”这两个命令来打包资源文件。首先是“--include-data-file”命令，该命令的使用格式如下。

```
--include-data-file=资源文件源路径=资源文件相对于可执行文件的路径
```

第一个等号后面是打包时资源文件当前的路径，可以是绝对路径也可以是相对路径。第二个等号后面是资源文件相对于可执行文件的路径。现在通过示例代码 8-7 来实际演示“--include-data-file”打包命令。

示例代码 8-7

```
with open('./data.txt', 'r') as f:
    print(f.read())
```

运行结果如图 8-35 所示。

```
E:\python\python.exe
Hello World
```

图 8-35 运行结果

该程序会读取当前路径下的 data.txt 文本文件，并将其中的“Hello World”内容输出。所以在打包时，我们要打包 data.txt，使用如下命令。

```
nuitka --standalone --include-data-file=./data.txt=./ hello.py
```

第一个等号后面的“./data.txt”表示要打包当前路径下的 data.txt 文件，第二个等号后面的“./”表示要将 data.txt 文件打包到 hello.dist 下，让 data.txt 和 hello.exe 路径同级。打包结束后，可以发现 data.txt 出现在了 hello.dist 文件夹中，如图 8-36 所示。

如果使用“--onefile”命令打包，则 data.txt 会出现在解压出来的 onefile 临时文件夹中。

接下来是“--include-data-dir”命令，该命令用来添加一整个资源文件夹，使用格式如下。

```
--include-data-dir=资源文件夹源路径=资源文件夹相对于可执行文件的路径
```

现在我们在 demo 文件夹下新建一个名为 txt 的文件夹，然后在其中新建几个.txt 文本文件，如图 8-37 所示。

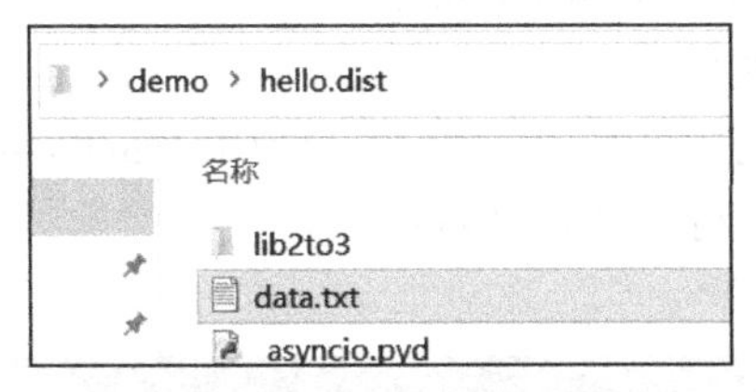

图 8-36　打包资源文件

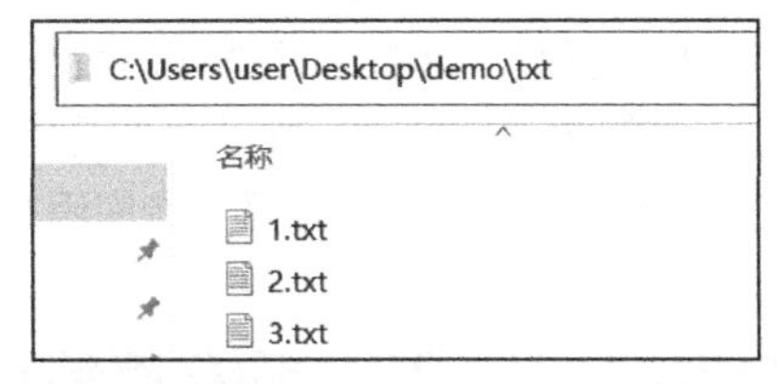

图 8-37　新建文件

hello.py 中的代码如示例代码 8-8 所示，这段代码用来读取各个.txt 文件并输出其中的内容。

示例代码 8-8

```
import os

for file in os.listdir('./txt'):
    with open(f'.txt/{file}', 'r') as f:
        print(f.read())
```

使用以下命令打包。

```
nuitka --standalone --include-data-dir=./txt=./txt hello.py
```

打包完毕后，可以在 hello.dist 文件夹下看到 txt 文件夹，如图 8-38 所示，其中包含所有的.txt 文本文件。

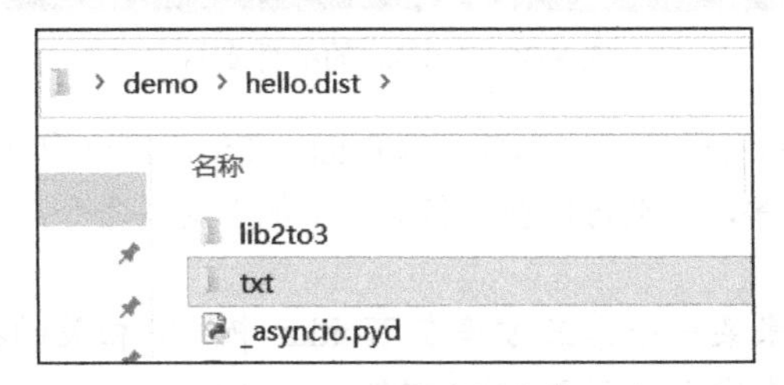

图 8-38　打包资源文件

如果资源文件只有一两个，而且没有被放到文件夹中，就可以使用“--include-data-file”命令（可以配合通配符“*”来添加多个文件）；如果资源文件被放在了文件夹中，则可以使用“--include-data-dir”命令；如果大部分资源被放在了文件夹下，一小部分没有，那么可以结合以上两个命令进行打包。

8.2.5 启用插件

在打包一些标准库和第三方库时，我们需要添加“--enable-plugin”命令。该命令可以让 Nuikta 启动相关插件一起打包这些库所用到的依赖文件。

第三方库的数量非常多，所以并不是所有库都有插件可用。我们可以使用“nuitka --plugin-list”命令来查看 Nuitka 目前为哪一些库添加了插件支持，如图 8-39 所示。

```
C:\Windows\System32\cmd.exe
C:\Users\user\Desktop\demo>nuitka --plugin-list
                 The following plugins are available in Nuitka
 ---------------------------------------------------------------------------------
 anti-bloat        Patch stupid imports out of widely used library modules source codes.
 data-files
 dill-compat
 enum-compat
 eventlet          Support for including 'eventlet' dependencies and its need for 'dns' package monkey patching
 gevent            Required by the gevent package
 gi                Support for GI typelib dependency
 glfw              Required for OpenGL and glfw in standalone mode
 implicit-imports
 kivy              Required by kivy package
 matplotlib        Required for matplotlib module
 multiprocessing   Required by Python's multiprocessing module
 numpy             Required for numpy, scipy, pandas, etc.
 pbr-compat
 pkg-resources     Resolve version numbers at compile time.
 pmw-freezer       Required by the Pmw package
 pylint-warnings   Support PyLint / PyDev linting source markers
 pyqt5             Required by the PyQt5 package.
 pyqt6             Required by the PyQt6 package for standalone mode.
 pyside2           Required by the PySide2 package.
 pyside6           Required by the PySide6 package for standalone mode.
 pywebview         Required by the webview package (pywebview on PyPI)
 pyzmq             Required for pyzmq in standalone mode
 tensorflow        Required by the tensorflow package
 tk-inter          Required by Python's Tk modules
 torch             Required by the torch / torchvision packages
 trio              Required for Trio package
```

图 8-39 Nuitka 的插件支持

可以看到一些比较难打包的库（如 PyQt、PyTorch、TensorFlow 等）都有插件来支持。如果读者要打包用 PyQt5 写的程序，那么可以在打包命令中加上这条命令：“--enable-plugin=pyqt5”。

如果某一个第三方库在 Nuitka 中没有相关的插件，不代表它无法用 Nuitka 打包。

现在我们用 Nuitka 打包示例代码 8-2。程序使用到了 tkinter，所以我们要在打包时加上“--enable-plugin=tk-inter”命令。另外，程序用到了当前路径下的 icon.ico 文件，所以我们要加上“--include-data-file=./icon.ico=./”命令。最终的打包命令展示如下。

```
nuitka --standalone --enable-plugin=tk-inter --include-data-file=./icon.
ico=./ hello.py
```

打包结束后，双击生成的 hello.exe，运行正常，如图 8-40 所示。

Nuitka 提供插件的目的是方便我们打包相应的库，但是在打包时一定要使用插件吗？答案是不一定。一些大型第三方库（比如 NumPy、TensorFlow），它们的源码中会引入其他第三方库。假如在打包 NumPy 时添加了“--enable-plugin=numpy”命令，那么打包时间可能会非常长（因为 Nuitka 会去编译库文件）。更糟糕的情况是，经过了漫长的等待，最后还打包失败了。

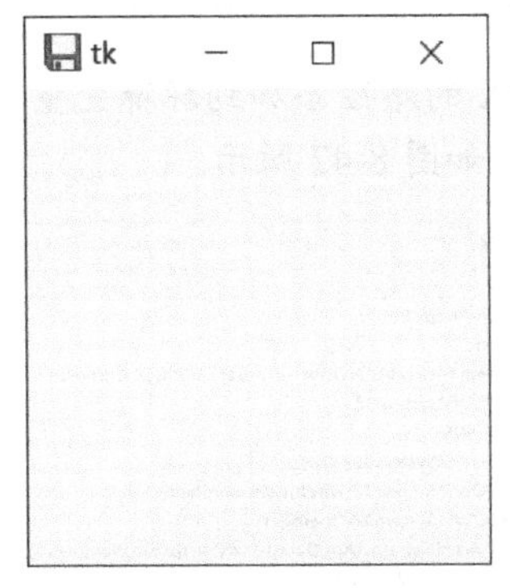

图 8-40 运行结果

在用 Nuitka 打包一些大型第三方库时，如果发现使用了“--enable-plugin”命令后打包速度非常慢，我们就可以考虑不使用插件，而是在打包结束后直接复制库的相关文件，或者通过“--include-data-dir”命令打包库文件夹。在示例代码 8-9 中，我们尝试打包一个使用了 NumPy 的简单程序。

示例代码 8-9

```
import numpy as np
a = np.array([[1,  2],  [3,  4]])
print(a)
```

运行结果如图 8-41 所示。

```
E:\python\python.exe
[[1 2]
 [3 4]]
```

图 8-41 运行结果

我们首先从 Python 安装目录下找到 numpy 文件夹，然后将其复制到 demo 文件夹中。现在使用以下命令打包就可以了。

```
nuitka --standalone --nofollow-imports --include-data-dir=./numpy=./numpy hello.py
```

“--nofollow-imports”命令可以让 Nuitka 不去自动分析程序中引入的库，以加快打包速度。“--include-data-dir”命令用来打包 numpy 文件夹。

8.2.6 减小打包文件的大小

Nuitka 同样可以使用 UPX 来减小可执行文件的大小，不过它没有提供类似 PyInstaller 中的“--upx-dir”命令来寻找 UPX 工具。我们可以在打包结束后，通过 UPX 自带的命令来压缩打包文件，其使用格式如下。

```
upx -[1-9] /path/to/exe
```

数字 1～9 表示压缩程度，数字越大，压缩程度越高。9 表示将.exe 文件压缩到最小。

TIP

可以将 UPX 的路径添加到环境变量中，方便使用 UPX 压缩命令，如图 8-42 所示。

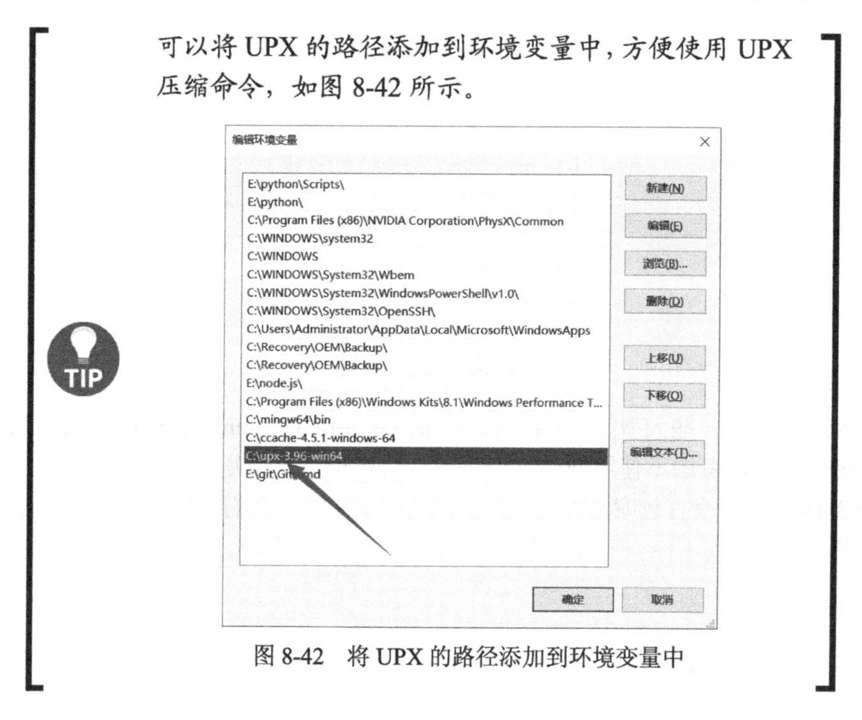

图 8-42　将 UPX 的路径添加到环境变量中

可惜的是，UPX 不能压缩通过 Nuitka 单文件打包模式生成的可执行文件，不过我们可以使用 zstandard 模块。如果没有安装 zstandard，那在使用“--onefile”命令打包时，命令提示符窗口中会显示警告：“Onefile mode cannot compress without zstandard module installed.”。它的意思是“在单文件打包模式下，如果没有安装 zstandard 模块，则无法压缩可执行文件”，那我们先使用 pip 命令安装它。

```
pip install zstandard
```

接着用“--onefile”命令打包时，命令提示符窗口上就会显示压缩率，如图 8-43 所示。

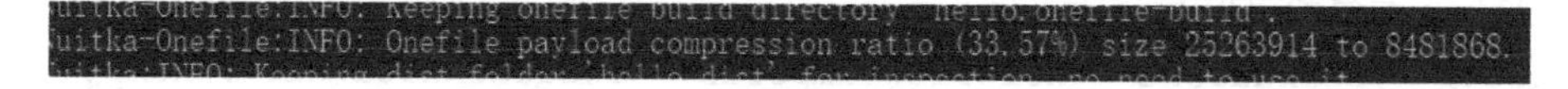

图 8-43　使用 zstandard 模块压缩

8.2.7 其他常用的命令

1. -h

通过“-h”命令我们可以查看 Nuitka 所有命令的解释和用法，如图 8-44 所示。

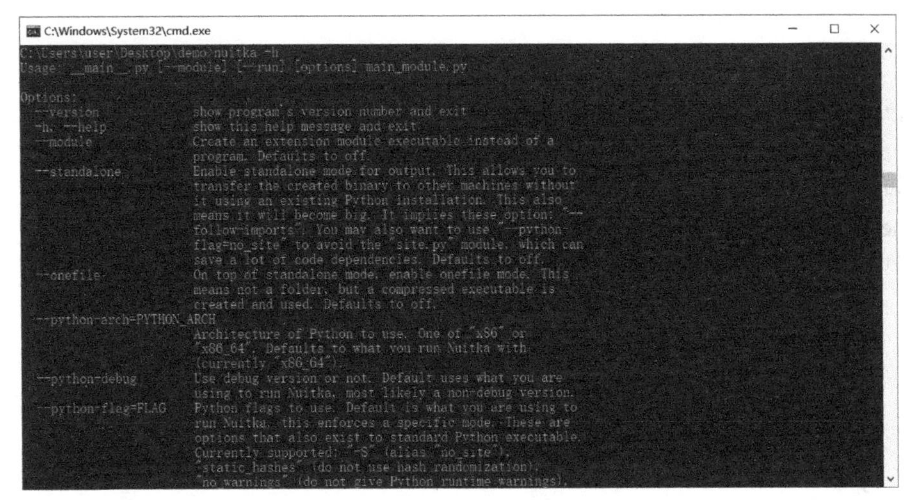

图 8-44 “-h”命令

2. --include-module

当 Nuitka 无法识别程序中引入的模块时，我们应该使用“--include-module”命令显式地打包模块。该命令的使用格式如下。

```
--include-module=模块名称
```

模块名称后不需要加扩展名.py。

3. --windows-disable-console

“--windows-disable-console”命令用来去掉黑框。但是请读者注意，在确定打包后的程序无任何报错之前，不要使用该命令，因为报错会显示在黑框中，去掉了黑框的话，就看不到了。

在 macOS 系统上，去掉黑框的命令是“--macos-disable-console”。

4. --show-progress

“--show-progress”命令用来输出打包的详细进度信息，可以让我们知道 Nuitka 的具体打包步骤。

5. --show-modules

“--show-modules”命令可以让我们知道 Nuitka 在打包时引入了哪些模块或.dll 文件。

6. -o

“-o”命令可以用来修改打包后生成的可执行文件的名称，使用格式如下。

```
-o 文件名称.exe
```

比如我们现在用以下命令打包。打包结束后，生成的可执行文件的名称为 hi.exe，而不是默认的 hello.exe。

```
nuitka --onefile -o hi.exe hello.py
```

该命令只能用于单文件打包模式。

7. --jobs

如果你的 CPU 是 8 核的，那么 Nuitka 默认会开启 8 个进程来打包。可以通过“--jobs”命令减少开启的进程数，当然编译速度会受影响，其使用格式如下。

```
--jobs=进程数
```

8.2.8 用 Nuitka 打包用 PyQt 开发的程序

在 8.1.8 小节中，我们学习了如何使用 PyInstaller 来打包一个用 PyQt 开发的记事本程序，即示例代码 8-6。在本小节，我们换用 Nuitka 来打包。

1. 第一步：确定打包命令

我们决定用多文件打包模式打包，需要添加“--standalone”命令。hello.py 是入口文件。另外，该程序使用了一些图标文件，且这些文件全部都存放在 images 文件夹下，所以我们还要用到“--include-data-dir”命令。要给可执行文件加上图标，还需要使用“--windows-icon-from-ico”命令。程序因为使用了 PyQt5，所以我们可以通过“--enable-plugin”命令启用 PyQt5 插件。最终确定好的打包命令展示如下。

```
nuitka -standalone --include-data-dir=./images=./images --enable-plugin=
pyqt5 --windows-icon-from-ico=./icon.ico hello.py
```

如果有多个.py 文件，我们只需要打包程序入口文件即可，Nuitka 会自动分析各个.py 文件之间的模块导入关系，将打包它们。如果有遗漏的，则通过“--include-module”命令再添加进来。

2．第二步：开始打包

在 hello.py 所在文件夹的路径栏中输入“cmd”并按“Enter”键，然后在打开的命令提示符窗口中执行确定好的打包命令。

3．第三步：解决报错并重新打包

运行可执行文件后，没有出现任何报错。如果出现报错，则在根据报错内容修改代码或打包命令后，重新打包。

4．第四步：去掉黑框

当以上几个步骤都没有问题之后，再加上“--windows-disable-console”命令去掉黑框，修改打包命令如下。

```
nuitka --standalone --include-data-dir=./images=./images --enable-plugin
=pyqt5 --windows-icon-from-ico=./icon.ico --windows-disable-console hello.py
```

5．第五步：减小包体

使用 UPX 工具压缩生成的 hello.exe，命令为“upx -9 hello.exe”，如图 8-45 所示。如果用的是“--onefile”命令，那么 Nuitka 会在打包时自动使用 zstandard 模块压缩生成的可执行文件。

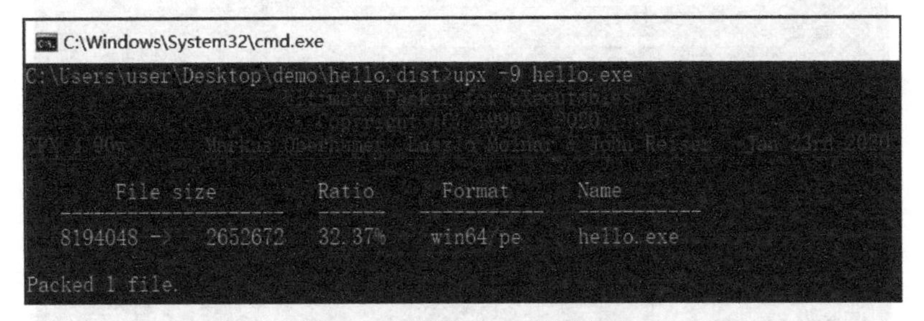

图 8-45　使用 UPX 压缩文件

8.3　本章小结

本章介绍了两种打包库：PyInstaller 和 Nuitka，并讲解了它们的环境配置、打包模式以及常见的打包技巧，最后通过打包 PyQt 程序作为实战案例。两个打包库都很不错，有各自的优势。笔者在一篇博客上对两个打包库进行了对比分析，可以在网上搜索“比较 PyInstaller 和 Nuitka”这篇文章。

第 9 章 开发可视化爬虫软件

在开发爬虫软件时，我们会在命令提示符窗口中输出爬取到的内容。但对于不熟悉编程的用户来说，黑框的存在会降低软件的使用好感度，所以我们可以通过 PyQt 开发的界面来显示爬虫爬取到的内容，这其实是一项非常常见的需求。在本章，我们会爬取“Quotes to Scrape”名人名言网站（https://quotes.toscrape.com/）的内容，并将爬虫功能融入 PyQt 开发的界面中，从而开发一款可视化爬取软件，如图 9-1 所示。

图 9-1　可视化爬虫软件

读者可以在第 9 章的资源包中找到名为 QuotesCrawler 的项目文件夹，该项目的文件结构和解释罗列如下。

```
├── crawl.py                # 爬虫代码
├── main.py                 # 程序入口
```

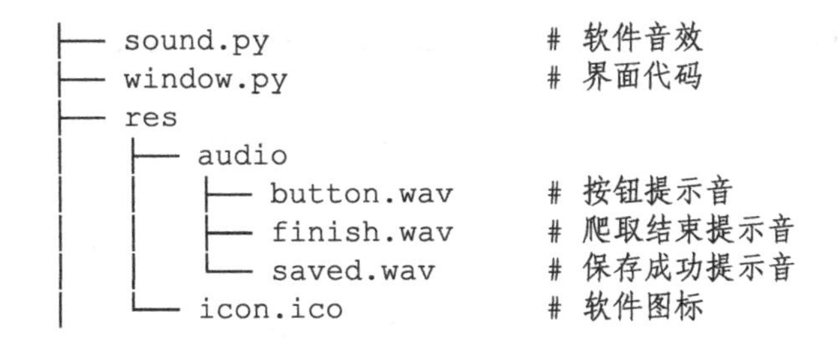

```
├── sound.py              # 软件音效
├── window.py             # 界面代码
├── res
│   ├── audio
│   │   ├── button.wav    # 按钮提示音
│   │   ├── finish.wav    # 爬取结束提示音
│   │   └── saved.wav     # 保存成功提示音
│   └── icon.ico          # 软件图标
```

本章不会详细讲解爬虫代码及爬虫知识点。如果读者还不熟悉爬虫的话，可以先通过相关图书或视频了解一下。

9.1 实现爬虫功能

在开发可视化爬虫软件时，我们通常会先实现爬虫功能，因为界面是依照爬虫功能去设计和开发的。在本节会使用 requests 和 parsel 这两个第三方库实现爬虫功能，前者用来获取页面源码，后者用来解析页面结构。我们可以先用 pip 命令安装它们。

安装 requests

```
pip install requests
```

安装 parsel

```
pip install parsel
```

9.1.1 分析目标网站

打开名人名言网站，可以发现页面上有很多方框，每个方框中都有名言、作者和标签，这些就是我们要爬取的内容，如图 9-2 所示。

打开浏览器控制台，分析一下目标内容的网页结构，可以得出每个方框中的文本都包含在 class 属性值为“quote”的 div 标签中，如图 9-3 所示。所以我们可以用以下这条 XPath 语句获取当前页面上所有方框中的内容。

```
//div[@class="quote"]
```

接着分析每个 div 标签下的元素，就可以得到名言、作者和标签文本所在的路径，分别用以下 XPath 语句获取。

```
//div[@class="quote"]/span/text()
//div[@class="quote"]/span/small/text()
//div[@class="quote"]/div[@class="tags"]/a/text()
```

当前页面分析完毕之后，我们往下滑可以看到一个“Next”按钮，单击后跳转到下一页。此时我们发现网址变为“https://quotes.toscrape.com/page/2/”，那么将 2 改成 1 的话就可以显示刚才第一页的内容。如果将 2 改成 100，页面上则会显示“No quotes found!”，这表明页面上没有任何信息了，我们也可以借此判断爬取完毕。

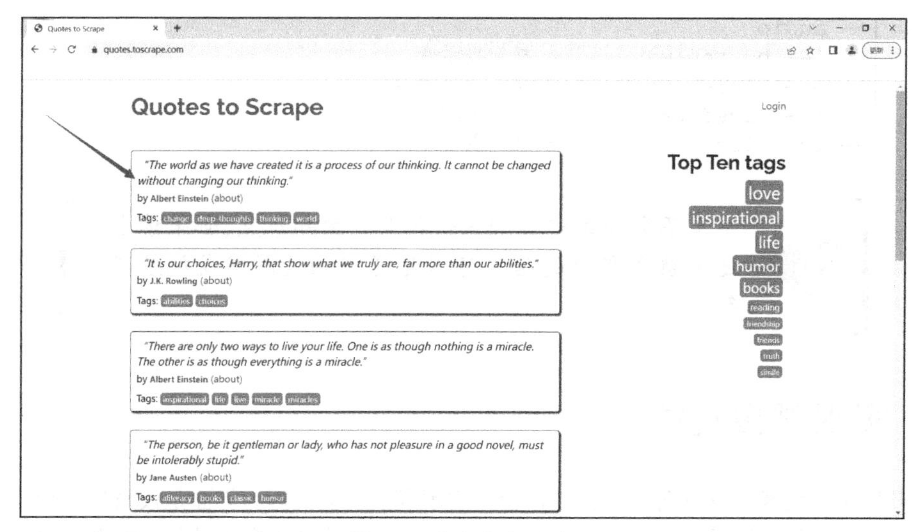

图 9-2　名人名言网站

现在爬虫的逻辑已经很明显了。我们可以通过变量 total_page 来设置要爬取的页面总数，然后在循环中不断改变“https://quotes.toscrape.com/page/数字/”网址中的数字部分来一页页地爬取，用 page_count 变量记录当前已爬取的页数。如果页数超出页面总数（即 page_count 的值大于 total_page），则停止爬取。当然，如果页面源码中出现“No quotes found!”文本的话，也立刻停止爬取。

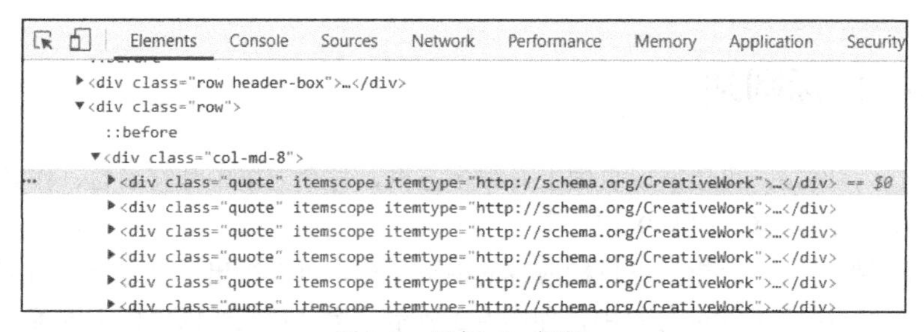

图 9-3　目标 div 标签

9.1.2　编写爬虫代码

在分析完目标网站之后，我们就可以开始编写爬虫代码了，首先在 crawl.py 文件中输入以下代码。

crawl.py

```
import requests
from parsel import Selector
```

```python
def crawl_page(page_num):       # 1
    print(f'当前正在爬取第{page_num}页')
    page_url = f'https://quotes.toscrape.com/page/{page_num}/'
    response = requests.get(page_url)

    if 'No quotes found!' in response.text:
        print('当前页面上没有名言了，不再继续爬取。')
        return

    selector = Selector(response.text)
    quotes = selector.xpath('//div[@class="quote"]')

    for quote in quotes:
        content = quote.xpath('./span/text()').extract_first()
        author = quote.xpath('./span/small/text()').extract_first()
        tags = quote.xpath('./div[@class="tags"]/a/text()').extract()
        tags = ';'.join(tags)
        print([content, author, tags])

def main():                     # 2
    page_count = 0
    total_page = int(input('请输入爬取页数: '))

    while page_count < total_page:
        page_count += 1
        crawl_page(page_count)

if __name__ == '__main__':
    main()
```

运行结果如图 9-4 所示。

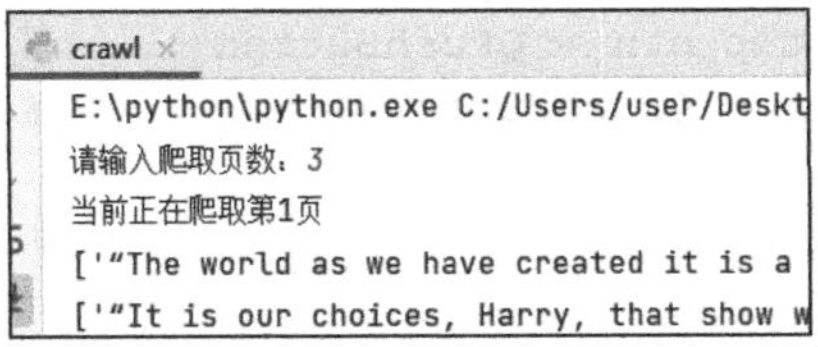

```
crawl ×
E:\python\python.exe C:/Users/user/Deskt
请输入爬取页数：3
当前正在爬取第1页
['"The world as we have created it is a
['"It is our choices, Harry, that show w
```

图 9-4 爬虫功能

代码解释：

#1 在 crawl_page()函数中，我们使用 requests 库的 get()方法获取到目标页面的源码，判断该页面是否存在"No quotes found!"文本，不存在的话则开始解析源码并调用 xpath()方法获取到相应文本。

#2 该程序通过 input()获取用户输入的爬取页数，在得到页数后，通过 crawl_page()函数循环爬取各个页面。

9.2 将爬虫与界面结合

在实现爬虫功能并确定没有问题之后，我们就可以按照爬虫功能来设计和开发界面了。

9.2.1 完成界面布局

我们可以用一个 QTableWidget 控件来显示爬取到的内容，用 QTextBrowser 控件显示爬虫日志，用一个 QSpinBox 控件设置要爬取的页数，还要用一个 QPushButton 按钮控件来开始/停止爬虫。在爬取结束后，还可以通过一个 QPushButton 按钮控件将爬取到的内容保存到文件或数据库中。确定好要使用的控件后，我们就可以在界面上布局了。打开 window.py，开始编写界面代码。

window.py

```
from PyQt5.QtGui import *
from PyQt5.QtWidgets import *

class CrawlWindow(QWidget):
    def __init__(self):
        super(CrawlWindow, self).__init__()
        self.resize(800, 600)
        self.setWindowTitle('名人名言爬取软件')
        self.setWindowIcon(QIcon('./res/icon.ico'))

        self.table = QTableWidget()                   # 显示爬取内容
        self.browser = QTextBrowser()                 # 显示爬取日志
        self.page_spin_box = QSpinBox()               # 设置爬取页数
        self.start_stop_btn = QPushButton()           # 开始/停止爬取
        self.save_btn = QPushButton()                 # 保存爬取内容

        self.init_ui()                                # 设置界面

    def init_ui(self):
        self.init_widgets()
        self.init_signals()
        self.init_layouts()

    def init_widgets(self):                           # 1
        self.table.setColumnCount(3)
        self.table.setHorizontalHeaderLabels(['名言', '作者', '标签'])
        self.table.horizontalHeader().setSectionResizeMode(QHeaderView.
Stretch)
        self.table.setEditTriggers(QAbstractItemView.NoEditTriggers)
```

```
        self.table.setAlternatingRowColors(True)

        self.page_spin_box.setValue(1)
        self.start_stop_btn.setText('开始爬取')
        self.save_btn.setText('保存结果')

    def init_signals(self):
        ...

    def init_layouts(self):
        h_layout = QHBoxLayout()
        v_layout = QVBoxLayout()
        h_layout.addWidget(QLabel('设置爬取页数: '))
        h_layout.addWidget(self.page_spin_box)
        h_layout.addStretch()
        h_layout.addWidget(self.start_stop_btn)
        h_layout.addWidget(self.save_btn)
        v_layout.addWidget(self.table)
        v_layout.addWidget(self.browser)
        v_layout.addLayout(h_layout)
        self.setLayout(v_layout)
```

代码解释：

#1 在实例化各个控件对象后，我们在 init_widgets()函数中设置了它们的相关属性。QTableWidget 对象需要设置的属性比较多，比如它的列数、标题和编辑模式等。setAlternatingRowColors(True)方法可以让表格的行的背景颜色交替，实现隔行变色效果。

接着在 main.py 入口文件中输入以下代码。

main.py

```
import sys
from PyQt5.QtWidgets import *
from window import CrawlWindow

if __name__ == '__main__':
    app = QApplication([])
    crawl_window = CrawlWindow()
    crawl_window.show()
    sys.exit(app.exec())
```

此时运行 main.py 就可以看到布局好的界面了，如图 9-5 所示。

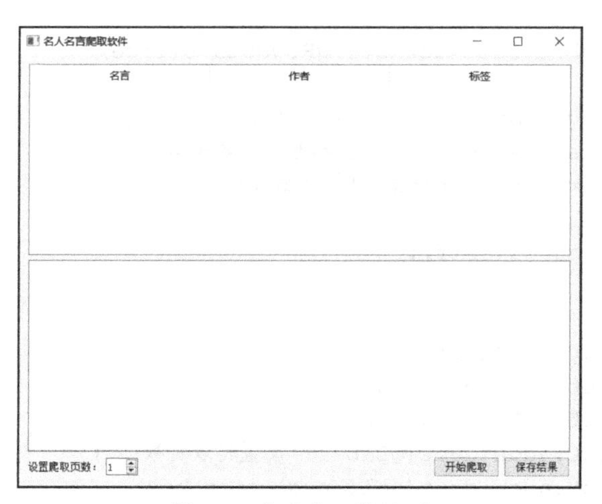

图 9-5 完成布局的界面

9.2.2 编写爬虫线程

爬虫任务是耗时的，所以我们不能把爬虫代码放在 UI 主线程中执行，否则会导致界面无响应。正确的做法是将爬虫任务交给子线程来完成，现将 crawl.py 文件中的代码修改如下。

crawl.py

```
import requests
from parsel import Selector
from PyQt5.QtCore import *

class CrawlThread(QThread):                                   # 1
    finish_signal = pyqtSignal()

    def __init__(self, window):
        super(CrawlThread, self).__init__()
        self.window = window
        self.flag = True

    def run(self):
        page_count = 0
        total_page = self.window.page_spin_box.value() # 2

        self.flag = True
        while page_count < total_page:
            if self.flag:
                page_count += 1
                self.crawl_page(page_count)
            else:
                break

        self.finish_signal.emit()

    def crawl_page(self, page_num):
```

```
            print(f'当前正在爬取第{page_num}页')

            page_url = f'https://quotes.toscrape.com/page/{page_num}/'
            response = requests.get(page_url)

            if 'No quotes found!' in response.text:
                print('当前页面上没有名言了，不再继续爬取。')
                self.stop()
                return

            selector = Selector(response.text)
            quotes = selector.xpath('//div[@class="quote"]')

            for quote in quotes:
                content = quote.xpath('./span/text()').extract_first()
                author = quote.xpath('./span/small/text()').extract_first()
                tags = quote.xpath('./div[@class="tags"]/a/text()').extract()
                tags = ';'.join(tags)
                print([content, author, tags])

        def stop(self):
            self.flag = False
```

代码解释：

#1 可以看出我们将之前编写的爬虫代码放在了 CrawlThread 这个类中，并添加了跟线程相关的代码，没有做其他的大改动。

#2 在之前编写的爬虫代码中，我们通过 Python 的内置函数 input()来获取用户输入的爬取页数，现在则是通过界面上的 QSpinBox 控件来获取。

接着我们在 CrawlWindow 窗口类中实例化一个 CrawlThread 线程对象，并通过按钮来开始或停止爬取操作。

window.py

```
from PyQt5.QtGui import *
from PyQt5.QtWidgets import *
from crawl import CrawlThread

class CrawlWindow(QWidget):
    def __init__(self):
        super(CrawlWindow, self).__init__()
        ...
        self.crawl_thread = CrawlThread(self)       # 爬虫线程
        self.init_ui()                              # 设置界面

    def init_ui(self):
        self.init_widgets()
        self.init_signals()
        self.init_layouts()

    ...
```

```
    def init_signals(self):
        self.start_stop_btn.clicked.connect(self.crawl)
        self.crawl_thread.finish_signal.connect(self.finished)

    ...

    def crawl(self):                        # 1
        if self.start_stop_btn.text() == '开始爬取':
            self.start_crawling()
        else:
            self.stop_crawling()

    def start_crawling(self):               # 2
        self.table.setRowCount(0)
        self.browser.clear()
        self.show_log('开始爬取')
        self.start_stop_btn.setText('停止爬取')

        if not self.crawl_thread.isRunning():
            self.crawl_thread.start()

    def stop_crawling(self):                # 3
        self.show_log('正在停止爬取')
        self.start_stop_btn.setText('正在停止……')
        self.start_stop_btn.setEnabled(False)
        self.crawl_thread.stop()

    def finished(self):
        self.show_log('爬取结束')
        self.start_stop_btn.setText('开始爬取')
        self.start_stop_btn.setEnabled(True)

    def show_log(self, log):
        self.browser.append(log)
        self.browser.moveCursor(QTextCursor.End)
```

运行结果如图 9-6 所示。

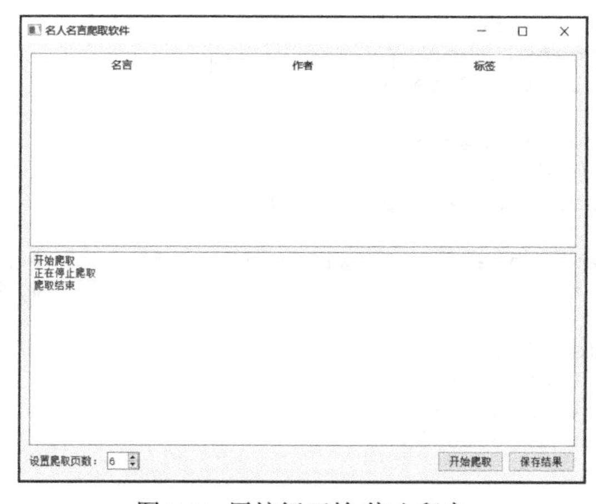

图 9-6　用按钮开始/停止爬虫

代码解释：

#1 如果用户单击了“开始爬取”按钮，则 start_crawling()函数就会被执行。

#2 在 start_crawling()函数中，我们清空了 QTableWdiget 和 QTextBrowser 控件上的内容（目的是删除之前爬取所留下的数据），然后将按钮文本修改成“停止爬取”，最后调用线程对象的 start()方法开启爬虫。

#3 当用户单击“停止爬取”按钮时，stop_crawling()函数就会被调用，而线程对象则会调用 stop()方法将自己的 flag 实例变量设为 False，关闭爬虫。

当 flag 被设置为 False 时，爬虫线程可能还处在 while 循环中，更明确点说，可能还在执行 crawl_page()函数。这时候线程还没有被真正关闭，所以我们不能直接将按钮文本变回“开始爬取”，否则用户又立即单击“开始爬取”按钮的话，程序是不会做出任何反应的，这会让用户感到奇怪。

我们应该优雅地关闭爬虫线程。当用户单击了“停止爬取”按钮后，我们先调用 setEnabled(False)禁用按钮，并显示“正在停止……”字样告知用户。当爬虫线程真正停止后，finish_siganl 信号就会发射，此时我们再在 finished()函数中将按钮文本设置成“开始爬取”并调用 setEnabled(True)恢复使用爬虫线程即可。

9.2.3 在界面上显示爬取数据和日志

控制爬虫线程的代码编写好之后，我们就可以通过自定义信号将爬取到的数据和爬取日志发送到界面上了。首先修改 crawl.py 文件中的 CrawlThread 类。

crawl.py

```
import requests
from parsel import Selector
from PyQt5.QtCore import *

class CrawlThread(QThread):
    log_signal = pyqtSignal(str)
    finish_signal = pyqtSignal()
    data_signal = pyqtSignal(list)

    ...

    def crawl_page(self, page_num):
        self.log_signal.emit(f'当前正在爬取第{page_num}页')        # 1

        ...

        if 'No quotes found!' in response.text:
            self.log_signal.emit('当前页面上没有名言了，不再继续爬取。') # 1
            self.stop()
```

```
            return

        ...

        for quote in quotes:
            ...
            self.data_signal.emit([content, author, tags])      # 1

    def stop(self):
        self.flag = False
```

代码解释：

#1 其实我们只是定义了两个信号，然后将原来的 print()输出代码用信号发射代码给代替了。log_signal 信号用来传递爬取日志，而 data_siganl 信号则用来传递数据。

接着我们就可以在 CrawlWindow 类中连接上述两个自定义信号，并在槽函数中将数据显示到 QTableWidget 上，将日志显示到 QTextBrowser 上。

window.py

```
from PyQt5.QtGui import *
from PyQt5.QtCore import *
from PyQt5.QtWidgets import *
from crawl import CrawlThread

class CrawlWindow(QWidget):
    def __init__(self):
        super(CrawlWindow, self).__init__()
        ...
        self.crawl_thread = CrawlThread(self)       # 爬虫线程
        self.init_ui()                              # 设置界面

    def init_ui(self):
        self.init_widgets()
        self.init_signals()
        self.init_layouts()

    ...

    def init_signals(self):
        self.start_stop_btn.clicked.connect(self.crawl)
        self.crawl_thread.log_signal.connect(self.show_log)
        self.crawl_thread.finish_signal.connect(self.finished)
        self.crawl_thread.data_signal.connect(self.set_data_on_table)

    ...

    def show_log(self, log):
        self.browser.append(log)
```

```
        self.browser.moveCursor(QTextCursor.End)

    def set_data_on_table(self, data):
        row_count = self.table.rowCount()
        self.table.setRowCount(row_count + 1)    # 新增一行

        for i in range(3):
            item = QTableWidgetItem()
            item.setText(data[i])
            item.setTextAlignment(Qt.AlignCenter)
            self.table.setItem(row_count, i, item)
            self.table.scrollToBottom()
```

运行结果如图 9-7 所示。

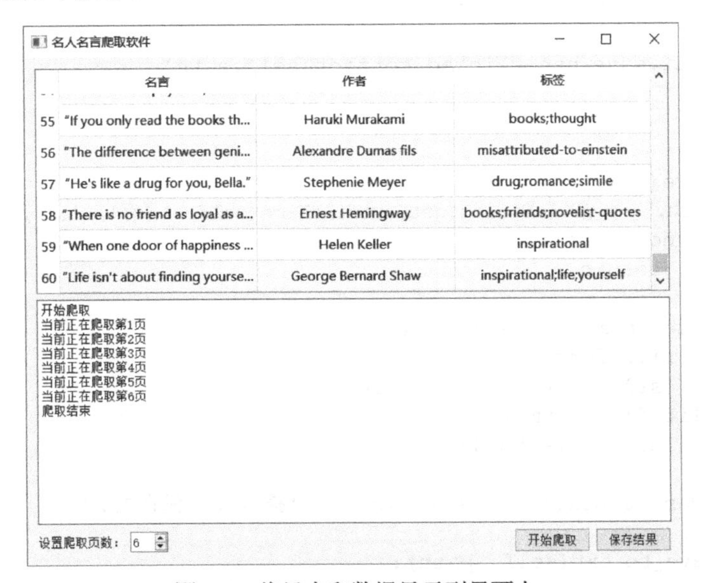

图 9-7 将日志和数据显示到界面上

9.2.4 实现保存功能

最后我们给这个爬虫软件加上保存功能。当用户单击“保存结果”按钮后，程序就会弹出一个文件对话框，在选择好保存路径后，QTableWidget 上的数据就会被保存到指定文件中了。

window.py

```
from PyQt5.QtGui import *
from PyQt5.QtSql import *
from PyQt5.QtCore import *
from PyQt5.QtWidgets import *
from crawl import CrawlThread

class CrawlWindow(QWidget):
```

```
    def __init__(self):
        super(CrawlWindow, self).__init__()
        ...
        self.crawl_thread = CrawlThread(self)       # 爬虫线程
        self.init_ui()                              # 设置界面

    def init_ui(self):
        self.init_widgets()
        self.init_signals()
        self.init_layouts()

    ...

    def init_signals(self):
        ...
        self.save_btn.clicked.connect(self.save)

    ...

    def save(self):              # 1
        path, _ = QFileDialog.getSaveFileName(self, '保存', './', '(*.txt *.db)')
        if not path:
            return

        file_format = path.split('.')[-1]
        if file_format == 'txt':
            self.save_to_txt(path)
        elif file_format == 'db':
            self.save_to_db(path)

        QMessageBox.information(self, '提示', '保存成功! ')

    def save_to_txt(self, path):
        row_count = self.table.rowCount()

        data = []
        for row in range(row_count):
            quote = self.table.item(row, 0).text()
            author = self.table.item(row, 1).text()
            tags = self.table.item(row, 2).text()
            data.append(f"名言: {quote}\n作者: {author}\n标签: {tags}")

        print(data)
        with open(path, 'w', encoding='utf-8') as f:
            f.write('\n\n'.join(data))

    def save_to_db(self, path):
        db = QSqlDatabase.addDatabase('QSQLITE')
        db.setDatabaseName(path)
        if not db.open():
```

```
            error = db.lastError().text()
            QMessageBox.critical(self, 'Database Connection', error)
            return

        # 创建数据表
        query = QSqlQuery()
        query.exec("""
            CREATE TABLE Quotes (
            id      INTEGER PRIMARY KEY AUTOINCREMENT,
            quote   TEXT    NOT NULL,
            author  TEXT    NOT NULL,
            tags    TEXT    NOT NULL);
        """)

        # 插入数据
        row_count = self.table.rowCount()
        for row in range(row_count):
            quote = self.table.item(row, 0).text()
            author = self.table.item(row, 1).text()
            tags = self.table.item(row, 2).text()

            query.prepare("""
                INSERT INTO Quotes (quote, author, tags)
                VALUES (?, ?, ?);
            """)
            query.addBindValue(quote)
            query.addBindValue(author)
            query.addBindValue(tags)
            query.exec()

        db.close()
```

运行结果如图 9-8 所示。

图 9-8　保存数据

代码解释：

#1 软件提供了两种保存方式：保存到.txt文本文件和数据库。当用户在文件对话框中确定好保存路径后，我们就根据文件格式执行相应的保存函数。

9.3 音效与美化

在实现程序的所有功能后，我们可以做一些“锦上添花”的事情，比如加一些提示音以及美化界面。

9.3.1 添加音效

在sound.py文件中编写一个AudioSource类，这个类专门用来管理和播放各种音频。

sound.py

```
from PyQt5.QtCore import *
from PyQt5.QtWidgets import *
from PyQt5.QtMultimedia import *
from pathlib import Path

class AudioSource:
    def __init__(self):
        super(AudioSource, self).__init__()
        audio_path = Path('./res/audio')
        audio_names = ['button', 'finish', 'saved']

        self.audio_dict = {}
        for name in audio_names:
            sound_effect = QSoundEffect()
            url = QUrl.fromLocalFile(str(audio_path / (name + '.wav')))
            sound_effect.setSource(url)
            self.audio_dict[name] = sound_effect

    def play_audio(self, name, volume=1):
        """通过音频文件的名称进行播放"""
        audio = self.audio_dict.get(name)

        if not audio:
            QMessageBox.critical(self, '错误', '没有这个音频文件！')
            return

        audio.setVolume(volume)
        audio.play()
```

现在我们可以在CrawlWindow类中实例化一个AudioSource对象，然后调用play_audio()传入音频文件的名称进行播放就可以了。

window.py

```
from PyQt5.QtGui import *
from PyQt5.QtSql import *
from PyQt5.QtCore import *
from PyQt5.QtWidgets import *
from crawl import CrawlThread
from sound import AudioSource

class CrawlWindow(QWidget):
    def __init__(self):
        super(CrawlWindow, self).__init__()
        ...
        self.audio_source = AudioSource()          # 音频播放
        self.crawl_thread = CrawlThread(self)      # 爬虫线程
        self.init_ui()                             # 设置界面


    def start_crawling(self):
        self.audio_source.play_audio('button')     # 1
        ...

    def stop_crawling(self):
        self.audio_source.play_audio('button')     # 1
        ...

    def finished(self):
        self.audio_source.play_audio('finish')     # 1
        ...

    ...

    def save(self):
        self.audio_source.play_audio('button')     # 1

        ...

        self.audio_source.play_audio('saved')      # 1
        QMessageBox.information(self, '提示', '保存成功！')

    ...
```

代码解释：

#1 当用户单击相应按钮后，程序会播放 button.wav 音频文件；当爬虫爬取结束后，会播放 finish.wav 音频文件；当数据保存成功后，还会播放 saved.wav 音频文件。

9.3.2 美化界面

我们可以直接使用 Qt-Material 这个 QSS 库来美化界面，只需要往 main.py 文件中加几行代码就可以了。

6.8.6 小节介绍了 Qt-Material 库的用法。

main.py

```
import sys
from PyQt5.QtWidgets import *
from window import CrawlWindow
from qt_material import apply_stylesheet

if __name__ == '__main__':
    app = QApplication([])
    apply_stylesheet(app, theme='dark_teal.xml')
    crawl_window = CrawlWindow()
    crawl_window.show()
    sys.exit(app.exec())
```

9.4 打包

功能全部开发完成并确定程序运行没有问题后，我们就可以将它打包成可执行文件发送给其他人了。在本节，我们会分别使用 PyInstaller 和 Nuitka 来打包。

9.4.1 用 PyInstaller 打包

1. 第一步：确定打包命令

我们使用多文件打包模式打包，所以不需要添加“-F”命令。main.py 文件中包含程序入口代码，所以我们要打包这个文件。另外，该程序使用到了一些资源文件，且这些文件全部都存放在 res 文件夹下，所以我们还要用到“--add-data”命令。当然，为了减小包体，我们还会使用 UPX 工具进行压缩（先将 UPX 文件放到项目文件夹中）。可执行文件需要一个图标，所以我们要加上“-i”命令。最终确定好的打包命令展示如下。

```
pyinstaller --upx-dir=./upx-3.96-win64 --add-data=./res/icon.ico;./res/
--add-data=./res/audio/*;./res/audio/ -i ./res/icon.ico main.py
```

2. 第二步：开始打包

在 main.py 所在文件夹的路径栏中输入“cmd”并按“Enter”键，然后在打开的命令提示符窗口中执行确定好的打包命令。

3. 第三步：解决报错并重新打包

运行可执行文件后，没有出现任何报错，而且程序的功能全部正常。如果出现报错，则在根据报错内容修改代码或打包命令后，重新打包。

4. 第四步：查看是否有多余文件

打开 dist 文件夹中的 main 文件夹，如果发现里面多了一些在程序中没有引入的库或模块，则在打包命令中加上"--exclude-module"命令删除它们。在笔者的打包环境下，并没有发现无关的库或模块，所以不需要修改打包命令。

5. 第五步：去掉黑框

当以上几个步骤都没有问题之后，再加上"-w"命令去掉黑框。修改打包命令如下。

```
pyinstaller -w --upx-dir=./upx-3.96-win64 --add-data=./res/icon.ico;./res/ --add-data=./res/audio/*;./res/audio/ -i ./res/icon.ico main.py
```

9.4.2 用 Nuitka 打包

1. 第一步：确定打包命令

我们使用多文件打包模式打包，所以需要添加"--standalone"命令。main.py 是入口文件，所以我们要打包这个文件。另外，该程序使用了一些资源，且这些文件全部都存放在 res 文件夹下，所以我们还要用到"--include-data-dir"命令。因为程序使用了 PyQt5，所以我们可以通过"--enable-plugin"命令启用 PyQt5 插件。可执行文件需要一个图标，所以我们还要加上"--windows-icon-from-ico"命令。最终确定好的打包命令展示如下。

```
nuitka --standalone --include-data-dir=./res=./res --enable-plugin=pyqt5 --windows-icon-from-ico=./res/icon.ico main.py
```

2. 第二步：开始打包

在 main.py 所在文件夹的路径栏中输入"cmd"并按"Enter"键，然后在打开的命令提示符窗口中执行确定好的打包命令。

3. 第三步：解决报错并重新打包

运行可执行文件后，发现窗口样式没有生效，qt-material 文件夹没有被打包。解决方法是在 Python 安装目录下的 site-packages 文件夹中找到 qt-material 文件夹，并将其复制到 main.dist 中，如图 9-9 所示。

另外在播放音频时，控制台会输出"using null output device, none available"。出现这个报错的原因是 Nuitka 没有打包 PyQt 包中的 audio 文件夹。

解决办法很简单，在 PyQt 包中找到 audio 文件夹，然后将其复制到 main.dist 文件夹中就可以了，如图 9-10 和图 9-11 所示。将其复制过去后再运行 main.exe，发现音频可以正常播放了。

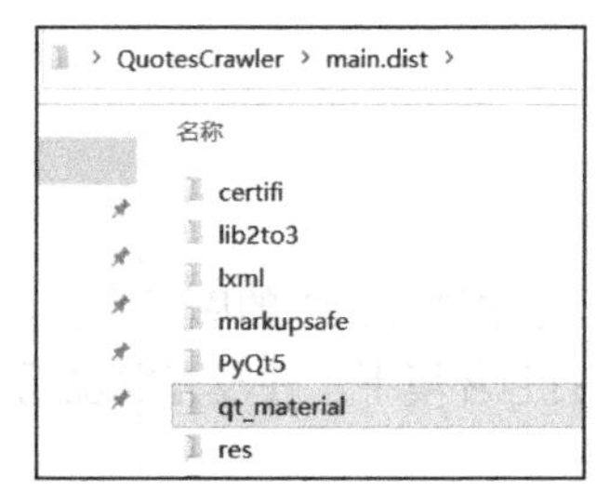

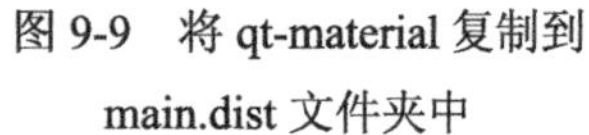
图 9-9　将 qt-material 复制到 main.dist 文件夹中

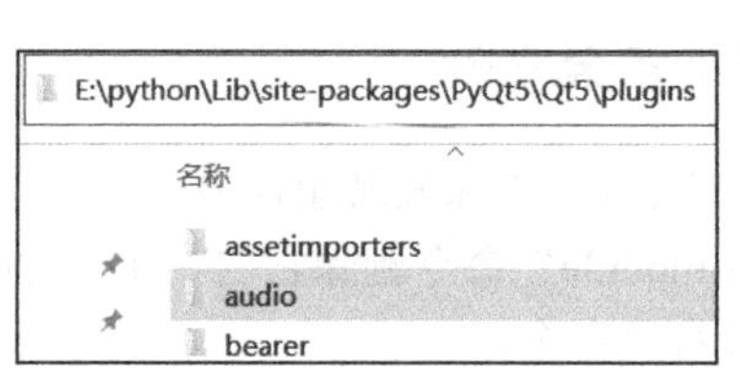

图 9-10　audio 文件夹位置

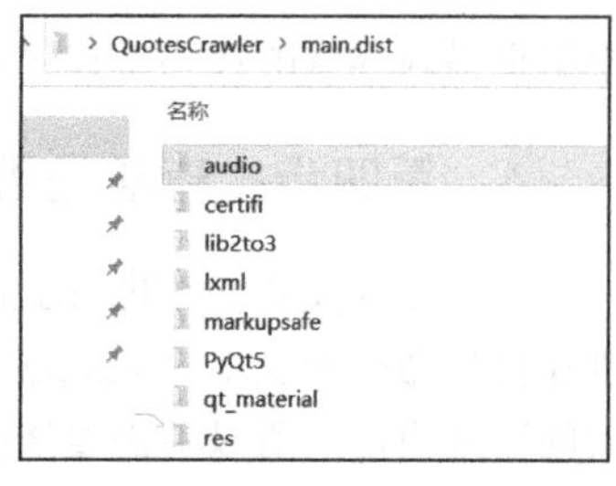

图 9-11　将 audio 文件夹复制到 main.dist 文件夹中

4. 第四步：去掉黑框

解决完所有问题后，加上“--windows-disable-console”命令去掉黑框。修改打包命令如下。

```
nuitka --standalone --include-data-dir=./res=./res --enable-plugin=pyqt5
--windows-icon-from-ico=./res/icon.ico --windows-disable-console main.py
```

打包完毕后，将 qt-material 和 audio 文件夹复制过来。当然也可以在一开始就用“--include-data-dir”命令将其打包。

5. 第五步：减小包体

使用 UPX 工具压缩生成的 main.exe，压缩命令为“upx -9 main.exe”。

9.5　本章小结

本章的可视化爬虫软件实战案例涉及自定义信号、多线程、数据库、音效、QSS 和打包等知识点。麻雀虽小，五脏俱全，相信这个案例可以作为一个“跳板”，能够帮助我们开发出功能更加复杂的软件。

第 10 章 开发《经典贪吃蛇》游戏

《贪吃蛇》游戏操作简单，可玩性也很高。这款游戏目前已经被开发出了多种版本：像素版本、3D 版本以及多人对战版本。到现在人们还在不断挖掘这款游戏的更多玩法。在本章中，我们会使用 PyQt 开发一款《经典贪吃蛇》游戏，如图 10-1 所示。既然是游戏，那笔者建议采用 PyQt 的图形视图框架技术。

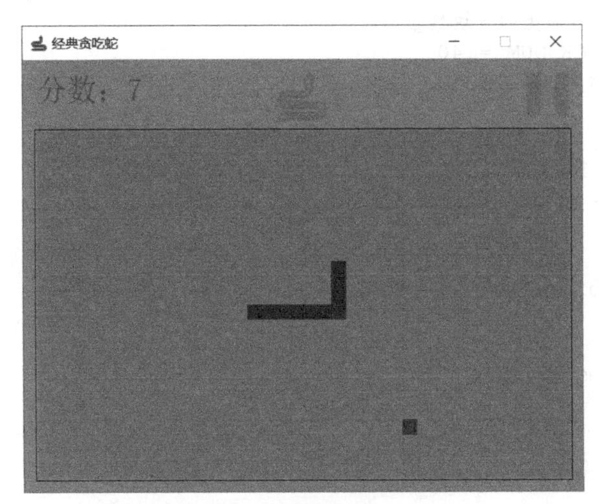

图 10-1 《经典贪吃蛇》游戏

读者可以在第 10 章的资源包中找到名为 Snake 的项目文件夹，该项目的文件结构和解释罗列如下。

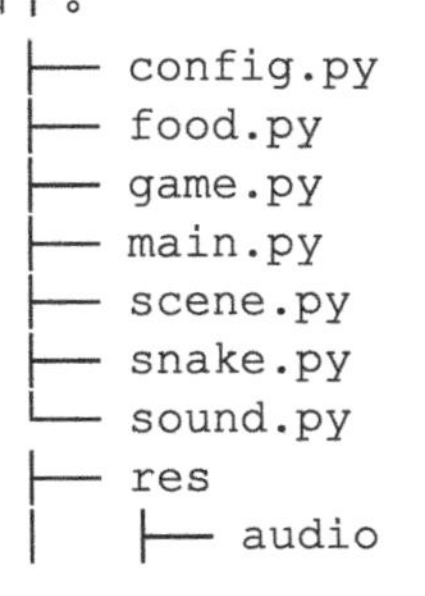

```
├── config.py                    # 游戏配置文件
├── food.py                      # 食物逻辑
├── game.py                      # 游戏主窗口
├── main.py                      # 程序入口
├── scene.py                     # 游戏场景
├── snake.py                     # 贪吃蛇逻辑
└── sound.py                     # 游戏音效
├── res
│   ├── audio
```

```
│   │   ├── eat.wav                  # 吃食物音效
│   │   ├── lose.wav                 # 游戏失败音效
│   │   └── pause_resume.wav         # 暂停/继续音效
│   └── image
│       └── snake.ico                # 贪吃蛇图标
```

10.1　编写游戏场景

QGraphicsScene 非常适合用来开发游戏场景，而场景中包含的各种游戏内容则可以通过图元来实现。在编写前，我们先在 config.py 文件中定义以下几个游戏参数。

config.py

```
from PyQt5.QtGui import QColor

# 方块宽度
BLOCK_WIDTH = 16

# 水平方向和垂直方向上的方块数量
HORIZONTAL_BLOCK_NUM = 40
VERTICAL_BLOCK_NUM = 30

# 场景宽度和高度
SCENE_WIDTH = BLOCK_WIDTH * HORIZONTAL_BLOCK_NUM
SCENE_HEIGHT = BLOCK_WIDTH * VERTICAL_BLOCK_NUM

# 背景颜色
BG_COLOR = QColor(152, 167, 128)

# 食物颜色
FOOD_COLOR = QColor(133, 54, 47)

# 方块颜色
BLOCK_COLOR = QColor(38, 38, 38)

# 规定贪吃蛇可移动区域的起始和结束坐标
AREA_START_X = 1
AREA_START_Y = 5
AREA_END_X = HORIZONTAL_BLOCK_NUM - 2
AREA_END_Y = VERTICAL_BLOCK_NUM - 2

# 计时器间隔，用来控制贪吃蛇的速度（间隔越小，移动速度越快）
INTERVAL = 100
```

接着在 scene.py 中编写一个继承 QGraphicsScene 的类。

scene.py

```
from PyQt5.QtWidgets import *
from config import *
```

```
class Scene(QGraphicsScene):
    def __init__(self):
        super(Scene, self).__init__()
        self.setSceneRect(0, 0, SCENE_WIDTH, SCENE_HEIGHT) #注释1开始
        self.draw_scene() #注释1结束

    def draw_scene(self):
        """绘制场景上的各项内容"""
        self.draw_bg()                          # 绘制背景
        self.draw_logo()                        # 绘制图标
        self.draw_score(0)                      # 绘制分数
        self.draw_move_area()                   # 绘制可移动区域
        self.draw_move_area_frame()             # 绘制区域边框
        self.draw_pause_button()                # 绘制暂停按钮
        self.draw_resume_button()               # 绘制继续按钮
        self.draw_lose_text()                   # 绘制游戏失败提示
```

代码解释：

#1 在这段代码中，我们定义了场景的宽度和高度，并编写了用来绘制各种游戏内容的函数。接下来，让我们看一下这些游戏内容具体是如何实现的。

10.1.1 绘制背景和贪吃蛇图标

draw_bg()函数的逻辑非常简单，我们只需设置一下游戏的背景颜色即可。而在draw_logo()函数中，我们需要通过一个图片图元来绘制贪吃蛇图标。

scene.py

```
from PyQt5.QtWidgets import *
from PyQt5.QtGui import *
from pathlib import Path
from config import *

class Scene(QGraphicsScene):
    def __init__(self):
        super(Scene, self).__init__()
        self.setSceneRect(0, 0, SCENE_WIDTH, SCENE_HEIGHT)
        self.draw_scene()

    ...

    def draw_bg(self):          # 1
        self.setBackgroundBrush(BG_COLOR)

    def draw_logo(self):        # 2
        log_path = str(Path(__file__).parent / 'res/image/snake.ico')
```

```
        pixmap_item = QGraphicsPixmapItem()
        pixmap_item.setPixmap(QPixmap(log_path))
        pixmap_item.setOpacity(0.2)

        x = SCENE_WIDTH/2 - pixmap_item.boundingRect().width()/2
        y = BLOCK_WIDTH/2
        pixmap_item.setPos(x, y)
        self.addItem(pixmap_item)
```

代码解释：

#1 背景颜色可以通过 QGraphicsScene 类的 setBackgroundBrush()方法进行设置。

#2 在 draw_logo()函数中，当我们在 QGraphicsPixmapItem 对象上设置图片后，不仅通过 setOpacity()方法设置了图片的透明度，还调用了 setPos()将图片放在了场景顶部居中的位置。最后调用 QGraphicsScene 类的 addItem()方法把这张图片添加到了场景中。

10.1.2 绘制分数

场景中的分数用来记录贪吃蛇吃到的食物个数，我们可以通过文本图元来绘制。

scene.py

```
from PyQt5.QtWidgets import *
from PyQt5.QtGui import *
from pathlib import Path
from config import *

class Scene(QGraphicsScene):
    def __init__(self):
        super(Scene, self).__init__()
        self.setSceneRect(0, 0, SCENE_WIDTH, SCENE_HEIGHT)

        self.score_item = None

        self.draw_scene()

    ...

    def draw_score(self, value):        # 1
        if not self.score_item:
            score_item = QGraphicsSimpleTextItem()
            score_item.setText("分数: "+str(value))
            score_item.setScale(2.3)
            score_item.setOpacity(0.3)
            score_item.setPos(BLOCK_WIDTH, BLOCK_WIDTH)
            self.score_item = score_item
            self.addItem(self.score_item)
```

```
        else:
            self.score_item.setText("分数: "+str(value))
```

代码解释：

 # 1 draw_score()函数接收一个参数，该参数的值就是吃到的食物总数。每当贪吃蛇吃到食物的时候，我们都会调用该函数来更新场景中的分数。在设置好 QGraphicsSimpleTextItem 文本图元对象后，我们可以将其保存在 score_item 实例变量中，这样在下一次调用 draw_score()函数时，单单通过该变量去更新文本就可以了。

10.1.3 绘制可移动区域和边框

可移动区域其实是用多个正方形方块组成的，每个方块都可以用矩形图元来绘制。为了让游戏界面更好看些，笔者将使用一大一小的两个矩形图元来绘制一个方块，如图 10-2 所示。

图 10-2 方块

现在我们在 scene.py 文件中编写一个 draw_block()函数，专门用来生成这种样式的方块。

scene.py

```
from PyQt5.QtWidgets import *
from PyQt5.QtGui import *
from pathlib import Path
from config import *

class Scene(QGraphicsScene):
    ...

    def draw_block(self, x, y):
        rect_item1 = QGraphicsRectItem()
        rect_item2 = QGraphicsRectItem()
        rect_item1.setRect(x, y, BLOCK_WIDTH, BLOCK_WIDTH)
        rect_item2.setRect(x+2, y+2, BLOCK_WIDTH-4, BLOCK_WIDTH-4)

        rect_item1.setBrush(BLOCK_COLOR)
        rect_item2.setBrush(BLOCK_COLOR)
        rect_item1.setOpacity(0.04)
        rect_item2.setOpacity(0.04)
        self.addItem(rect_item1)
        self.addItem(rect_item2)

        return (rect_item1, rect_item2)
```

该函数会在传入的坐标位置上绘制一个方块，并返回组成该方块的两个矩形图元。现在，我们可以开始绘制贪吃蛇的可移动区域以及其边框了。

scene.py

```
from PyQt5.QtWidgets import *
from PyQt5.QtGui import *
from pathlib import Path
from config import *

class Scene(QGraphicsScene):
    ...

    def draw_block(self, x, y):
        ...

    def draw_move_area(self):       # 1
        """绘制贪吃蛇的可移动区域"""
        for x in range(HORIZONTAL_BLOCK_NUM):
            for y in range(VERTICAL_BLOCK_NUM):
                if AREA_START_X <= x <= AREA_END_X and \
                   AREA_START_Y <= y <= AREA_END_Y:
                    self.draw_block(x*BLOCK_WIDTH, y*BLOCK_WIDTH)

    def draw_move_area_frame(self):  # 2
        """绘制区域边框"""
        rect_item = QGraphicsRectItem()

        offset = 3
        x = AREA_START_X * BLOCK_WIDTH - offset
        y = AREA_START_Y * BLOCK_WIDTH - offset
        width = AREA_END_X * BLOCK_WIDTH + offset * 2
        height = (AREA_END_Y-AREA_START_Y+1) * BLOCK_WIDTH + offset * 2
        rect_item.setRect(x, y, width, height)
```

代码解释：

#1 我们只能够在规定区域内绘制方块，不过读者可以通过修改 config.py 文件中的 AREA_START_X、AREA_START_Y、AREA_END_X 和 AREA_END_Y 这 4 个参数来改变可移动区域的大小。

#2 边框就是套在可移动区域周围的一个矩形，可以通过 offset 变量来调整边框和区域之间的间隔大小。

10.1.4 绘制“暂停”和“继续”按钮

“暂停”和“继续”按钮可以用两张图片来表示，当然也可以用几个方块拼出这两个按钮，后面这种方式更有特色一些。

scene.py

```
from PyQt5.QtWidgets import *
```

```
from PyQt5.QtGui import *
from pathlib import Path
from config import *

class Scene(QGraphicsScene):
    def __init__(self):
        super(Scene, self).__init__()
        self.setSceneRect(0, 0, SCENE_WIDTH, SCENE_HEIGHT)

        self.score_item = None
        self.pause_btn_items_list = []
        self.resume_btn_items_list = []

        self.draw_scene()

    ...

    def draw_pause_button(self):        # 1
        """绘制“暂停”按钮"""
        for i in range(3):
            x = (HORIZONTAL_BLOCK_NUM-4) * BLOCK_WIDTH
            y = (i+1) * BLOCK_WIDTH
            block = self.draw_block(x, y)
            self.pause_btn_items_list.append(block[0])
            self.pause_btn_items_list.append(block[1])

        for i in range(3):
            x = (HORIZONTAL_BLOCK_NUM-2) * BLOCK_WIDTH
            y = (i+1) * BLOCK_WIDTH
            block = self.draw_block(x, y)
            self.pause_btn_items_list.append(block[0])
            self.pause_btn_items_list.append(block[1])

    def draw_resume_button(self):       # 1
        """绘制“继续”按钮"""
        for i in range(3):
            x = (HORIZONTAL_BLOCK_NUM-4) * BLOCK_WIDTH
            y = (i+1) * BLOCK_WIDTH
            block = self.draw_block(x, y)
            self.resume_btn_items_list.append(block[0])
            self.resume_btn_items_list.append(block[1])

        for i in range(2):
            x = (HORIZONTAL_BLOCK_NUM-3) * BLOCK_WIDTH
            y = (i+1.5) * BLOCK_WIDTH
            block = self.draw_block(x, y)
            self.resume_btn_items_list.append(block[0])
            self.resume_btn_items_list.append(block[1])
```

```
        x = (HORIZONTAL_BLOCK_NUM-2) * BLOCK_WIDTH
        y = 2 * BLOCK_WIDTH
        block = self.draw_block(x, y)
        self.resume_btn_items_list.append(block[0])
        self.resume_btn_items_list.append(block[1])

        self.hide_resume_button()    # 刚开始先隐藏

    def show_pause_button(self):         # 2
        for item in self.pause_btn_items_list:
            item.setOpacity(0.04)

    def hide_pause_button(self):         # 2
        for item in self.pause_btn_items_list:
            item.setOpacity(0)

    def show_resume_button(self):        # 2
        for item in self.resume_btn_items_list:
            item.setOpacity(0.04)

    def hide_resume_button(self):        # 2
        for item in self.resume_btn_items_list:
            item.setOpacity(0)
```

代码解释：

#1 在场景中绘制好“暂停”和“继续”这两个按钮后，我们需要把组成按钮各个方块的矩形图元添加到 pause_btn_items_list 和 resume_btn_items_list 列表中，方便之后控制。在绘制好“继续”按钮后，我们要先隐藏它。

#2 如果玩家暂停游戏，则调用 hide_pause_button()隐藏“暂停”按钮，并调用 show_resume_button()显示“继续”按钮；如果继续游戏，则调用 hide_resume_button()隐藏“继续”按钮，并调用 show_pause_button()显示“暂停”按钮。

10.1.5 绘制游戏失败提示

当游戏失败后，我们要在界面上显示一些文本来提示玩家游戏已经结束，也要告诉玩家如何重新开始游戏。

scene.py

```
from PyQt5.QtWidgets import *
from PyQt5.QtGui import *
from pathlib import Path
from config import *

class Scene(QGraphicsScene):
    def __init__(self):
```

```
        super(Scene, self).__init__()
        self.setSceneRect(0, 0, SCENE_WIDTH, SCENE_HEIGHT)

        self.score_item = None
        self.pause_btn_items_list = []
        self.resume_btn_items_list = []
        self.lose_text_item = None

        self.draw_scene()

    ...

    def draw_lose_text(self):           # 1
        item = QGraphicsSimpleTextItem()
        item.setText("  Game Over\n按R键重新开始")
        item.setScale(2.5)

        text_width = item.boundingRect().width()*item.scale()
        text_height = item.boundingRect().height()*item.scale()
        x = SCENE_WIDTH/2 - text_width/2
        y = SCENE_HEIGHT/2 - text_height/2
        item.setPos(x, y)

        self.addItem(item)
        self.lose_text_item = item
        self.hide_lose_text()

    def show_lose_text(self):
        self.lose_text_item.setOpacity(1)

    def hide_lose_text(self):
        self.lose_text_item.setOpacity(0)
```

代码解释：

#1 在 draw_lose_text()函数中，我们实例化了一个 QGraphicsSimpleTextItem 文本图元对象，并将其放大为原来的 2.5 倍，接着将文本放在了场景的中心位置。另外需要将该文本图元对象保存在 lose_text_item 实例变量中，方便之后显示或隐藏。当然一开始的时候，这些提示文本是需要被隐藏的。

boundingRect()方法返回的是图元未经变换时的矩形边界对象，所以我们在计算文本宽度和高度时需要乘缩放值。

10.1.6　在视图窗口中显示场景

游戏场景已经编写好了，现在我们可以在游戏主窗口中显示这个场景。打开 game.py 文件，编写一个继承 QGraphicsView 的 GameWindow 类。

game.py

```
from PyQt5.QtGui import *
from PyQt5.QtWidgets import *
from scene import Scene

class GameWindow(QGraphicsView):
    def __init__(self):
        super(GameWindow, self).__init__()
        self.setWindowTitle('经典贪吃蛇')
        self.setWindowIcon(QIcon('./res/image/snake.ico'))
        qss = "QGraphicsView { border: 0px; }"
        self.setStyleSheet(qss)

        # 设置场景
        self.scene = Scene()          #注释 1 开始
        self.setScene(self.scene)
        self.setFixedSize(self.scene.width(), self.scene.height())#注释 1 结束
```

代码解释：

#1 在实例化场景类后，我们调用视图的 setScene()方法设置场景，并将视图窗口大小固定跟场景大小一样。

接着我们在 main.py 中编写游戏入口程序。

main.py

```
import sys
from PyQt5.QtWidgets import *
from game import GameWindow

if __name__ == '__main__':
    app = QApplication([])
    game_window = GameWindow()
    game_window.show()
    sys.exit(app.exec())
```

运行 main.py，结果如图 10-3 所示。

图 10-3　显示游戏场景

10.2 加入食物和贪吃蛇

现在场景中还缺少食物和一条贪吃蛇，它们同样可以用方块来表示。由于这两样游戏内容涉及的逻辑比较多，所以我们分别在 food.py 和 snake.py 中编写一个类来实现它们。

10.2.1 在场景中添加食物

用来表示食物的方块颜色是不一样的，生成的位置也要随机，而且这类方块只能在可移动区域范围内生成。打开 food.py，编写一个 Food 类。

food.py

```
from PyQt5.QtWidgets import *
from config import *
import random

class Food:
    def __init__(self, game):    # 1
        super(Food, self).__init__()
        self.game = game                        # 游戏主窗口
        self.scene = self.game.scene            # 游戏场景

        self.food_pos = []                      # 食物当前坐标
        self.food_items_list = []               # 组成食物方块的矩形图元

    def spawn(self):                            # 2
        """生成食物"""
        self.clear()
        x, y = self.get_random_pos()
        block = self.draw_block(x*BLOCK_WIDTH, y*BLOCK_WIDTH)
        self.food_items_list.append(block[0])
        self.food_items_list.append(block[1])

    def clear(self):
        """清空食物"""
        for item in self.food_items_list:
            self.scene.removeItem(item)

        self.food_items_list = []

    def get_random_pos(self):
        """获取随机位置"""
        x = random.randint(AREA_START_X, AREA_END_X)
```

```
        y = random.randint(AREA_START_Y, AREA_END_Y)
        self.food_pos = [x, y]
        return x, y

    def draw_block(self, x, y):  # 3
        rect_item1 = QGraphicsRectItem()
        rect_item2 = QGraphicsRectItem()
        rect_item1.setRect(x, y, BLOCK_WIDTH, BLOCK_WIDTH)
        rect_item2.setRect(x+2, y+2, BLOCK_WIDTH-4, BLOCK_WIDTH-4)

        rect_item1.setBrush(FOOD_COLOR)
        rect_item2.setBrush(FOOD_COLOR)
        rect_item1.setOpacity(0.5)
        rect_item2.setOpacity(0.5)
        self.scene.addItem(rect_item1)
        self.scene.addItem(rect_item2)

        return (rect_item1, rect_item2)
```

代码解释：

#1 Food 类的初始化函数__init__()接收一个 game 参数，它用来接收游戏主窗口实例，通过它我们就能够获取到 scene 游戏场景实例。

#2 spawn()函数用来绘制新的食物。首先调用 clear()函数清空之前被吃掉的食物，接着通过 get_random_pos()函数获取到新的位置，最后将坐标传给 draw_block()函数将新的食物绘制出来。

#3 Food 类同样有一个 draw_block()函数，它用来绘制食物方块，且设置了颜色为 FOOD_COLOR，透明度为 0.5，这样就可以将其和其他方块区别开来了。

现在打开 game.py，修改 GameWindow 类。

game.py

```
from PyQt5.QtGui import *
from PyQt5.QtWidgets import *
from scene import Scene
from food import Food

class GameWindow(QGraphicsView):
    def __init__(self):
        super(GameWindow, self).__init__()
        ...

        # 设置食物
        self.food = Food(self)
        self.food.spawn()
```

运行 main.py，可以发现可移动区域中出现了一个红色小方块，如图 10-4 所示。关闭窗口并再次运行 main.py，小方块的位置可能又不一样了。

图 10-4 绘制食物

10.2.2 在场景中添加贪吃蛇

蛇的初始绘制逻辑并没有难度，我们只需要将一些方块连在一起就可以了。实现难度主要在于蛇身的增长逻辑、移动逻辑和碰撞逻辑，我们一起来解决一下。打开 snake.py，编写一个 Snake 类。

snake.py

```
import random
from PyQt5.QtWidgets import *
from config import *

class Snake:
    def __init__(self, game):                    # 1
        super(Snake, self).__init__()
        self.game = game                         # 游戏主窗口
        self.scene = self.game.scene             # 游戏场景
        self.dir = None                          # 移动方向
        self.pos_list = []                       # 身体坐标
        self.snake_items_list = []               # 组成蛇的各个项

    def init_snake(self):                        # 2
        """初始化贪吃蛇"""
        self.pos_list = []

        # 确定蛇头
        x, y = self.get_random_pos()
        self.pos_list.append([x, y])

        # 随机确定蛇身和移动方向
        while True:
            num = random.randint(1, 4)
            if num == 1 and x-2 >= AREA_START_X:     # 蛇身朝左，向右移动
```

```
                self.pos_list.append([x-1, y])
                self.pos_list.append([x-2, y])
                self.dir = '右'
                break
            elif num == 2 and x+2 <= AREA_END_X:     # 蛇身朝右，向左移动
                self.pos_list.append([x+1, y])
                self.pos_list.append([x+2, y])
                self.dir = '左'
                break
            elif num == 3 and y-2 >= AREA_START_Y:  # 蛇身朝上，向下移动
                self.pos_list.append([x, y-1])
                self.pos_list.append([x, y-2])
                self.dir = '下'
                break
            elif num == 4 and y+2 <= AREA_END_Y:     # 蛇身朝下，向上移动
                self.pos_list.append([x, y+1])
                self.pos_list.append([x, y+2])
                self.dir = '上'
                break

        self.draw_snake(self.pos_list)

    def get_random_pos(self):
        x = random.randint(AREA_START_X, AREA_END_X)
        y = random.randint(AREA_START_Y, AREA_END_Y)
        return x, y

    def draw_snake(self, pos_list):
        self.clear()

        for pos in pos_list:
            x = pos[0]
            y = pos[1]
            block = self.draw_block(x*BLOCK_WIDTH, y*BLOCK_WIDTH)
            self.snake_items_list.append(block[0])
            self.snake_items_list.append(block[1])

    def clear(self):
        for item in self.snake_items_list:
            self.scene.removeItem(item)

        self.snake_items_list = []

    def draw_block(self, x, y):
        rect_item1 = QGraphicsRectItem()
        rect_item2 = QGraphicsRectItem()
        rect_item1.setRect(x, y, BLOCK_WIDTH, BLOCK_WIDTH)
        rect_item2.setRect(x+2, y+2, BLOCK_WIDTH-4, BLOCK_WIDTH-4)
```

```
        rect_item1.setBrush(BLOCK_COLOR)
        rect_item2.setBrush(BLOCK_COLOR)
        rect_item1.setOpacity(0.5)
        rect_item2.setOpacity(0.5)
        self.scene.addItem(rect_item1)
        self.scene.addItem(rect_item2)

        return (rect_item1, rect_item2)
```

代码解释：

 # 1 Snake 类同样有一个用来接收游戏主窗口实例的 game 参数。

 # 2 init_snake()函数用来初始化贪吃蛇。刚开始，贪吃蛇只需要用 3 个方块来表示。我们先确定蛇头方块的位置，之后随机确定两个蛇身方块以及蛇的移动方向。在获得 3 个方块的位置之后，调用 draw_block()函数绘制出贪吃蛇。接下来就看一下蛇是如何变长、移动和碰撞的。

snake.py

```
import random
from PyQt5.QtWidgets import *
from config import *

class Snake:
    ...

    def move(self):          # 1
        head_pos = list(self.pos_list[0])
        if self.dir == '左':
            head_pos[0] -= 1
        elif self.dir == '右':
            head_pos[0] += 1
        elif self.dir == '上':
            head_pos[1] -= 1
        elif self.dir == '下':
            head_pos[1] += 1

        # 检查是否有碰撞
        self.check_collision(head_pos)

        # 如果暂停游戏或游戏失败，则停止贪吃蛇的移动
        if not self.game.is_paused and not self.game.is_game_over:
            self.pos_list.insert(0, head_pos)

            # 检查是否吃到食物
            if head_pos != self.game.food.food_pos:
                self.pos_list.pop()
            else:
                self.game.score += 1
                self.scene.draw_score(self.game.score)
```

```
                self.game.food.spawn()

            self.draw_snake(self.pos_list)

    def check_collision(self, head_pos):
        # 检查是否有碰撞
        for i, pos in enumerate(self.pos_list):
            if i!=0 and head_pos==pos:
                self.game.lose()
                return

        # 检查蛇头是否超出可移动区域
        if head_pos[0] < AREA_START_X or head_pos[0] > AREA_END_X or \
           head_pos[1] < AREA_START_Y or head_pos[1] > AREA_END_Y:
            self.game.lose()
```

代码解释：

#1 在 move()函数中，我们先获取蛇头位置，并根据当前的移动方向让蛇头前进一格。前进之后，我们立即调用 check_collision()方法检查蛇头是否碰到蛇身或者边框。如果发生碰撞，则直接调用 GameWindow 类中的 lose()函数执行游戏失败逻辑。如果没有发生碰撞，则在 pos_list 列表中插入蛇头的新位置。如果此时蛇头正好处在食物所在的位置，那么游戏分数加 1，并绘制新的食物。如果没有吃到食物，则调用 pop()将蛇尾给移除掉。确定好 pos_list 之后，我们将它传给 draw_snake()函数将贪吃蛇绘制出来。

现在打开 game.py，修改 GameWindow 类。

game.py

```
from PyQt5.QtGui import *
from PyQt5.QtWidgets import *
from scene import Scene
from food import Food
from snake import Snake

class GameWindow(QGraphicsView):
    def __init__(self):
        super(GameWindow, self).__init__()
        ...

        self.score = 0                      # 游戏分数
        self.is_paused = False              # 游戏是否暂停
        self.is_game_over = False           # 游戏是否结束

        # 设置贪吃蛇
        self.snake = Snake(self)
        self.snake.init_snake()

        # 设置食物
```

```
        self.food = Food(self)
        self.food.spawn()

    def lose(self):
        self.is_game_over = True
        self.scene.show_lose_text()
```

运行 main.py，可以看到可移动区域中出现了一条贪吃蛇。关闭窗口并再次运行 main.py，贪吃蛇的位置可能又不一样了。

在 10.2.1 小节中，我们知道食物只能在贪吃蛇移动区域中生成，现在多了一个条件，那就是食物生成的位置不能和贪吃蛇本身的位置重合。打开 food.py，将 get_random_pos()函数修改如下。

```
def get_random_pos(self):
    """获取随机位置"""
    while True:
        x = random.randint(AREA_START_X, AREA_END_X)
        y = random.randint(AREA_START_Y, AREA_END_Y)
        self.food_pos = [x, y]

        # 食物不能和贪吃蛇的任何方块重合
        if self.food_pos not in self.game.snake.pos_list:
            return x, y
```

10.2.3 如何让贪吃蛇动起来

现在贪吃蛇还动不起来，如果要让它动起来的话，我们就要不断去调用 move()函数。这个简单，用计时器就行了。

game.py

```
from PyQt5.QtGui import *
from PyQt5.QtCore import *
from PyQt5.QtWidgets import *
from scene import Scene
from food import Food
from snake import Snake
from config import *

class GameWindow(QGraphicsView):
    def __init__(self):
        super(GameWindow, self).__init__()
        ...

        # 设置计时器
        self.timer = QTimer(self)
        self.timer.timeout.connect(self.update_game)
        self.timer.start(INTERVAL)

    def lose(self):
        ...
```

```
            self.timer.stop()

    def update_game(self):
        self.snake.move()
```

现在运行 main.py，我们会发现贪吃蛇一直朝同一个方向移动，最后会碰到边框导致游戏失败，窗口中也会显示游戏失败提示，如图10-5所示。

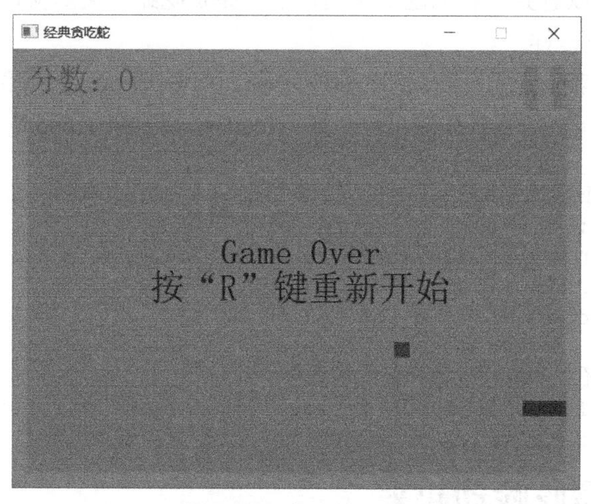

图10-5　贪吃蛇移动

10.3　实现剩余的游戏逻辑

主要的逻辑已经实现了，现在只剩下几个小功能：①用键盘方向键控制贪吃蛇移动；②游戏重新开始；③游戏暂停和继续；④音频播放。

10.3.1　用方向键控制贪吃蛇

既然要使用键盘来控制贪吃蛇移动，那我们肯定要用到键盘事件。在 GameWindow 类中重写 keyPressEvent()函数。

game.py

```
from PyQt5.QtGui import *
from PyQt5.QtCore import *
from PyQt5.QtWidgets import *
from scene import Scene
from food import Food
from snake import Snake
from config import *

class GameWindow(QGraphicsView):
```

```
    def __init__(self):
        super(GameWindow, self).__init__()
        ...

        # 设置贪吃蛇
        self.snake = Snake(self)
        self.snake.init_snake()
        self.dir_temp = self.snake.dir
    ...

    def lose(self):
        ...

    def update_game(self):
        self.snake.dir = self.dir_temp
        self.snake.move()

    ...

    def keyPressEvent(self, event):  # 1
        if not self.is_paused and not self.is_game_over:
            if event.key() == Qt.Key_Up and self.snake.dir != '下':
                self.dir_temp = '上'
            elif event.key() == Qt.Key_Down and self.snake.dir != '上':
                self.dir_temp = '下'
            elif event.key() == Qt.Key_Left and self.snake.dir != '右':
                self.dir_temp = '左'
            elif event.key() == Qt.Key_Right and self.snake.dir != '左':
                self.dir_temp = '右'
```

代码解释：

#1 在 keyPressEvent()事件函数中，程序会先判断当前游戏是否处于暂停或失败状态，不是的话会继续判断玩家当前按的键以及当前贪吃蛇的移动方向，新的移动方向不能和当前移动反向相反，否则蛇头就直接和蛇身碰撞了。现在运行 main.py，我们就可以用上、下、左、右 4 个方向键控制贪吃蛇移动了。

部分读者可能会感到疑惑，为什么我们会将方向值先保存到 dir_temp 变量中，而不是直接修改 snake.dir 的值？假如现在有这样一个情景：贪吃蛇正在往右移动，此时玩家按“上”方向键。如果使用 self.snake.dir='上' 这一行代码，那贪吃蛇的移动方向会立即被修改掉，然而此时计时器可能还并没有执行 self.snake.move()这行代码（因为有执行间隔），所以贪吃蛇还不会向上移动，还是往右移动的。倘若玩家在按“上”方向键后，

> 立马按“左”方向键，且正好碰到 self.snake.move()执行，那么之前正向右移动的贪吃蛇的头部就会往左移动一格，导致发生碰撞情况。所以我们在 keyPressEvent()事件函数中不应该直接修改 snake.dir 的值，而应该先通过 dir_temp 变量将方向值记录下来，等计时器执行时，再去修改方向值和移动贪吃蛇。

10.3.2 重新开始、暂停和继续

重新开始、暂停和继续这几个功能比较简单，当游戏失败，玩家按“R”键重新开始游戏时，我们只需要初始化相关的游戏变量。暂停和继续这两个功能，我们可以用“Enter”键来控制。

game.py

```
from PyQt5.QtGui import *
from PyQt5.QtCore import *
from PyQt5.QtWidgets import *
from scene import Scene
from food import Food
from snake import Snake
from config import *

class GameWindow(QGraphicsView):
    ...

    def restart(self):                # 1
        self.is_game_over = False
        self.score = 0
        self.scene.draw_score(0)
        self.snake.init_snake()
        self.dir_temp = self.snake.dir
        self.food.spawn()
        self.scene.hide_lose_text()
        self.timer.start(INTERVAL)

    def pause(self):                  # 2
        self.scene.hide_pause_button()
        self.scene.show_resume_button()
        self.is_paused = True

    def resume(self):                 # 2
        self.scene.hide_resume_button()
        self.scene.show_pause_button()
        self.is_paused = False
```

```
    def keyPressEvent(self, event):
        ...
        if event.key() == Qt.Key_R and self.is_game_over:
            self.restart()

        if event.key()==Qt.Key_Enter or event.key()==Qt.Key_Return:
            if self.is_game_over:
                return

            if not self.is_paused:
                self.pause()
            else:
                self.resume()
```

代码解释：

#1 游戏重新开始后，程序将分数重新变为 0，重新设置贪吃蛇和食物，隐藏游戏失败提示文本，最后开启计时器。

#2 当按"Enter"键暂停游戏后，隐藏"暂停"按钮，显示"继续"按钮；当再次按下"Enter"键则隐藏"继续"按钮，显示"暂停"按钮。

现在运行 main.py，在游戏结束后按"R"键，游戏就会重新开始。当我们在贪吃蛇移动过程中按"Enter"键，贪吃蛇就会立刻停止移动。

10.3.3 播放音频

在 sound.py 文件中编写一个 AudioSource 类，继承 QSoundEffect。这个类专门用来管理和播放各种音频。

sound.py

```
from PyQt5.QtCore import *
from PyQt5.QtWidgets import *
from PyQt5.QtMultimedia import *
from pathlib import Path

class AudioSource:
    def __init__(self):
        super(AudioSource, self).__init__()
        audio_path = Path('./res/audio')
        audio_names = ['eat', 'lose', 'pause_resume']

        self.audio_dict = {}
        for name in audio_names:
            sound_effect = QSoundEffect()
            url = QUrl.fromLocalFile(str(audio_path / (name + '.wav')))
            sound_effect.setSource(url)
            self.audio_dict[name] = sound_effect
```

```
    def play_audio(self, name, volume=1):
        """通过音频名称进行播放"""
        audio = self.audio_dict.get(name)

        if not audio:
            QMessageBox.critical(self, '错误', '没有这个音频文件！')
            return

        audio.setVolume(volume)
        audio.play()
```

现在我们可以在 GameWindow 类中实例化一个 AudioSource 对象，然后调用 play_audio() 传入音频文件的名称进行播放就可以了。

game.py

```
from PyQt5.QtGui import *
from PyQt5.QtCore import *
from PyQt5.QtWidgets import *
from scene import Scene
from food import Food
from snake import Snake
from config import *
from sound import AudioSource

class GameWindow(QGraphicsView):
    def __init__(self):
        super(GameWindow, self).__init__()
...
# 初始化音频播放对象
self.audio_source = AudioSource()

    def lose(self):
        ...
        self.audio_source.play_audio('lose')

    ...

    def keyPressEvent(self, event):
        ...
        if event.key()==Qt.Key_Enter or event.key()==Qt.Key_Return:
            if self.is_game_over:
                return

            if not self.is_paused:
                self.pause()
            else:
                self.resume()

            self.audio_source.play_audio('pause_resume')
```

在 GameWindow 类中我们播放了 lose.wav 和 pause_resume.wav 这两个音频，还剩下一个 eat.wav 要在贪吃蛇吃到食物的时候播放。打开 snake.py，修改 move()函数。

snake.py

```
def move(self):
    ...

    # 如果暂停游戏或游戏失败，则停止贪吃蛇的移动
    if not self.game.is_paused and not self.game.is_game_over:
        ...
        else:
            self.game.score += 1
            self.scene.draw_score(self.game.score)
            self.game.food.spawn()
            self.game.audio_source.play_audio('eat') # 播放 eat.wav

        self.draw_snake(self.pos_list)
```

现在运行 main.py，程序就会在贪吃蛇吃到食物、暂停游戏、继续游戏和游戏失败时播放相应音频了。

10.4 打包

功能全部开发完成并确定游戏运行没有问题后，我们就可以将它打包成可执行文件发送给其他人了。在本节，我们会分别使用 PyInstaller 和 Nuitka 来打包。

10.4.1 用 PyInstaller 打包

1. 第一步：确定打包命令

我们使用多文件打包模式打包，所以不需要添加“-F”命令。main.py 文件中包含程序入口代码，所以我们要打包这个文件。另外，该程序使用到了一些资源文件，且这些文件全部都存放在 res 文件夹下，所以我们还要用到“--add-data”命令。当然，为了减小包体，我们还会使用 UPX 工具进行压缩（先将 UPX 文件放到项目文件夹中）。可执行文件需要一个图标，所以我们要加上“-i”命令。最终确定好的打包命令展示如下。

```
pyinstaller --upx-dir=./upx-3.96-win64 --add-data=./res/audio/*;./res/audio/ --add-data=./res/image/*;./res/image/ -i ./res/image/snake.ico main.py
```

2. 第二步：开始打包

在 main.py 所在文件夹的路径栏中输入“cmd”并按“Enter”键，然后在打开的命令提示符窗口中执行确定好的打包命令。

3. 第三步：解决报错并重新打包

运行可执行文件后，没有出现任何报错，而且程序的功能全部正常。如果出现报错，则在根据报错内容修改代码或打包命令后，重新打包。

4. 第四步：查看是否有多余文件

打开 dist 文件夹中的 main 文件夹，如果发现里面多了一些在程序中没有引入的库或模块，则在打包命令中加上“--exclude-module”命令删除它们。在笔者的打包环境下，并没有发现无关的库或模块，所以不需要修改打包命令。

5. 第五步：去掉黑框

当以上几个步骤都没有问题之后，再加上“-w”命令去掉黑框。修改打包命令如下。

```
pyinstaller --upx-dir=./upx-3.96-win64 --add-data=./res/audio/*;./res/audio/ --add-data=./res/image/*;./res/image/ -i ./res/image/snake.ico -w main.py
```

10.4.2 用 Nuitka 打包

1. 第一步：确定打包命令

我们使用多文件打包模式打包，所以需要添加“--standalone”命令。main.py 是入口文件，所以我们要打包这个文件。另外，该程序使用了一些资源，且这些文件全部都存放在 res 文件夹下，所以我们还要用到“--include-data-dir”命令。因为程序使用了 PyQt5，所以我们可以通过“--enable-plugin”命令启用 PyQt5 插件。可执行文件需要一个图标，所以我们还要加上“--windows-icon-from-ico”命令。最终确定好的打包命令展示如下。

```
nuitka --standalone --include-data-dir=./res=./res --enable-plugin=pyqt5 --windows-icon-from-ico=./res/image/snake.ico main.py
```

2. 第二步：开始打包

在 main.py 所在文件夹的路径栏中输入“cmd”并按“Enter”键，然后在打开的命令提示符窗口中执行确定好的打包命令。

3. 第三步：解决报错并重新打包

运行可执行文件后，发现在播放音频时，控制台会输出“using null output device, none available”。出现这个报错的原因是 Nuitka 没有打包 PyQt 包中的 audio 文件夹。

解决办法很简单，在 PyQt 包中找到 audio 文件夹，然后将其复制到 main.dist 文件夹中就可以了，如图 10-6 和图 10-7 所示。将其复制过去后再运行 main.exe，发现音频可以正常播放了。

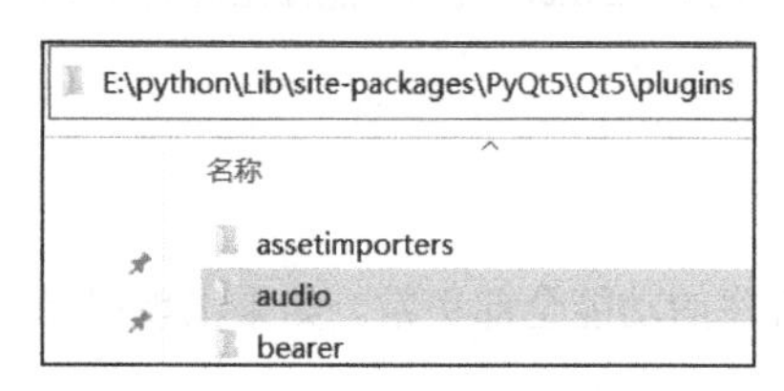

图 10-6　audio 文件夹位置

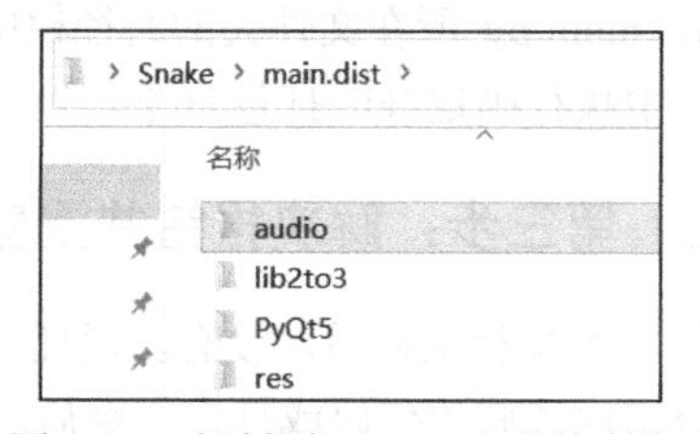

图 10-7　复制到 main.dist 文件夹中

4. 第四步：去掉黑框

当以上几个步骤都没有问题之后，再加上“--windows-disable-console”命令去掉黑框。修改打包命令如下。

```
nuitka --standalone --include-data-dir=./res=./res --enable-plugin=pyqt5
--windows-icon-from-ico=./res/image/snake.ico --windows-disable-console main.
py
```

打包完毕后，将PyQt的audio文件夹复制过来。当然也可以在一开始就用“--include-data-dir”命令将其打包。

5. 第五步：减小包体

使用UPX工具压缩生成的main.exe，压缩命令为“upx -9 main.exe”。

10.5 本章小结

本章通过开发经典贪吃蛇游戏帮助我们重点巩固了图形视图框架和打包相关的知识点。当然，不用图形视图框架来开发也是完全可以的，我们可以使用QPainter来绘制各种图形。通过这个案例我们了解到用PyQt开发一款游戏，还是比较轻松和容易的，现在大家就去开发一款属于自己的小游戏吧！